"十四五"时期国家重点出版物出版专项规划项目

食品科学前沿研究丛书

食用油拉曼光谱分析

刘洪林 著

科 学 出 版 社

北 京

内 容 简 介

面向食用油营养与安全品质分析检测的重大需求,本书介绍了拉曼光谱基本原理,系统阐述了食用油营养与安全品质的常用评价指标以及不同分析方法面临的主要挑战,深入总结了近年来拉曼光谱技术应用于食用油分析检测领域的最新研究进展。重点探讨了拉曼光谱技术在脂质分子异构体分析、油脂氧化分析、种类与产地判别、典型危害物检测、真伪和掺假鉴别等品质评价方面的应用及存在的问题,最后展望了人工智能助力食用油拉曼光谱分析的新趋势。

本书可供食品安全领域的科研人员或企业监测人员使用,也可供高等院校食品质量与安全、分析化学等相关专业师生参考。

图书在版编目(CIP)数据

食用油拉曼光谱分析 / 刘洪林著. -- 北京:科学出版社,2025.6. -- (食品科学前沿研究丛书). -- ISBN 978-7-03-081890-4

Ⅰ. TS225; O433

中国国家版本馆 CIP 数据核字第 2025LQ3876 号

责任编辑:贾 超 孙静惠 / 责任校对:杨 赛
责任印制:徐晓晨 / 封面设计:东方人华

科学出版社 出版
北京东黄城根北街 16 号
邮政编码:100717
http://www.sciencep.com
北京中石油彩色印刷有限责任公司印刷
科学出版社发行 各地新华书店经销
*

2025 年 6 月第 一 版　开本:720×1000　1/16
2025 年 6 月第一次印刷　印张:13 3/4
字数:270 000
定价:128.00 元
(如有印装质量问题,我社负责调换)

丛书编委会

总主编：陈　卫

副主编：路福平

编　委（以姓名汉语拼音为序）：

陈建设	江　凌	江连洲	姜毓君
焦中高	励建荣	林　智	林亲录
刘　龙	刘慧琳	刘元法	卢立新
卢向阳	木泰华	聂少平	牛兴和
庞　杰	汪少芸	王　静	王　强
王书军	文晓巍	乌日娜	武爱波
许文涛	曾新安	张和平	郑福平

前　言

　　食用油是人体三大营养素之一，食用油营养和安全品质与人体健康息息相关。我国是食用油消费大国，随着消费结构持续升级，食用油产需缺口扩大，而且对油脂多样化、优质化和特色化的消费需求不断增加，国内有效供给不足日益凸显，衍生的食用油营养与安全品质问题也成为重大监管难题。响应《国民营养计划（2017—2030年）》和《健康中国行动（2019—2030年）》号召，需要建设高水平的食用油品质保障技术体系，顺应消费升级和居民营养健康需求。

　　本书围绕拉曼光谱快速检测技术及其在食用油品质分析中的应用展开论述，概括介绍拉曼光谱基本原理，系统阐述食用油营养与安全品质的常用评价指标以及不同分析方法面临的主要挑战，深入总结近年来拉曼光谱技术应用于食用油分析检测领域的最新研究进展。重点探讨该技术在食用油关键品质指标（如脂质异构体、氧化状态、产地特征及安全性参数）检测中的应用瓶颈与优化策略，并评述人工智能技术驱动下的食用油拉曼光谱智能化分析发展趋势。

　　本书依托国家自然科学基金优秀青年科学基金项目以及国家重点研发计划"食品安全关键技术研发"重点专项，总结了合肥工业大学食品分析创新团队近年来的主要研究成果，并汇集了食用油拉曼光谱分析领域最新的国内外研究进展，在食用油营养与安全品质快速检测领域具有很高的参考价值。同时，本书汇总了目前食用油检测的方法标准，剖析了食用油传统的理化分析手段存在的瓶颈和挑战，展望了拉曼光谱快速分析技术的应用前景。

　　本书学术理论价值高、原创性强、时效性好，涉及的学术理论和思想在食品、化学、生物、材料等专业具有重要参考价值。本书涉及的方法学蕴含广阔的实际应用前景，为食用油产业全链条的品质保障技术体系提供了关键理论支撑，对提升我国食用油产业的质量安全水平具有显著意义。

本书在撰写与校改过程中，得到了合肥工业大学和科学出版社的指导、帮助和支持！我的博士研究生李光平、汪成、陈金媛、杨士萱、李雨竹、储雷鸣、李宁和尹亚光分别参与了第 1 至 8 章的文稿整理与修订工作，深深地感谢他们！食用油拉曼光谱分析领域的研究方兴未艾，书中不妥之处恳请读者批评指正。

刘洪林

2025 年 6 月于合肥

目 录

第1章 绪论 ·· 1
  1.1 拉曼光谱 ·· 1
      1.1.1 自发拉曼光谱 ··· 3
      1.1.2 共振拉曼光谱 ··· 5
      1.1.3 相干拉曼散射 ··· 5
      1.1.4 表面增强拉曼光谱 ·· 6
  1.2 拉曼光谱在食品领域的应用 ··· 11
      1.2.1 植物病害监测 ··· 11
      1.2.2 食品生产加工监测 ·· 11
      1.2.3 食品运输储存监控 ·· 12
      1.2.4 食品风险因子分析 ·· 12
      1.2.5 油脂分子分析应用 ·· 12
  1.3 液相界面的 SERS 分析 ·· 20
      1.3.1 内标定量 ··· 20
      1.3.2 双相识别 ··· 21
      1.3.3 多组分识别 ··· 22
  1.4 拉曼仪器发展趋势 ·· 24
      1.4.1 空间偏移测量 ··· 24
      1.4.2 便携化 ·· 25
      1.4.3 光谱特征解码 ··· 26
  1.5 展望 ··· 27
      1.5.1 技术革新与仪器优化：迈向更高精度与智能化 ···························· 27
      1.5.2 应用领域的深度拓展：从品质监测到安全监管 ···························· 28
      1.5.3 市场需求与政策驱动：双重力量推动技术发展 ···························· 28
      1.5.4 技术创新与研发趋势：探索新兴技术与跨学科融合 ····················· 28

    1.5.5 行业标准与规范建设：推动技术标准化与国际化……………29
  参考文献…………………………………………………………………29
第2章 食用油质量评价与分析概述…………………………………………39
  2.1 食用油成分与品质评价指标……………………………………………40
    2.1.1 食用油基本成分及品质影响因素…………………………………40
    2.1.2 食用油品质评价常用指标…………………………………………43
  2.2 食用油质量评价的国标方法概述………………………………………45
    2.2.1 液相色谱-质谱分析法………………………………………………45
    2.2.2 气相色谱-质谱分析法………………………………………………46
    2.2.3 荧光光谱分析法……………………………………………………47
    2.2.4 其他分析法…………………………………………………………49
  2.3 食用油品质评价的主要挑战……………………………………………51
    2.3.1 食用油品质的主要问题……………………………………………51
    2.3.2 食用油品质保障的可行措施………………………………………52
    2.3.3 食用油品质评价的关键瓶颈………………………………………54
    2.3.4 食用油品质评价新方法进展及趋势………………………………56
  2.4 展望………………………………………………………………………61
  参考文献…………………………………………………………………62
第3章 食用油氧化的拉曼光谱分析…………………………………………65
  3.1 油脂氧化的拉曼光谱分析………………………………………………66
  3.2 不饱和脂肪酸的拉曼光谱分析…………………………………………69
  3.3 游离脂肪酸的拉曼光谱分析……………………………………………73
  3.4 展望………………………………………………………………………76
  参考文献…………………………………………………………………76
第4章 脂质分子异构体分析…………………………………………………79
  4.1 脂质分子概述……………………………………………………………79
  4.2 甘油酯及脂肪酸分子异构体简述………………………………………80
    4.2.1 脂肪酸异构体………………………………………………………80
    4.2.2 甘油酯异构体………………………………………………………82
  4.3 脂质分子异构体分析的新进展…………………………………………83
    4.3.1 脂质分子研究现状…………………………………………………83
    4.3.2 脂质异构体研究现状………………………………………………86
  4.4 脂质分子异构体的拉曼光谱分析………………………………………91
    4.4.1 脑苷脂分子异构体…………………………………………………91
    4.4.2 胆固醇酯异构体……………………………………………………92

	4.4.3 脂肪酸异构体	94
	4.4.4 甘油酯异构体	96
	4.4.5 异构体识别在食品分析中的应用	100
4.5	展望	102
参考文献		103

第5章 食用油种类与产地的拉曼光谱分析 ················ 107
- 5.1 食用油种类的拉曼光谱分析 ·················· 108
- 5.2 食用油产地的拉曼光谱分析 ·················· 112
- 5.3 食用油生产及加工的拉曼光谱分析 ················ 115
  - 5.3.1 品质稳定性跟踪分析 ·················· 115
  - 5.3.2 不饱和度快速分析 ··················· 117
- 5.4 展望 ······························ 117
- 参考文献 ····························· 118

第6章 食用油典型危害物的拉曼光谱分析 ················ 122
- 6.1 真菌毒素 ··························· 123
  - 6.1.1 真菌毒素的来源及危害 ················· 123
  - 6.1.2 真菌毒素的拉曼光谱分析 ················ 123
- 6.2 多环芳烃 ··························· 126
  - 6.2.1 多环芳烃的来源及危害 ················· 126
  - 6.2.2 多环芳烃的拉曼光谱分析 ················ 128
- 6.3 增塑剂 ···························· 132
  - 6.3.1 增塑剂的来源及危害 ·················· 132
  - 6.3.2 增塑剂的拉曼光谱分析 ················· 133
- 6.4 微/纳米塑料 ························· 135
  - 6.4.1 微/纳米塑料的来源及危害 ··············· 135
  - 6.4.2 微/纳米塑料的拉曼光谱分析 ·············· 135
- 6.5 全氟和多氟烷基物质 ······················ 140
  - 6.5.1 全氟和多氟烷基物质的来源及危害 ············ 140
  - 6.5.2 全氟和多氟烷基物质的拉曼光谱分析 ··········· 141
- 6.6 多氯联苯 ··························· 144
- 6.7 农药残留 ··························· 145
- 6.8 重金属 ···························· 146
- 6.9 展望 ····························· 147
- 参考文献 ····························· 148

第7章　食用油真伪和掺假的拉曼光谱分析进展 ……………………… 155
7.1 食用油真伪鉴别 …………………………………………………… 156
7.2 食用油掺假鉴别 …………………………………………………… 158
7.2.1 "以次充好"掺假检测 …………………………………… 159
7.2.2 氧化油掺假检测 ………………………………………… 162
7.3 地沟油鉴别 ………………………………………………………… 166
7.3.1 无目标检测——非靶向分析 …………………………… 167
7.3.2 目标物检测——靶向分析 ……………………………… 168
7.4 食用油使用过程中的问题监测 …………………………………… 170
7.4.1 食用油煎炸过程中的氧化监测 ………………………… 170
7.4.2 食用油的生物活性成分检测 …………………………… 174
7.5 展望 ………………………………………………………………… 176
参考文献 ………………………………………………………………… 177

第8章　人工智能助力拉曼光谱分析的新趋势 ………………………… 181
8.1 光谱识别中常见的人工智能分析方法 …………………………… 183
8.1.1 无监督学习 ……………………………………………… 183
8.1.2 监督学习 ………………………………………………… 188
8.2 人工智能助力拉曼光谱的创新应用 ……………………………… 193
8.2.1 癌细胞鉴别 ……………………………………………… 193
8.2.2 药物成分鉴定 …………………………………………… 194
8.2.3 微塑料识别 ……………………………………………… 196
8.2.4 植物环境胁迫判别 ……………………………………… 197
8.3 人工智能助力食用油拉曼光谱分析的探索 ……………………… 198
8.3.1 食用油组分或添加物分析 ……………………………… 199
8.3.2 食用油氧化分析 ………………………………………… 199
8.3.3 食用油掺假分析 ………………………………………… 200
8.3.4 食用油中脂质异构体分析 ……………………………… 202
8.4 展望 ………………………………………………………………… 203
参考文献 ………………………………………………………………… 204

附录　英文缩写名词对照表 …………………………………………… 206

第1章

绪 论

1.1 拉曼光谱

拉曼光谱技术的发展经历了一个漫长的时期,包括理论建立和设备革新。1923年澳大利亚理论物理学家 Adolf Smekal 提出:在辐射与物质相互作用的过程中,入射辐射的频率会随着辐射能量的丢失而降低,在理论上预测出非弹性散射的存在。1928 年,印度物理学家拉曼(Raman)及其学生 Krishnan 在液体中成功观测到这一现象,并将这种散射命名为拉曼散射。拉曼因此获得 1930 年诺贝尔物理学奖[1]。

拉曼光谱的本质是光在分子水平的非弹性散射,反映物质的振动和转动能级。当物质被外部光束(如单色紫外线、可见光或近红外光等)照射时,其表面的分子会与光子发生碰撞,导致分子被光子激发,发生振动能级的跃迁,即从基态到短暂不稳定的激发态,然后通过光子发射返回到较低的能量态[2]。光子和分子的状态是由它们在碰撞过程中的相互作用决定的。更确切地说,根据光子与分子之间的能量转移,光子散射的类型可以分为弹性散射和非弹性散射[3]。大部分光子与分子之间不发生能量转移,仅发生光子传播方向的改变,这种现象称为瑞利散射或弹性散射;相反,当光子与分子碰撞后,分子吸收了光子的能量或者将能量传递给了光子,导致光子与分子之间发生能量转移、散射光频率改变,这种现象则被称为拉曼散射或非弹性散射(图 1.1)。实际上,在散射光子中,拉曼散射所占的比例远低于瑞利散射[拉曼散射发生概率极低($1/10^8$)],因此,拉曼散射被视为一种罕见的物理现象[2]。

基于光子和分子的能量交换方式,拉曼散射被分为斯托克斯散射和反斯托克斯散射[5]。斯托克斯散射是指入射光子的能量转移至目标分子,并改变光子的传播方向和频率;相对应地,入射光子通过与高能态的目标分子碰撞获得能量,则被称为反斯托克斯散射。分子与光子之间能量转移的多少取决于分子结构,那些

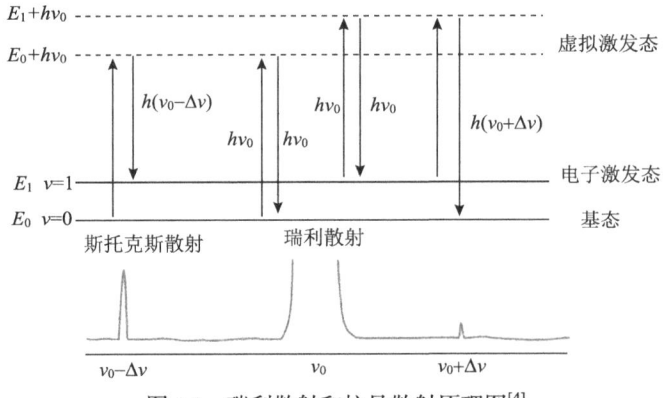

图 1.1 瑞利散射和拉曼散射原理图[4]

能够引起分子极化率改变的振动可以吸收或释放特定大小的能量,导致入射光子和散射光子之间的频率发生变化,这种拉曼散射光与入射光的频率差值被定义为拉曼位移。因此,不同大小的拉曼位移能够反映出不同分子振动能级的变化。由于分子结构的复杂性,其具有不同的振动模式和能级,在不同的拉曼位移下产生多个特征散射峰。每种拉曼活性分子都会产生独特的拉曼散射图谱,就像分子指纹一样,从而使拉曼光谱在分子结构分析方面具有独特的优势。

根据 Boltzman 热平衡模型,自然状态下大部分分子处于振动基态而非振动激发态,导致斯托克斯散射峰的峰强通常强于反斯托克斯散射峰(图 1.2)。因此,在实际检测中通常采用斯托克斯散射峰作为检测指纹。分子结构的特殊性决定了每个样品中不同的振动和旋转模式,获得的光谱揭示了这些分子的基本结构信息。因此,拉曼峰数、拉曼位移、拉曼峰形和拉曼强度可用于官能团和化学键的定性或定量分析。此外,特征拉曼峰在强度和波数或频率上的变化也可以用来预测物质周围化学环境的变化。根据获得拉曼光谱的不同方式,可以划分为自发拉曼、共振拉曼、表面增强拉曼和相干拉曼等(图 1.3),同一个分子所获得的拉曼峰均对应于相同的分子振动指纹特征,不同方式获得的拉曼光谱具有很好的一致性[6]。

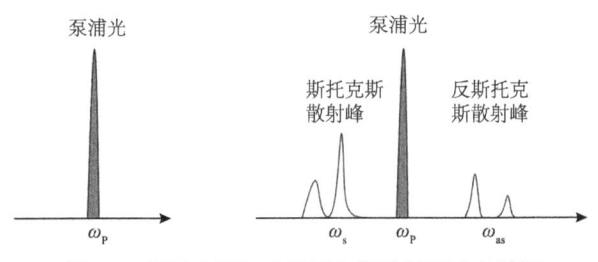

图 1.2 斯托克斯与反斯托克斯散射泵浦光谱图

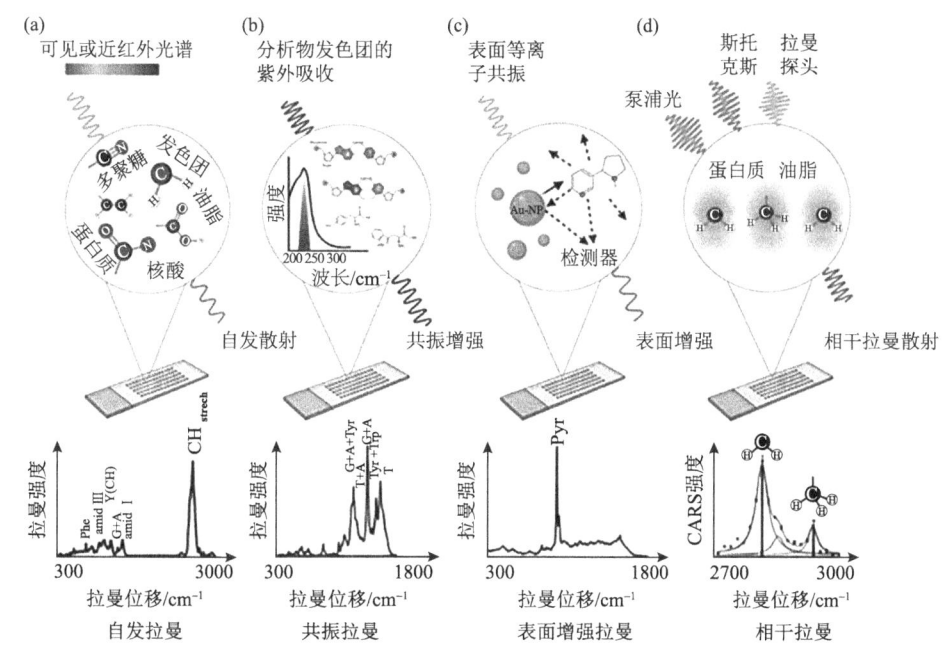

图1.3 （a）自发拉曼、（b）共振拉曼、（c）表面增强拉曼和（d）相干拉曼等四种重要拉曼模式的基本原理图：（a）大肠杆菌的自发拉曼光谱，其中不同的波数（拉曼位移）对应于不同分子的振动模式；（b）白色念珠菌的共振拉曼光谱，包括DNA和蛋白质成分的选择性共振增强；（c）芘（Pyr）分子的表面增强拉曼光谱；（d）常见的CH键拉伸振动的相干拉曼散射光谱[6]

1.1.1 自发拉曼光谱

自发拉曼光谱（spontaneous Raman spectroscopy）是一种基于分子与激光光子非弹性散射的光谱技术。当光线（特别是激光）照射到分子上时，会与分子中的电子云及分子键产生相互作用，导致拉曼效应的发生[图1.3（a）]。在自发拉曼效应中，光子将分子从基态激发到一个虚拟的能量状态，然后分子释放出一个光子并返回到一个不同于基态的旋转或振动状态。这个过程中，光子与分子之间会有能量的交换，导致释放出的光子频率与入射光的频率不同。这种频率的变化被称为拉曼位移，它对应于分子初始和经散射后的振动能级差。自发拉曼光谱的谱线数量和位置代表了物质的分子结构和组成。由于每种分子都有其独特的振动模式和能级结构，因此每种分子都会产生独特的拉曼散射图谱，就像分子的"指纹"一样。这种独特性使得自发拉曼光谱在分子结构分析方面具有独特的优势。虽然自发拉曼光谱提供了分子指纹等重要的信息，但由于散射光中拉曼散射光子占比极小，拉曼散射光强度极低，在早期研究中，由于缺乏高效的激发光源，拉曼光谱在实际应用中并未受到广泛关注，仅仅作为物理学上的理论研究手段。

1960年，美国加利福尼亚休斯实验室成功研制出世界上第一台红宝石激光器，迅速推动了拉曼光谱技术在实际应用中的发展。1961年，Porto和Wood采用近红外波长的光源替代可见光作为激发源，极大提升了激光的激发效率，有效规避了可见光波段可能产生的荧光干扰，从而克服了拉曼光谱信号弱的技术难题，显著提高了检测灵敏度。这一突破标志着拉曼光谱技术的发展迈入了一个新的阶段[4]。在接下来的几十年里，显微拉曼光谱、共聚焦拉曼光谱、傅里叶变换拉曼光谱以及空间偏移拉曼光谱等一系列新型拉曼光谱技术相继被开发并广泛应用于实际的分析与检测中。

拉曼系统的关键部件如图1.4所示，主要包括激光光源、样品池、弹性散射抑制滤波器、分色器和检测器[2]。其中，激光光源和检测器是拉曼系统最重要的组成部分，在探测过程中起着至关重要的作用。此外，测试结果还受激光的线宽和波长、激光与样品的相互作用、检测器、滤光片和分色器的选择、取样孔径以及显微镜物镜等因素的影响。激光系统性能主要受激光光源的类型、所需的波长和所需的光斑尺寸三个参数的影响[2]。实际检测过程中常用的激光光源包括：Ar激光（488.8 nm）、Nd:YAG激光（532 nm、1064 nm）、Kr激光（568 nm）、He/Ne激光（632.8 nm）、二极管激光（785 nm）[7]。检测器是用于收集弱散射强度的另一个核心元件，通常需要具有极高的灵敏度。常见的探测器包括光电倍增管、光电二极管阵列、电荷耦合器件和钢镓砷化合物检测器等[2]。其中，电荷耦合器件由于具有高量子效率和低信噪比，是最为常用的探测器。样品池：用于放置待测样品，是激光与样品相互作用的场所。弹性散射抑制滤波器：也称瑞利散射滤波器，用于去除激光照射样品后产生的弹性散射光（即瑞利散射光），以避免其对拉曼散射光的干扰。这一部件对于提高拉曼光谱的

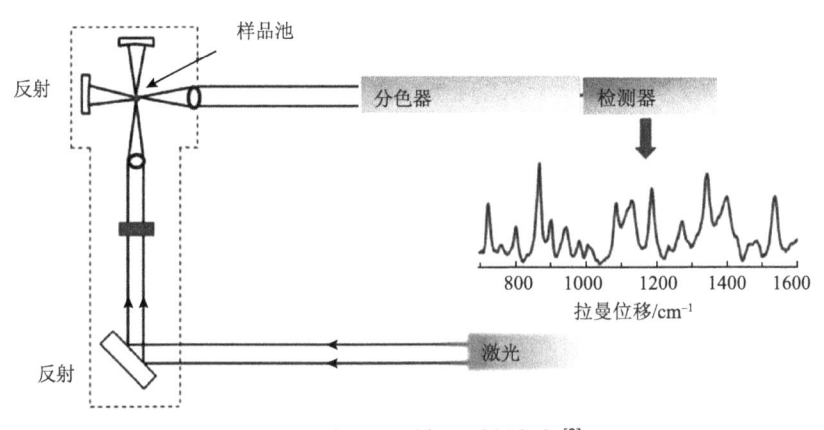

图1.4 拉曼光谱仪的关键部件[2]

信噪比至关重要。分光器（或单色仪）：用于将拉曼散射光分散成不同波长的光谱线，以便进行后续的检测和分析。单色仪通常由入射狭缝、准直镜、色散元件（如光栅或棱镜）和聚焦镜等组成。

1.1.2 共振拉曼光谱

（紫外）共振拉曼光谱（resonance Raman spectroscopy, RRS）是经典的自发拉曼光谱的进一步发展。当激发光的频率接近或重合于分子的某一电子吸收峰时（如 $\pi \rightarrow \pi^*$ 跃迁），会发生共振拉曼效应，此时某一个或几个特定的拉曼带强度会急剧增加，甚至达到正常拉曼带强度的 $10^2 \sim 10^6$ 倍。这种效应使得原本微弱的拉曼信号得到显著增强，从而提高了检测的灵敏度。图 1.3（b）清晰地展示了细菌的复杂生物谱，涵盖了细菌大分子的光谱特征。然而，在细菌的紫外共振拉曼光谱中，核酸碱基和芳香族氨基酸的信号得到了选择性放大。这种选择性共振增强效应使得我们能够对 DNA 和蛋白质成分进行特殊分析。另一个显著优点是，使用紫外光作为激发光源，可以将荧光的干扰降至最低。然而，在采用这种共振拉曼模式时，必须仔细评估激光诱导光损伤的较高潜在风险。如果在数据收集过程中检测到紫外拉曼光谱出现瞬态或不可逆变化，则可能表明发生了光化学损伤。为了改进紫外共振拉曼研究并使其适用于敏感样品的无损采样，科研人员正在开发新一代紫外激光系统，并研究如何优化收集光学元件和采样策略[6]。

1.1.3 相干拉曼散射

相干拉曼散射（coherent Raman scattering, CRS）是一种光学散射现象，它结合了拉曼散射和激光干涉技术，允许高分辨率和高灵敏度地探测样品中的分子振动信息。相干拉曼散射的原理基于量子力学的耦合振动理论。当入射光束与分子或晶体相互作用时，光子与分子的振动模式相互耦合，形成一个共振态。这个共振态又可以通过一个新的振动模式表达出来，这个新的振动模式被称为拉曼振动。相干拉曼技术利用共振效应来放大需要检测的拉曼信号，需要同时输入两束光，除了泵浦光外，还需要与斯托克斯光同频率的入射光来产生共振，入射光子的能量和动量转移到拉曼振动上，从而产生拉曼散射光子。相干拉曼散射具有两种主要形式：受激拉曼散射（stimulated Raman scattering, SRS）和相干反斯托克斯拉曼散射（coherent anti-Stokes Raman scattering, CARS）。

受激拉曼散射基于斯托克斯光束的光学放大效应，即泵浦和斯托克斯光之间的频率差与特定分子的拉曼跃迁相匹配。当斯托克斯光束和泵浦光束在样品处重合且频率差与分子振动频率匹配时，会发生受激拉曼散射。此时，泵浦光能量往往会因为受激拉曼散射效应而减弱，而斯托克斯光能量则会被放大，这两种现象又分别被称为受激拉曼损耗（stimulated Raman loss, SRL）和受激拉曼增益（stimulated Raman gain, SRG），二者都属于受激拉曼散射范畴（图1.5）。多种生物分子和化学物种已成功通过无标记受激拉曼散射显微镜进行成像。这些靶标主要是内源性的化学键，包括O—H、C—H、C═C、C═O、S═O、O—P—O键，以及酰胺键和细胞指纹中的几种环形呼吸模式。

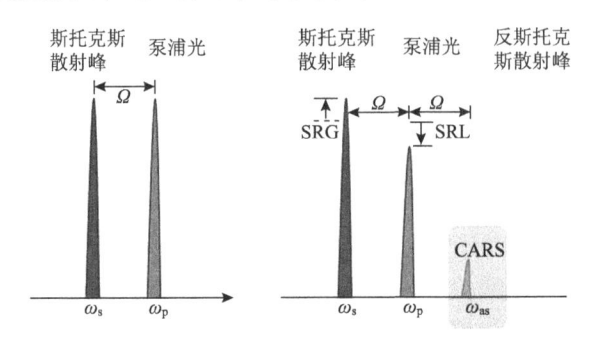

图1.5 受激拉曼散射示意图

在相干反斯托克斯拉曼散射过程中，来自另一个泵浦脉冲的光子与第一个泵浦脉冲相干驱动的分子振动集合发生非弹性散射，从而产生定向且增强的相干反斯托克斯信号。相干反斯托克斯拉曼散射显微镜本质上是共聚焦的，因此可以通过调整激光束的焦平面来实现三维成像。此外，由于其速度快，还可以实现动态成像，如研究分子释放。Christophersen等将扫描电子显微镜（scanning electron microscope, SEM）和透射电子显微镜（transmission electron microscope, TEM）与相干反斯托克斯拉曼散射显微镜相结合，用于表征脂质颗粒中的蛋白质分布。该方法能够有效地观察溶菌酶在固体脂质微粒中的分布情况，无须标记或破坏样品，即可对蛋白质和脂质的相对分布进行成像，从而避免了因药物分子或颗粒结构改变而引入伪影的风险。此外，该方法能够同时监测脂肪分解过程中的药物分布和药物释放情况，为更深入地了解药物释放机制提供了可能。相干反斯托克斯拉曼散射显微镜为生物系统的直接分子表征提供了绝佳的机会，这一优势在体内研究中同样显著[8]。

1.1.4 表面增强拉曼光谱

尽管上述几种拉曼技术有诸多优势，但研究及应用更为广泛的是表面增强拉曼光谱（surface enhanced Raman spectroscopy, SERS）技术。单个分子的拉曼散射截面通常较小，一般在$10^{-31} \sim 10^{-29}$ cm^2，导致拉曼光谱的检测灵敏度低。因此，拉曼光谱通常只能分析大量或高浓度样品，这限制了其在痕量化学成分分析中的发展和应用。1974年，Martin Fleischmann教授团队偶然发现吸附在粗糙银电极表面的吡啶分子的拉曼信号会被极大地增强[9]，然而这一现象并没有引起足够的重视，他们将这种现象简单归因于电极表面粗糙度增加导致吸附的分子数增多。1977年，Van Duyne 教授团队以及 Albrecht 和 Creighton 教授团队分别独立观测并证明吸附在粗糙的贵金属表面的物质的拉曼光谱强度可得到 $10^5 \sim 10^6$ 的增强，其强度的增幅远超过电极的表面粗糙化而造成吸附吡啶分子数增加[10, 11]。随后，这种增强效应被称作 SERS，它弥补了传统拉曼散射灵敏度低的缺陷。此后的数十年间，人们发现这类 SERS 现象并非局限于吡啶分子与粗糙银表面之间，而是广泛存在于种类繁多的分子与金、银、铜等金属的胶体粒子、粗糙电极或膜的相互作用中。最初，SERS 的研究主要集中在电化学和光谱学领域。1997 年，Nie 等[12]和 Kneipp 等[13]分别观察到了单分子 SERS 信号，成为推动 SERS 技术发展的重要里程碑，标志着拉曼检测技术达到单分子水平，表明拉曼散射的信号强度可以与荧光相媲美。在过去的二十年里，随着纳米制造和拉曼光谱仪器的飞速发展，SERS 技术在众多学科中展现出巨大潜力，已被广泛应用于化学、物理学、生命科学、材料科学、环境科学等各个领域。

SERS 信号的采集方式与自发拉曼类似，但区别在于 SERS 利用纳米材料形成的表面等离激元对分子的拉曼信号进行放大，从而获得更好的信号强度和更高的检测灵敏度。SERS 非常适合用于痕量物质的检测，但其缺点在于表面增强材料通常需要针对相应的检测体系进行开发，这一过程较为烦琐，且在一定程度上牺牲了拉曼光谱无标记的便捷性。同时，SERS 可能会引发拉曼全谱的"失真"现象，这可能会对拉曼光谱的生物学解析造成潜在影响。

与普通拉曼光谱相比，SERS 能将拉曼强度提高几个数量级。众多科研工作者通过对大量实验现象进行总结和理论分析，将这种信号增强归因于电磁场增强机理和化学增强机理。然而，由于 SERS 过程涉及多方面复杂因素，这两种增强机理的具体贡献很难被严格区分开来，因此一般认为是两种增强机理协同作用的结果。

1. 电磁场增强

电磁场增强（electromagnetic enhancement, EM）机理被认为是物理增强的主要来源。在光的照射下，金属纳米颗粒表面能够产生表面等离子体共振（surface plasmon resonance, SPR），从而显著增强局域电磁场。拉曼散射过程涉及分子与入射辐射之间的相互作用。而 SERS 现象的产生，则需要金属纳米结构的存在。因此，SERS 现象实际上涉及光、分子和金属纳米结构三者之间的相互作用（图 1.6）。

当入射光照射到金属纳米结构表面时，光子与金属纳米结构中的自由电子发生相互作用，导致电子云相对于原子核发生瞬时的集体位移（或称极化）。这种极化状态在金属纳米结构内部产生了电场，而电子云与原子核之间的库仑相互作用则试图使电子云恢复到未受扰动前的状态,即产生一种恢复力。这种恢复力实际上驱动了金属纳米结构表面的导电电子发生集体振荡,这种电子振荡的频率取决于电子的密度、有效电子质量以及电荷分布的形状和大小。

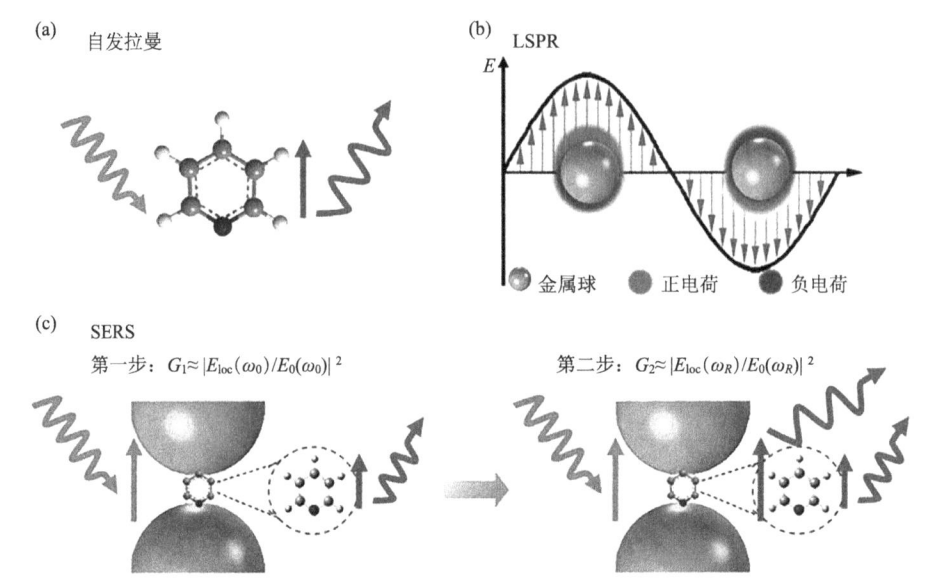

图1.6 普通自发拉曼(a)、贵金属纳米粒子的局部表面等离子体共振(LSPR)(b)、SERS(c)现象的电磁增强机制示意图[14]

如果入射辐射的频率与电子振荡发生共振,那么这一激发过程就被称为SPR。SPR既可以在延伸的金属表面上以纵波的形式传播,也可以在金属表面和电介质之间界面的边缘、尖端或缝隙等位置保持高度局限。这两种形式分别对应于传播表面等离激元(surface plasmon, SP)和局域表面等离子体共振(localized surface plasmon resonance, LSPR)。

这两种金属表面的局域电磁场增强效应主要来源于入射光场和散射后产生的散射场。通常,散射场的振幅 $E(\omega_1)$ 要高于入射光场的振幅 $E(\omega)$,因此分子所在区域表面的平均电场强度 E 可近似表示为式(1.1):

$$E=\left|E(\omega)\right|^2\left|E(\omega_1)\right|^2 \tag{1.1}$$

如果用振幅为 E_0,频率为 ω 的入射光激发SERS基底,得到增强后的电场幅度为 $E(\omega)$,拉曼散射频率为 ω_1 处的电场增强因子(enhancement factor, EF)可近似表示为式(1.2):

$$\mathrm{EF} = \frac{|E(\omega)|^2 |E(\omega_1)|^2}{|E_0|^4} \quad (1.2)$$

当斯托克斯位移很小的情况下，$E(\omega)$ 和 $E(\omega_1)$ 近似相等，则平均电场强度 $E=|E(\omega)|^4$，即纳米粒子表面电场等于入射光场强的四次方，因此，电场增强因子 EF 公式可简化为式（1.3）：

$$\mathrm{EF} = \frac{|E(\omega)|^4}{|E_0|^4} \quad (1.3)$$

由上述公式可以推断出，局域电磁场的微小变化会导致 SERS 增强发生显著变化。目前，有限差分时域（finite difference time domain, FDTD）法等数值仿真方法已被广泛计算构建的纳米结构的理论 EF。电磁场增强机理受金属颗粒的尺寸、形状、材质和周围环境等因素的影响。例如，不同的金属激发表面等离子体共振所需的激光频率不同，能在可见光激发下产生表面等离子共振的金属主要有贵金属金、银、铜以及碱金属等自由电子金属。此外，当两个纳米粒子相距 1 nm 以内时，它们的等离子体产生共振耦合，从而产生强局域化电磁场。在这种情况下，当分子位于两个纳米颗粒之间的间隙时，其 SERS 信号可以增强 9~12 个数量级，这种现象被称为"热点"效应[15]。随着与热点距离增加，电磁场增强效果也迅速衰减（图 1.7）；而当间隙小于 1nm 时，纳米粒子间的电子隧道效应占主导

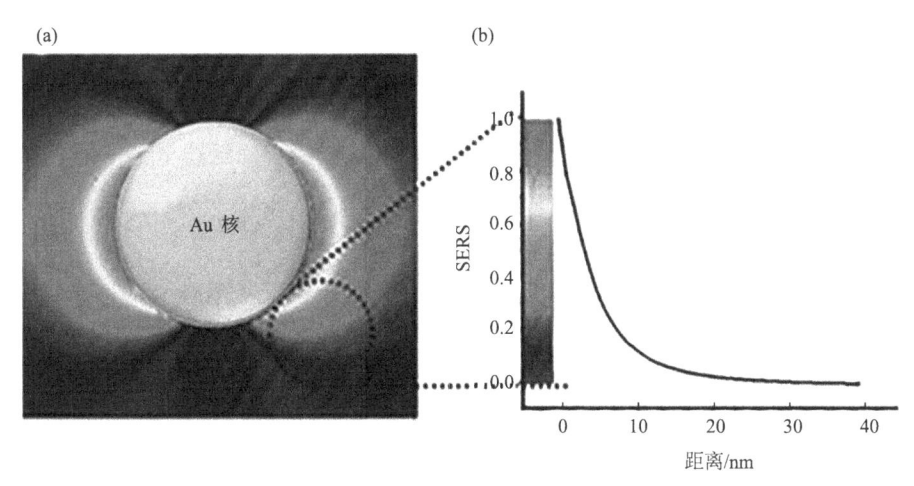

图 1.7 金纳米粒子电场分布的 FDTD 模拟（a）以及 SERS 增强与金纳米粒子表面距离的关系（b）[16]

地位，会显著改变等离子体的活性，从而降低 EM 增强效果[16]。因此，吸附在热点内和热点外的分子的拉曼强度会存在显著差异。目前，精确控制纳米粒子之间的距离以及精确控制分子所处热点的位置仍是纳米结构制造或组装的技术难题，也是 SERS 分析的重现性低的重要原因。

2. 化学增强

电磁场增强机理从光电场增加的角度为 SERS 现象提供了有力解释，但在实际应用中电磁场增强并不能解释所有的实验现象。例如，Moskovits 在相同的实验条件下采集了散射截面几乎相同的 CO 和 N_2 的 SERS，然而两者的 SERS 强度相差 200 倍[17]。因此研究人员又引入化学增强（chemical enhancement, CE）机理来进一步解释 SERS 的增强效应。当入射光照射金属纳米结构表面时，金属纳米结构和其表面的探测分子会发生强烈的相互作用，包括分子重排、表面结合、化学吸附和/或表面复合物形成等，这些相互作用导致纳米结构及其表面吸附分子之间的化学增强效应。目前，关于化学增强主要有两种解释：一种是当吸附分子与金属表面相互作用时，吸附分子的电子态发生位移或展宽；另一种是吸附分子和纳米材料之间电荷转移（charge transfer, CT）引发增强[18]。其中，CT 增强机制是解释化学增强机理的主导理论。CT 的方向受材料、分子特性和激光能量的影响。在激发光照射下，光致电子从金属纳米结构的费米能级附近共振跃迁至吸附分子的最低未占据分子轨道（lowest unoccupied molecular orbital, LUMO），也可能从吸附分子的最高占据分子轨道（highest occupied molecular orbital, HOMO）共振跃迁至金属的费米能级或更高能级，从而引起吸附分子的有效极化率增大，促使信号增强（图 1.8）[19]。因此，其间的带隙越小，电子跃迁越容易发生。当分子吸附于金属表面时，如果金属的费米能级接近于分子 LUMO 与 HOMO 能级的平均值时，分子中 HOMO 电荷可以先跃迁至金属表面，再从金属表面跃迁至分子的 LUMO

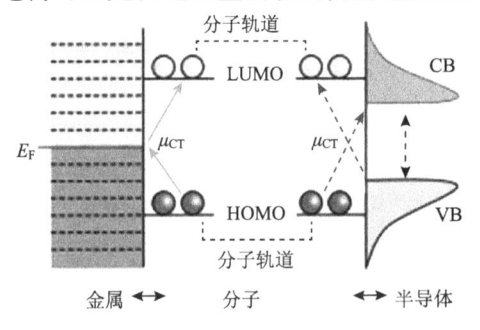

图 1.8 金属-分子或半导体-分子界面上 CT 对 SERS 的贡献。箭头表示 CT 方向（μ_{CT}：CT 跃迁，实线：金属-分子，虚线：半导体-分子）；E_F 为费米能级[19]

能级。这样,每次跃迁跨越的带宽约为分子内直接跃迁跨越带宽的一半。跃迁变得容易,拉曼散射效率随之提高。半导体材料被发现也具有很好的 SERS 增强效应,可能也是因为其满价带(valence band, VB)和空导带(conduction band, CB)之间存在能隙,其能级可能类似于 CT 过程中等离子体纳米颗粒的费米能级[20]。化学增强的 SERS 增强因子一般在 $10^1 \sim 10^3$,远小于 EM 的贡献,且具有非常高的分子特异性。

目前 SERS 增强机理仍存有争议,人们普遍认为 EM 具有普适性,在两种增强机理中占据主要地位。在实际分析中,EM 和 CM 通常不是互相排斥的,而是协同贡献于总体 SERS 信号。值得注意的是,EM 是一种仅限于渐逝场的长程效应,它随着分子和纳米结构表面之间的距离增加呈指数衰减,而 CM 是一种埃尺度上的短程效应,分子和纳米结构表面之间存在直接相互作用。

1.2 拉曼光谱在食品领域的应用

近年来,拉曼光谱技术在食品质量保证和安全监测领域取得了迅速发展。与其他需要样品预处理或耗时较长的分析技术相比,拉曼光谱技术以其快速、无损、实时、无标记以及适用于现场检测的特点,被广泛应用于整个食品生产链中,涵盖了食品生产、加工、运输、储存到销售等各个环节。

1.2.1 植物病害监测

拉曼光谱可用于监测整个种植过程,推动智能农业的发展。对农作物和植物的疾病进行早期诊断,以减少农业损失并保障食品质量和安全,这是农业领域一项基本需求[21]。这种需求促进了拉曼技术在农作物疾病检测中的应用,包括监测豇豆种子内的豇豆豆象[22],鉴定玉米籽粒上的植物病原体[23],确定完整小麦和高粱籽粒中的真菌感染[24],分析受三种害虫和疾病感染的水稻[25],以及番茄黄龙病单倍型的早期诊断[26]。此外,拉曼实时监测技术还能够追踪农药在植物中的迁移,为有效和精确的农药使用提供数据支持[27]。拉曼光谱技术还成功应用于番茄果实成熟的原位监测[28]、石榴果实成熟期间单宁变化的检测[29],以及不同成熟阶段番茄中类胡萝卜素浓度的在线定量[30],帮助精确确定农业收获时间。

1.2.2 食品生产加工监测

凭借实时、无创、非接触和无标记检测的优势,拉曼光谱已用于大肠杆菌的混合酸发酵过程中在线 pH 监测[31]、发酵过程中 1,3-丙二醇的快速测量[32]以及木薯糖化和发酵过程中工艺参数的快速确定[33]。结合光谱预处理和多元数据分析（偏最小二乘回归）方法，拉曼光谱还用于在线监测酵母发酵过程中葡萄糖和乙醇的浓度[34]。然而，液体拉曼光谱的分析性能受到一些因素的限制。例如，溶液的浊度可能会随着生物样品的生长而变化，这将影响灵敏度和相应的校准[31]。为了减轻浊度变化的不利影响，可以用水的弯曲振动模式作为参考对其进行归一化。

1.2.3　食品运输储存监控

食品质量和安全也受到食品运输和储存条件的影响。例如，新鲜肉类和水产品由于其高蛋白质含量和水分活动而在储存期间容易腐烂。在化学计量学（支持向量回归和变量选择方法）的帮助下，拉曼光谱已被用于预测储存时间、评估鲑鱼新鲜度[35]。此外，空间偏移拉曼光谱（spatially offset Raman spectroscopy, SORS）已用于无损评价完整对虾（中国明对虾）的新鲜度[36]。基于 SERS，使用涂覆有沸石咪唑骨架-8（ZIF-8）层的金颗粒浸渍纸监测包装牛肉的新鲜度[37]。拉曼光谱可以识别连续冷冻和重复冻融处理之间冻融生牛肉的不同质地[38]。此外，拉曼高光谱成像允许在霉变过程中捕获玉米籽粒的霉变分布[39]。对于 SORS 和拉曼高光谱成像技术，样品的表面厚度或表面形态的不规则性，如裂纹、间隙和膨胀，将影响拉曼光谱输出[36]。因此，发展有效的方法来识别或消除拉曼峰的异常值对提高检测精度是非常重要的。

1.2.4　食品风险因子分析

拉曼光谱不仅服务于食品检验机构和管理部门，而且是消费端食品风险监测的强大和有效工具之一，已被用于检测微生物（病毒[40]、细菌[41]和真菌[42]）、霉菌毒素[43]、海洋毒素[44]、生物毒素[45]、农药[46, 47]、食品真实性[48, 49]、金属离子[50]、药物残留（四环素[51]、孔雀石绿和克伦特罗[52]）、食品添加剂（防腐剂、食用色素和禁用染料）[53]和食物过敏蛋白[54]等各类危害或风险因子，如表 1.1 所示。

1.2.5　油脂分子分析应用

食品中油脂的检测构成了一个极为复杂的系统工程，其化学成分、氧化历程、有害物质检测以及结构多样性等方面仍待深入探究。作为一种能够提供丰富指纹信息、实现快速无损且可靠分析的技术，拉曼光谱为解析食品油脂信息提供了独树一帜的检测途径，如表 1.2 所示。

表 1.1 代表性的食品相关物质的拉曼光谱分析

分类	分析物	提取	激发激光和光谱范围	方法和亮点	主要结果	参考文献
微生物	病毒：甲型 H1N1 流感病毒和人腺病毒（HAdV）	直接	785 nm 1100~1600 cm^{-1}	Fe$_3$O$_4$@Ag 作为 SERS 基底的纸侧向流检测	LOD$_{H1N1}$ = 50 pfu/mL LOD$_{HAdV}$ = 50 pfu/mL	[55]
	细菌：大肠杆菌（E. coli ATCC 25922 和 K-12 菌株）	洗涤	633 nm 600~1800 cm^{-1}	一种与镀银硅黑村底结合的镍涂层透层镜光纤探针	LOD = 6 × 10^4 CFU/mL	[56]
	细菌：E. coli O157: H7，副溶血性弧菌和鼠伤寒沙门菌	洗涤	638 nm 400~3500 cm^{-1}	结合生成对抗网络和多类支持向量机的拉曼光谱	准确率 > 85%	[57]
	细菌：E. coli O157	直接	785 nm 800~1500 cm^{-1}	抗体功能化的金纳米粒子完整糖淀粉磁性微球	单细胞	[58]
	真菌：黄曲霉（AF36, AF13）感染玉米粒	表面擦拭	785 nm 200~2831 cm^{-1}	线扫描拉曼超谱成像系统	准确率 > 75.55%	[42]
	真菌：桔青霉、产黄青霉、扩展青霉、黑曲霉、链格孢	悬浮水溶液	785 nm 200~2050 cm^{-1}	金纳米棒作为 SERS 基底与化学计量学的结合	准确率 98.31%	[59]
霉菌毒素	花生提取物中 AFB1	提取、超声处理和离心	785 nm 400~1800 cm^{-1}	金纳米双锥在 AAO 模板纳米孔中的自组装	LOD = 0.5 μg/L	[60]
	玉米样品中的 AFB1、DON 和 ZON	提取、超声处理和离心	785 nm 600~1800 cm^{-1}	一种菜花启发的 3D SERS 基底	LOD$_{AFB1}$ = 1.8 ng/mL, LOD$_{DON}$ = 47.7 ng/mL, LOD$_{ZON}$ = 24.8 ng/mL	[61]
	红酒样品中的 OTA	支撑液液膜萃取	785 nm 950~1120 cm^{-1}	银帽硅纳米柱作为 SERS 基底	LOD = 115 ppb（ppb 为 10^{-9}）	[62]

续表

分类	分析物	提取	激发激光和光谱范围	方法和亮点	主要结果	参考文献
霉菌毒素	猪饲料中的 DON	研磨、提取、超声处理、离心和过滤	633 nm 300~1600 cm^{-1}	聚多巴胺修饰的银纳米立方体 SERS 基底	LOD = 0.82 fmol/L	[63]
	蓝莓酱料、葡萄柚酱料和橙汁中的棒曲霉素	提取、超声波处理、洗涤和浓缩	633 nm 400~2000 cm^{-1}	基于 MIP 的 SERS 传感器	LOD = 5.37 fmol/L	[64]
	玉米样品中的 AFB1	研磨、提取、离心、过滤和 pH 调节	785 nm 1300~1500 cm^{-1}	基于适体的双模式测定（SERS 和荧光）	LOD$_{SERS}$ = 3 pg/mL, LOD$_{fluorescence}$ = 5 pg/mL	[65]
生物毒素	蛤蚌毒素（STX）	—	785 nm 400~2000 cm^{-1}	STX 诱导半胱氨酸修饰的 GNPs 聚集	LOD = 1×10^{-7} mol/L	[66]
	河豚及文蛤体内的河鲀毒素	剪切、提取、超声、离心、浓缩、过滤	532 nm、638 nm、785 nm 800~1800 cm^{-1}	基于 GNPs@MIL-101 的双模适体传感器（荧光和 SERS）	LOD$_{SERS}$ = 8 pg/mL, LOD$_{fluorescence}$ = 6 pg/mL	[67]
农药	氨基甲酸酯：苹果汁中涕灭威	切碎、过滤、离心	785 nm 500~1600 cm^{-1}	GNPs 修饰的金纳米枝晶作为 SERS 基底	LOD = 86.1 μg/L	[68]
	拟除虫菊酯：茶叶中的 2,4-D	提取、离心和过滤	785 nm 350~1850 cm^{-1}	AgNP 纸 SERS 基底	LOD = 1.0×10^{-4} μg/g	[69]
	樱桃表面的噻菌灵和西维因	直接	530 nm 800~2000 cm^{-1}	柔性金纳米双锥-PDMS 杂化膜作为 SERS 基底	LOD$_{thiabendazole}$ = 0.64 ng/mL, LOD$_{carbaryl}$ = 0.77 ng/mL	[70]
	含氯杂环化合物：茶叶中的多菌灵	研磨、提取、超声处理、离心、纯化和蒸发	785 nm 400~1800 cm^{-1}	3D 银微球的聚集	0.01 mg/L	[71]

续表

分类	分析物	提取	激发激光和光谱范围	方法和亮点	主要结果	参考文献
农药	有机氯：苹果汁中的啶虫脒	过滤、离心	530 nm 1000~2500 cm^{-1}	一种用于光学抗干扰检测的腈介导导适体传感器	LOD=6.8 nmol/L	[72]
	河水、土壤、大米、苹果和卷心菜中的 CHL、IMI 和 OXY	乙腈提取，超声处理、离心和过滤	633 nm, 785 nm 1200~1450 cm^{-1}	Ag-4-NTP@GNPs	LOD$_{CHL}$=0.15 ng/L, LOD$_{IMI}$=1 ng/L, LOD$_{OXY}$=2.2 ng/L	[73]
食品真实性	鉴定澳大利亚谷物和草饲牛肉产品	直接	785 nm 600~1900 cm^{-1}	拉曼光谱结合化学计量学	准确率>83%	[74]
	鉴定商业和非真实蜂蜜	加热	1064 nm 250~1850 cm^{-1}	结合拉曼光谱和模式识别分析进行分类	准确率 100%	[75]
	区分黄油和猪油样品	直接	1064 nm 200~2000 cm^{-1}	拉曼光谱结合化学计量学	R^2>0.99	[49]
	掺假精制地沟油	直接	785 nm 300~1800 cm^{-1}	3D 两相界面 SERS	LOD=0.1 ppb	[76]
金属离子	天然地下水和湖水中的 Hg^{2+}	直接	785 nm 200~1800 cm^{-1}	4-MBA 修饰的金纳米棒捕获 Hg^{2+}	LOD=0.1 nmol/L	[77]
	自来水、瓶装水、河水、海水和土壤中的 Cu^{2+}	过滤	785 nm 600~1800 cm^{-1}	4-MBA 修饰的 AgNP 和 Mpy 封端的 GNP 可以在 Cu^{2+}引发下形成 AgNP-Cu^{2+}-GNP 核-卫星结构	LOD=0.6 pmol/L	[78]
	河水中的 Cd^{2+}	过滤	785 nm 300~1700 cm^{-1}	多巴胺醌修饰的 Au 表现出对 Cd^{2+}的结合能力	LOD=10 nmol/L	[79]
	复合水中的 Pb^{2+}	直接	532 nm, 633 nm, 785 nm 1050~1700 cm^{-1}	结合单层石墨烯的化学增强和金属纳米结构的电磁增强	LOD=4.31 pmol/L	[80]

续表

分类	分析物	提取	激发激光和光谱范围	方法和亮点	主要结果	参考文献
	瓶装水、自来水、池塘水、河水和土壤中的 Zn^{2+}	纯化	785 nm 400~1200 cm^{-1}	Zn^{2+} 触发 AuNRs-DPY 的聚集	LOD = 6×10^{-3} pmol/L	[81]
	自来水和湖水样品中的 Cd^{2+}、Cu^{2+}、Ni^{2+}	过滤	785 nm 400~1800 cm^{-1}	滤纸上溅射 Au	LOD = 10 nmol/L	[82]
	As^{3+}、As^{4+}	直接	785 nm 300~1000 cm^{-1}	利用咖啡环效应分离负电荷银纳米膜	LOD = 100 ppm（ppm 为 10^{-6}）	[83]
金属离子	超纯水中的 AsO_3^{3-}	直接	633 nm 600~1700 cm^{-1}	磁性离子液体（MIL-GNPs/PSi）复合材料作为 SERS 基底	LOD = 0.5 ppb	[84]
	自来水中的 Al^{3+}、Fe^{3+}、Cu^{2+}	直接	514 nm 400~1750 cm^{-1}	利用 DNA、茜草色素 S 和 AgNP 作为 SERS 化学受体	$LOD_{Al^{3+}}$ = 0.8 ppb $LOD_{Fe^{3+}}$ = 3.3 ppb $LOD_{Cu^{2+}}$ = 56.0 ppb	[85]
	河水和自来水中的 UO_2^{2+}	过滤	532 nm 600~2000 cm^{-1}	核酸适体修饰的 ZnO-Ag 杂化微流控阵列	LOD = 7.2×10^{-13} mol/L	[86]
	自来水和湖水中的 Hg^{2+} 和 Ag^+	直接	633 nm 500~2200 cm^{-1}	核酸扩增	$LOD_{Hg^{2+}}$ = 4.40 amol/L, LOD_{Ag^+} = 9.97 amol/L	[87]
	四环素水溶液	直接	532 nm 200~1800 cm^{-1}	银纳米盘填充滤纸作为 SERS 基底	LOD = 10^{-9} mol/L	[88]
药物残留	牛奶中的青霉素 G	离心、调控 pH、过滤	633 nm 900~1700 cm^{-1}	六磷酸肌醇核壳 SERS 基底	LOD = 10^{-12} mol/L	[89]
	自来水和牛奶中的氯霉素	过滤	532 nm 200~2000 cm^{-1}	AgNPs 上光化学修饰 $AgVO_3$ 作为 SERS 基底	LOD = 10^{-10} mol/L	[90]

续表

分类	分析物	提取	激发激光和光谱范围	方法和亮点	主要结果	参考文献
药物残留	蜂蜜中的氧四环素	直接	532 nm 400~1100 cm^{-1}	葡萄糖还原的 AgNPs	LOD = 5 ppb	[91]
	猪肉、鸡肉和香肠中的瘦肉精	研磨、提取、超声处理、离心和过滤	785 nm 400~1600 cm^{-1}	双模式比色/SERS	LOD = 0.05 ng/mL	[92]
	禁用染料: 染色黑米中的苏丹黑 B	提取、超声处理和离心	785 nm 400~1800 cm^{-1}	银胶体作为 SERS 基底	LOD$_{standard\ solutions}$ = 0.05 mg/L LOD$_{black\ rice}$ = 0.1 mg/kg	[93]
	草鱼、鲷鱼鱼片中的孔雀石绿	均质化、提取、离心和过滤	633 nm 400~1800 cm^{-1}	MIP 结合金银核壳纳米颗粒	LOD = 0.5 μg/L	[94]
食物过敏蛋白	牛奶中的 α-乳清蛋白	稀释	785 nm 600~1800 cm^{-1}	CeO$_2$ 纳米酶 SERS 免疫分析平台	LOD = 0.01 ng/mL	[95]
	牛奶、酸奶、饼干、糖果和婴儿配方奶粉中的 α-乳清蛋白	离心	785 nm 1200~1700 cm^{-1}	GNP 掺杂 COFs 的比率 SERS 免疫吸附分析	LOD = 0.01 ng/mL	[96]
	脱脂乳中的 β-伴大豆球蛋白	直接	632.8 nm 1000~1800 cm^{-1}	一种基于 SERS 的侧向流动免疫分析试纸条	LOD = 32 ng/mL	[97]

表 1.2 食品油相关物质的拉曼分析

分析物	提取	激发激光和光谱范围	方法和亮点	主要结果	参考文献
脂质成分及氧化	55℃下在柱温箱中解育	785nm 500~2900 cm^{-1}	银枝晶作 SERS 基底	实现双组分混合检测	[98]
地沟油中的辣椒素	甲醇混合、超声处理、离心、相分离、提取	785nm 700~1600 cm^{-1}	银纳米棒制备的 SERS 阵列	LOD=30 mg/L	[99]
胡萝卜素、油酸和酚类等的相对含量	直接购买获得	632.8 nm 500~1800 cm^{-1}	金颗粒溶液放在显微镜玻璃上并干燥数小时	量化胡萝卜素、油酸和酚类等的含量	[100]
食用油的热降解过程	当地购买	532 nm 500~1800 cm^{-1}	溅射金层制备 SERS 阵列	使用拉曼光谱的替代方法，以一致、可重复量化的方式研究食用油的热降解	[101]
食用油氧化中过氧化值	安徽合肥当地超市食用油	785nm 500~2000 cm^{-1}	等离子体金属液态阵列	食用油脂氧化的定量检测	[102]
邻苯二甲酸酯	当地市场购买	532 nm 600~17 cm^{-1}	三角 Ag 纳米板阵列自组装的高密度有 SERS 衬底	LOD=10^{-7} mol/L	[103]
黄曲霉毒素 AFB1	当地市场购买	633 nm 600~1800 cm^{-1}	巯基-适体互补 DNA 修饰的 Fe$_3$O$_4$@Au 纳米化和巯基-核酸适体-核酸修饰的银包金纳米颗粒	LOD=0.40pg/mL	[104]
挥发性脂肪酸	—	532 nm 600~3000 cm^{-1}	锯齿形排列的银纳米棒	SERS 芯片是均匀且良好的挥发性脂肪酸检测底物	[105]
甘油三酯	癸酸、肉豆蔻酸研磨成细粉与水溶液混合、超声	514.5 nm 600~1600 cm^{-1}	光子晶体光纤	LOD=10^{-9} mol/L	[106]
脂肪酸	豆类、玉米和葵花籽油在80℃下加热5天	785 nm 600~3000 cm^{-1}	3D 液态阵列	定量分析食用油成分	[107]
全氟辛酸、全氟己酸、全氟丁烷磺酸钾	—	785 nm 400~1600 cm^{-1}	Au@Ag 核壳纳米棒	0.1 ppm	[108]

续表

分析物	提取	激发激光和光谱范围	方法和亮点	主要结果	参考文献
三硝基甲苯和多氯联苯	—	532 nm 600~1800 cm^{-1}	Ag 纳米颗粒装饰的聚丙烯腈（PAN）纳米驼峰阵列组成（AgNPs@PAN-nanohump）	LOD=10^{-15} mol/L	[109]
α-生育酚	花生油、菜米油、橄榄油和菜籽油的样本均来自零售	785 nm 400~1800 cm^{-1}	分子印迹聚合物-SERS（银枝晶）	10 ppb	[110]
叶绿素铜及其衍生物	焦脱镁叶绿素铜α和叶绿素镁α降解在三种油基	632.8 nm 400~1800 cm^{-1}	Ag 纳米颗粒阵列	5 ppm	[111]
不饱和脂肪酸和饱和脂肪酸	花生油、芝麻油和大豆油	785 nm 600~1800 cm^{-1}	银硅	验证植物油中的不饱和脂肪酸含量是否符合国家标准	[112]
人造黄油、玉米和棕榈油	脱脂巴氏杀菌超滤牛奶	785 nm 200~2000 cm^{-1}	—	拉曼光谱作为定性和定量检测技术表征脂肪来源和检测掺假率	[113]
地沟油和五种食用植物油	纯油、地沟油、加热油分别转移到 10 mL	532 nm 700~2000 cm^{-1}	—	区分废弃食用油和食用油	[114]
食用油中氧化度	某品牌玉米油、大豆油和葵花籽油	785 nm 200~2000 cm^{-1}	等离子体金属类液体阵列	氧化过程中拉曼光谱峰强度的变化；大大缩短了检测时间，具有较高的灵敏度和稳定性	[102]
辣椒素	制备辣椒素储备液稀释植物油储备液	532 nm 500~2000 cm^{-1}	Fe$_3$O$_4$@Ag 颗粒	1.0×10^{-8} mol/L	[115]
油的热稳定性	八种类型的植物油从 25℃加热至 205℃	532 nm 800~2000 cm^{-1}	—	稳定性更好的油是葵花籽油、棉花油和菜籽油	[116]

1.3 液相界面的 SERS 分析

典型的 SERS 分析通常依赖于固定的固体基底或纳米粒子溶胶体系，对激发光频率、局部纳米结构、表面粗糙度、场耦合，甚至分子结构都很敏感，定量 SERS 分析仍然面临许多挑战，这些挑战不仅源于纳米结构的均匀性[117]，也源于分子在金属表面上的吸附以及纳米间隙中空间位阻的差异[118]。使用内标（internal standard, IS）被认为是校正由样品和测量条件干扰引起信号波动的有效策略，即 IS 标签可以改善灵敏度和重现性的矛盾[119]。但金属表面上的离散 IS 标签就像目标分子一样面临类似的可重复性问题。

相较于固相表面粗糙的金属结构和溶液中随机聚集的纳米颗粒，液相界面上的稠密纳米阵列具有更多的优势，如可调谐性、自有序性和多相可及性等，是拉曼技术快速检测实用化的一个重要突破方向[120]。界面阵列上的液态 SERS 是一个有前景的传感平台[121]。界面上高度有序的纳米粒子阵列不仅制备方便、成本更低，而且具有可变性和通用性，能够确保分析物集中在纳米间隙中，并稳定地控制纳米间隙的大小。自组装阵列的稳定性得益于纳米粒子吸附过程中两相间界面张力的降低[122]。界面自组装不仅可以有效地避免纳米粒子的聚集，降低背景信号的影响，而且可以快速捕获和富集油水界面上复杂样品中的分析物分子。然而，液态高度有序阵列的现场快速制备是界面 SERS 分析的瓶颈问题。此外，在两相液体界面的苛刻条件下，将 IS 和目标分子精确定位在同一局部结构中是一个巨大的挑战。即使能够均匀地操纵 IS 和目标分子，另一个问题是这些分子可能会竞争金属表面上的吸附位点。另外，IS 可能会受到周围因素的影响，从而导致 SERS 强度的再次波动[123]。长期以来，人们一直在研究如何开发具有稳定 IS 标签的液态界面阵列的批量制造策略，以便实现定量的、多相、多界面、多组分的高通量检测。

1.3.1 内标定量

作者所在课题组开发了一个定量和高通量的液体界面 SERS 平台，该平台通过简单的浸渍采样方法，能够分析复杂介质中的农药成分[124]。有机溶剂丙酮作为一种出色的结构诱导剂，被用于在 96 孔板中的环己烷（CYH）/水两相界面上快速且批量地制备致密的纳米金阵列。丙酮和 CYH 均作为萃取溶剂，能够将农药分子浓缩至纳米金阵列的纳米间隙中，从而实现优异的检测灵敏度。同时，丙酮本身能够产生稳定的 SERS 信号，因此被用作 IS 标签，以校准样品和微环境的波动。此类 IS 标签的优势在于，溶剂能够均匀地填充于纳米金阵列的纳米间隙中，且能够很好地与目标分子共存。该平台与 96 孔板的结合，简化了自组装和多重进样的过程，缩短了制备时间，提高了检测效率，为界面 SERS 的高通量分析提供了有力保障（图 1.9）。在两个不相溶的相界面上构建的自有序阵列平台，能够同时实现对油溶性和水溶性分析物的检测，为定量和高通量的 SERS 分析开辟了新方法，其检测便捷性堪比酶标仪。

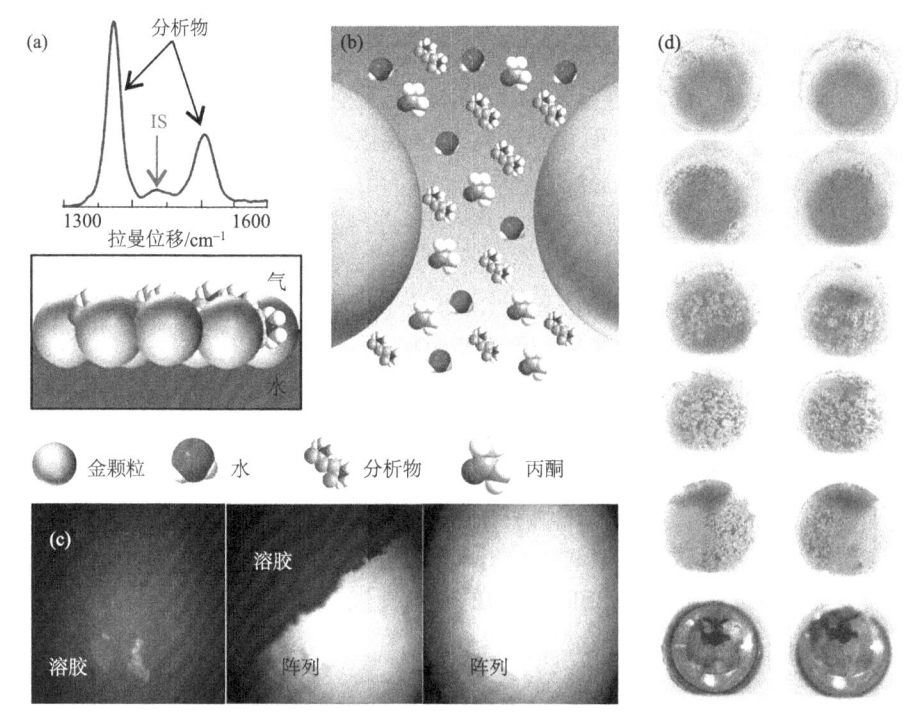

图 1.9 （a）以丙酮为 IS 标签的液相界面纳米金阵列 SERS 测量目标分子示意图；（b）纳米金与相邻分子空间配置示意图；（c）大尺度界面纳米金阵列自组装的显微镜图像；（d）多孔板中液相界面纳米金阵列的纳米粒子浓度依赖性[124]

1.3.2 双相识别

SERS 信号强度随目标分子与基底距离的增加而急剧减弱[125]。在 SERS 研究中，最受欢迎的 SERS 模型分子是对贵金属表面具有强亲和力的分子，如一些带电染料（如结晶紫和罗丹明 6G）可以通过静电相互作用吸附到金属表面上。此外，硫醇类化合物能够与金属纳米颗粒形成 Au—S 或 Ag—S 键，如对硝基苯硫酚就是一个典型的例子。然而，对于那些缺乏与贵金属表面特殊官能团相互作用的非吸附性分子，如多环芳烃（PAHs），通过 SERS 进行定量表征仍然具有挑战性。如何高效地检测这些紧邻贵金属表面的分子，始终是 SERS 检测领域亟待解决的关键难题之一。

PAHs 具有明显的致畸性、致癌性和致突变性，已成为食品安全领域的一个全球性问题[120, 126]，其传统 SERS 分析依赖于具有固定颗粒间隙的基底，纳米尺度的空间效应极大地阻止了此类分子进入热点间隙区域。PAHs 进入热点区域的效率以及随后的 SERS 增强通常不能满足实际应用的要求。此外，来自真实的样品中的杂质和用于表面修饰的功能配体都可以占据等离子体表面上的活性位点，进一步降低 SERS 增强效应并干扰检测信号[127]。因此，克服非吸附分子进入等离子体热点的难题一直是分析科学发展 SERS 策略的重点。科研人员在这些方面已经做出了诸多努力，如通过表面化学改性来官能化纳米颗粒的表面，以获得杂化材料[128]、实现疏水性或调整分析物吸附所需的电荷水平[129, 130]，包括主-客体识别系统[131]、共价有机框架[132]或疏水环境[133]促进与非吸附分子相互作用，使 PAHs 等分子能够靠近金属表面。

作者所在课题组构建了液/液界面 SERS 分析策略，克服了非吸附分子苯并芘（BaP）与金属表面亲和力的挑战。该策略使得 Bap 分子可以轻松进入纳米间隙，无须面临空间位阻效应[134]。FDTD 模拟结果表明，液/液界面阵列具有双相可及的非对称热点，热点的强度与介质的介电常数和纳米金相对于液/液界面的位置有关。我们推测双相可及的热点以及氯仿作为油相提供了疏水环境是高灵敏（检测限为 10 ppb）检测四种常见 PAHs 的两个重要因素。此外，液/液界面 SERS 平台成功实现了植物油和动物油中 PAHs 的同时检测且稳定性良好（图 1.10）。该平台为非吸附性分子的高效实用 SERS 技术的发展提供了新的方向。

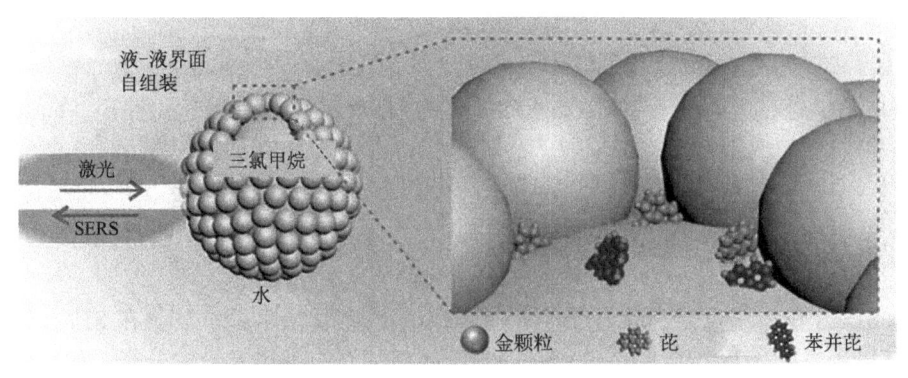

图 1.10 液相界面纳米阵列超灵敏检测多环芳烃分子[134]

1.3.3 多组分识别

在复杂体系中，由于多种组分的共存，不同组分的识别变得尤为困难。传统的分析方法通常需要对各种组分进行逐一检测和分析，这不仅耗时费力，而且效率低下。我们构建的液/液界面 SERS 平台，实现了无须预处理即可直接快速检测真实人体尿液中的芬太尼类药物[135]。芬太尼可以与纳米金表面相互作用，促进液/液界面自组装，从而放大检测灵敏度，在水溶液和尿液中掺杂芬太尼的检测限（LOD）分别低至 1 ng/mL 和 50 ng/mL。此外，我们实现了对掺杂在其他非法药物中的超痕量芬太尼的多重盲样识别和分类，其在 0.02%（10 μg 海洛因中 2 ng 芬太尼）、0.02%（10 μg 氯胺酮中 2 ng 芬太尼）和 0.1%（10 μg 吗啡中 10 ng 芬太尼）的掺杂质量浓度下具有极低的检测限。

为了进一步提升检测的智能性，我们构造了一种与门逻辑电路，用于自动识别含有或不含有芬太尼的违禁药物。同时，采用数据驱动的模拟软独立建模模型，该模型能够迅速区分芬太尼掺杂样品与非法药物，特异性高达 100%（图 1.11）。此外，通过分子动力学（MD）模拟，我们揭示了纳米阵列-分子共组装的潜在分子机制，这主要得益于强 π-金属相互作用以及不同药物分子 SERS 信号的差异。本研究为痕量芬太尼的快速鉴别、定量和分类分析提供了坚实的基础，并在应对阿片类药物流行危机方面展现出广阔的应用前景。以上内容主要总结了液相界面 SERS 技术在定量分析、双相识别以及多组分识别方面的最新进展，特别是通过构建液相界面 SERS 平台实现了对复杂介质中农药成分、非吸附性分子（如苯并芘）以及真实人尿液中芬太尼类药物的高效、快速检测。这些研究不仅克服了传统 SERS 分析中面临的诸多挑战，如纳米结构均匀性、分子吸附以及空间位阻等问题，还为 SERS 技术的实用化、高通量分析以及智能化检测提供了新的方向。

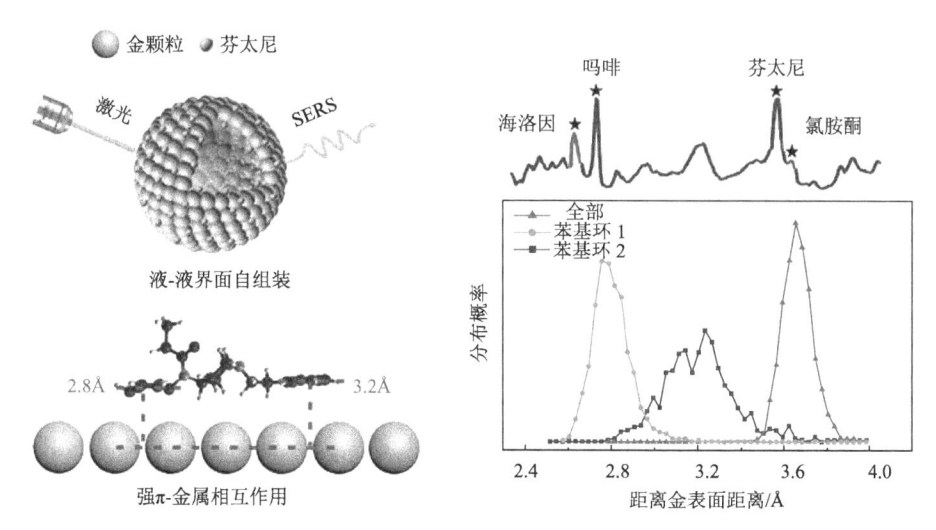

图 1.11 液相界面 SERS 平台对海洛因、氯胺酮、吗啡以及真实人尿液中超痕量芬太尼的高效鉴定、精确定量和准确分类[135]

1.4 拉曼仪器发展趋势

随着科学技术的飞速进步和各个应用领域对分析检测需求的日益增长，拉曼仪器正朝着更高灵敏度、更高分辨率、智能化、便携化以及多功能集成化的方向快速发展。特别是深度融合人工智能（artificial intelligence, AI）算法，发展光谱数据自动解析与预测能力，使得拉曼仪器不仅能够实现对复杂体系中痕量成分的高效、快速、准确检测，还能进一步提升数据分析的智能化水平，为科学研究与工业应用提供更为可靠且精准的检测结果与高效的解决方案。

1.4.1 空间偏移测量

拉曼光谱技术作为分子振动光谱分析的重要手段，在科研与工业应用中展现出独特的优势，如非破坏性检测、无须样品预处理以及能够提供丰富的化学结构信息等。然而，传统拉曼光谱技术也面临一些局限性，尤其是当面对不透明或高散射材料时，其穿透深度有限，难以获取样品内部深层的化学信息。为了应对这一挑战，空间偏移拉曼光谱（spatially offset Raman spectroscopy, SORS）应运而生，它通过分离激光照明区域与拉曼信号收集区域，利用光子在样品内部的随机行走特性，实现了对不透明材料内部深层化学成分的有效探测，为拉曼光谱技术的应用开辟了新的领域。

SORS 是经典拉曼光谱技术的一项重要革新，其核心优势在于能够探测不透明材料内部的信息。信号的读出采用空间偏移方式，即检测区域远离样品表面的激光照明区域。该技术通过使激光光子穿透样品表层并转化为拉曼光子，随后这些光子需扩散回样品表面以供检测，从而实现对深层拉曼信号的捕获。这些光子在样品内部经历长长的"之字形"路径，导致来自更深层的光子在侧向扩散上相较于来自表面附近的光子具有更大的范围。SORS 的基本原理在于将样品表面的激光照明区域与拉曼信号的收集区域相互分离。通过收集在不同空间偏移距离下从样品表面获得的拉曼图像，可以获取分层表面及次表面的信息。这一空间偏移距离为 Δs。当 Δs 为零时，入射激光的焦点与收集透镜的焦点重合于光子密度最大的位置，此时光学系统主要采集来自样品表面的拉曼信号，而内部样品的拉曼信号则被掩盖。当 Δs 不为零时，样品表面的拉曼信号随空间偏移距离的增大而迅速衰减，但内部样品的拉曼信号衰减速度相对较慢，从而使得内部样品信号在总信号中的占比增大，实现了拉曼光谱的分离。

产生这一现象的原因在于，较深穿透的光子倾向于以随机行走的方式从样品表面的照明区域横向迁移至检测区域，而来自较浅深度的光子横向传播的机会较少。因此，通过在空间偏移距离 Δs 处检测拉曼信号，可以检测到下层产生的光子。

实际上，根据拉曼信号的偏移程度，通过增大空间偏移距离可以获得更深层次的组织信息[136]。Stone 等介绍了一种将 SORS 与透射拉曼光谱（transmission Raman spectroscopy，TRS）相结合的方法，并证明了这种组合方法具有更高的实用性和准确性。实验装置如图 1.12 所示。该方法被用于预测由聚乙烯（polyethylene，PE）制成的多层且浑浊基质中单个包涵物（如扑热息痛片）的深度[137]。

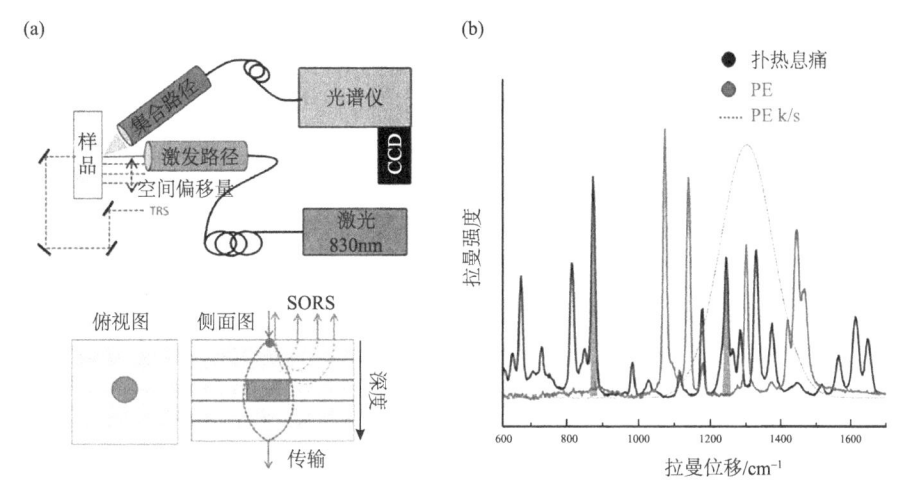

图 1.12 （a）SORS 和 TRS 拉曼系统测量装置（上）和测量原理的示意图（下）；（b）PE 中包涵物（扑热息痛）和漫射基质的拉曼光谱。阴影区标示了扑热息痛的拉曼带（857 cm^{-1} 和 1235 cm^{-1}），虚线标示了使用库贝尔卡-蒙克函数模拟的 PE 基质的吸收（k/s）特性[137]

1.4.2 便携化

空间偏移拉曼光谱技术，以其独特的优势在深度分析不透明材料内部化学成分方面展现了巨大潜力。然而，传统设备往往体积庞大，限制了其在现场快速检测中的应用。为了突破这一局限，科研人员致力于将拉曼光谱技术与便携式设计理念相结合，通过创新的光学元件微型化、光源与检测系统的高效集成以及结构布局的优化，成功研发出紧凑型、便携式空间偏移拉曼光谱仪，标志着光谱分析技术的一个重要进步，特别是在确保光谱分辨率和灵敏度与实验室标准相媲美的情况下，这些仪器在实验室外的原材料鉴定中展现出了巨大的潜力。这些便携式设备的设计充分考虑到了现场使用的需求，不仅体积小巧、质量轻，而且能够提供与实验室大型仪器相当的分析性能。光谱分辨率是衡量仪器能够区分相邻光谱特征能力的关键指标，而灵敏度则决定了仪器检测微弱信号的能力。紧凑型便携式拉曼光谱仪器通过采用先进的光学元件和检测技术，成功地在保持便携性的同时，实现了高分辨率和高灵敏度的分析。这使得它们能够准确识别和分析各种原材料，包括复杂的混合物和微量成分。

手持式拉曼光谱设备更是将这一技术推向了一个新的高度。这些设备通常配备有穿透性强的激光光源和高度敏感的检测器，使得它们能够通过玻璃或塑料等透明包装材料进行测量，从而避免了与样品的直接接触，保护了样品的完整性。这种非接触式的测量方式不仅提高了测量的准确性，还减少了样品污染和损坏的风险。近年来，市售手持式拉曼光谱设备在定量分析方面的性能已经得到了广泛的研究与验证，这些研究表明，手持式设备在定量分析方面同样表现出色，能够准确测量样品中特定成分的含量，为质量控制和合规性检查提供了有力的支持。除了原材料分析外，手持式拉曼光谱设备还被广泛应用于打击假冒食用油等非法活动。通过快速、准确地识别食用油中的化学成分和特征光谱，这些设备可以帮助执法机构迅速识别出假冒产品，保护消费者的权益和健康。

手持式和便携式仪器的发展对操作员进行现场原位分析的能力产生重大影响。这些设备使得操作员能够在各种环境中快速、准确地获取样品的光谱信息，从而实现对样品的快速鉴定和验证。这种能力不仅提高了工作效率，还降低了操作成本，使得广泛的应用领域受益，包括食品安全、环境监测、药物分析、文物保护等。

1.4.3　光谱特征解码

无论使用何种技术设计，每次拉曼光谱分析的关键要素都是数据处理。拉曼光谱数据的化学计量技术的发展得益于生物学、制药和食品科学等应用领域的不断拓展，以及计算和实验设置的持续改进。拉曼光谱数据的分析是一个复杂的过程，它涉及从拉曼光谱的细微差异中可靠地检测和提取信息。通常，纯物质和简单混合物的拉曼光谱可以直接与参考库中的光谱进行比较。然而，在分析复杂样品（如含有不同成分的混合物或生物样品）时，每种化合物都会根据其浓度和拉曼散射面积对谱图产生独特的影响。因此，拉曼光谱信息被视为样品的光谱指纹。对于复杂样品，假设样品之间的差异主要体现在拉曼光谱中谱带位置和/或强度的变化上，拉曼光谱可用于确定样品的分类或样品中某种物质的浓度（即回归分析）。然而，这些光谱差异可能会被仪器漂移、测量误差和伪影所掩盖。此外，由于生物变化、样品降解、样品制备的差异或其他不可控的实验因素，即使是同一样品的不同重复测量之间或者不同时间点进行的测量之间，也可能存在差异。Guo 等提供了关于如何进行拉曼光谱分析的详细指南[138]。他们将分析过程划分为四个关键模块：①实验设计；②数据处理；③数据学习；④模型迁移（model transfer）。

实验设计（模块①）涵盖了测量的目标（如分类、测定物质浓度、检测特定目标物）、采样策略，以及所需仪器参数的设定。该程序还包含校准标准的制定、元数据与数据结构的管理，以及样本量的合理规划。一个合理的实验设计能够有效降低不利影响,并确保测量结果具备统计显著性。数据处理(模块②)主要聚焦于光谱预处理,包括消除拉曼光谱测量中的干扰效应及数据标准化的关键步骤。这一数据处理过程对于提取我们关注的"纯"拉曼信号至关重要。数据学习(模块③)则致力于将拉曼信号转化为高层次的信息,采用机器学习方法,这是一种依托训练数据的机器学习技术。其核心理念在于,通过代表样本总体的训练数据,构建一个能够捕捉群体核心特征并有效应用于未知样本的模型。为确保模型的有效性,适当的内部及外部验证策略被融入数据学习流程中。模型迁移(模块④)旨在解决重复间差异、工具变化等因素导致的新测量数据模型可能出现的预测失效问题。当前及未来,数据科学的进步将持续推动拉曼分析的标准化进程。数据处理工作流程的复杂性仍是拉曼技术从实验室研究向食品安全、生物或临床等实际应用过渡的一大障碍。因此,简化光谱数据处理的软件工具应运而生,这些工具促进了拉曼技术的集成。Storozhuk 及其同事推出了一款名为 RAMANMETRIX(https://ramanmetrix.eu/info/)的软件,该软件配备了基于 Web 的直观图形用户界面,提供了从原始数据预处理到机器学习模型稳健验证的完整工作流程,尤其适合那些缺乏计算技能和经验但希望在日常工作中使用拉曼光谱的研究人员[139]。此外,RAMANMETRIX 软件还有助于将拉曼光谱技术整合到广泛的现场应用中。在参考文献[139]的展望部分,作者计划通过创建个人账户系统来进一步扩展在线平台的用户体验,使用户能够方便地存储和共享他们的拉曼数据分析项目。此类软件工具为跨实验室、诊所和监管机构的多中心试验和研究提供了极大的便利,开启了合作与数据共享的道路。

1.5 展 望

本书主要涉及食用油分析领域,拉曼光谱技术的应用与发展正展现出积极且多维度的趋势,这些趋势不仅深刻影响着技术的革新与仪器的优化,还广泛渗透于市场需求的增长、政策法规的推动以及行业标准的构建等多个层面。以下是对这一综合趋势的深入剖析。

1.5.1 技术革新与仪器优化:迈向更高精度与智能化

(1)高分辨率与高精度:光学、电子学以及数据处理技术的飞速发展,正引领拉曼光谱仪向更高分辨率和精度的方向迈进。这不仅意味着食用油中化学成分的分析将更为精确,而且能够识别出更低浓度的有害物质,如农药残留和重金属污染,为食用油的安全检测提供强有力的技术支持。

(2)便携化与智能化:随着技术的不断进步,便携式拉曼光谱仪的设计更加注重用户体验，其具有轻量化、易于操作以及出色的电池续航能力等优势。同时，结合人工智能和大数据分析技术，仪器能够自动进行数据预处理、模式识别，甚至提供诊断建议，从而大大简化了检测流程，提高了检测效率。

（3）多功能化与定制化：为了满足食用油行业多样化的检测需求，拉曼光谱仪正逐步向多功能化方向发展。除了基本的成分定量分析外，还集成了掺假识别、品质评估等功能。此外，针对特定应用场景，如快速鉴别特定油种，拉曼光谱仪还能够提供定制化的解决方案，以满足客户的个性化需求。

1.5.2 应用领域的深度拓展：从品质监测到安全监管

（1）食用油品质监测：拉曼光谱技术以其独特的优势，在食用油品质监测方面发挥着重要作用。通过监测食用油的新鲜度、氧化程度以及脂肪酸比例等关键指标，为食用油的生产、储存和销售环节提供了科学的质量控制手段。

（2）掺假与假冒产品识别：借助拉曼光谱技术，可以比对不同食用油的特征光谱，从而有效识别出掺入其他油脂或化学物质的假冒产品。这不仅保护了消费者的权益，还维护了市场秩序，促进了食用油行业的健康发展。

（3）农药残留与污染物检测：利用 SERS 等新型策略，拉曼光谱仪能够检测食用油中微量的农药残留、重金属离子和其他有害化学物质。这一技术的应用为食品安全监管提供了强有力的技术支撑，有助于保障公众的健康安全。

1.5.3 市场需求与政策驱动：双重力量推动技术发展

（1）消费者健康意识觉醒：随着公众对食品安全问题的关注度日益提高，消费者对食用油的质量和安全性要求也更为严格。拉曼光谱技术因其快速、准确、无损的检测特性，正逐渐成为食用油质量检测的首选方法之一。这一市场需求的变化，为拉曼仪器在食用油领域的应用提供了广阔的发展空间。

（2）政策法规强化：各国政府不断加强食品安全法规的制定和执行，对食用油中的有害物质含量设定了严格的限值。这促使食用油生产商和监管机构更加需要先进的检测技术，如拉曼光谱，以确保产品符合安全标准。政策法规的推动，为拉曼仪器在食用油领域的应用提供了有力的制度保障。

1.5.4 技术创新与研发趋势：探索新兴技术与跨学科融合

（1）新型拉曼光谱技术的开发：除了传统的拉曼光谱外，研究者还在不断探索共振拉曼、SERS、针尖增强拉曼（TERS）等新型拉曼光谱技术。这些新技术的开发和应用，将进一步提高检测的灵敏度和特异性，为食用油的安全检测提供更为精确的手段。同时，AI 解析光谱技术的引入，使得光谱数据的处理和分析更加智能化和高效化，能够更快速地提取出关键信息，提高检测准确性和效率。

（2）跨学科融合：拉曼光谱技术与其他分析技术的结合，如气相色谱、液相色谱、质谱等，将形成更为全面、准确的食用油分析体系。这种跨学科融合的趋势，不仅提升了检测效率和准确性，还为食用油质量监测提供了更为丰富的信息来源和更广阔的应用前景。此外，自动化技术的融合也是当前研发的重点之一，通过自动化设备和系统的引入，可以实现检测流程的自动化和智能化，减少人为因素的干扰，提高检测的稳定性和可靠性。

（3）通过融合AI解析光谱和自动化技术，拉曼仪器在食用油领域的应用将更加智能化和高效化，为食用油的质量监测和安全保障提供更加全面和准确的技术支持。这些技术的不断创新和研发，将推动食用油行业向更高质量、更安全的方向发展。

1.5.5 行业标准与规范建设：推动技术标准化与国际化

（1）国际标准的制定：随着拉曼光谱技术在食品领域的广泛应用，国际标准化组织（ISO）、美国材料与试验协会（ASTM）等机构正逐步制定和完善相关检测标准。这些标准的制定和实施，有助于统一检测方法和结果解释，促进国际检测数据的互认和交流合作。

（2）行业自律与认证：食品行业协会和企业将加强对拉曼光谱检测技术的培训和认证工作。通过提升从业人员的专业技能水平，确保检测结果的准确性和可靠性。同时，行业自律和认证体系的建立也有助于推动食品行业的健康发展。

综上所述，拉曼仪器在食品领域的发展趋势呈现出技术持续革新、应用领域广泛拓展、市场需求与政策驱动双重推动、技术创新与研发活跃以及行业标准与规范建设加快等多方面的积极态势。未来，随着技术的不断成熟和应用场景的深入探索，拉曼仪器将在食用油质量监测、食品安全保障等方面发挥更加重要的作用，为食品行业的健康发展和公众的健康安全提供有力保障。

参 考 文 献

[1] RAMAN C V. A change of wave-length in light scattering [J]. Nature, 1928, 121(3051): 619.

[2] BUTLER H J, ASHTON L, BIRD B, et al. Using Raman spectroscopy to characterize biological materials [J]. Nat Protoc, 2016, 11(4): 664-687.

[3] ZHANG W Y, MA J, SUN D W. Raman spectroscopic techniques for detecting structure and quality of frozen foods: Principles and applications [J]. Crit Rev Food Sci, 2021, 61(16): 2623-2639.

[4] QU C, LI Y Z, DU S S, et al. Raman spectroscopy for rapid fingerprint analysis of meat quality and security: Principles, progress and prospects [J]. Food Res Int, 2022, 161: 111805.

[5] YASEEN T, SUN D W, CHENG J H. Raman imaging for food quality and safety evaluation: Fundamentals and applications [J]. Trends Food Sci Tech, 2017, 62: 177-189.

[6] SILGE A, WEBER K, CIALLA-MAY D, et al. Trends in pharmaceutical analysis and quality control by modern Raman spectroscopic techniques [J]. Trac-Trend Anal Chem, 2022, 153: 116623.

[7] WANG W T, ZHANG H, YUAN Y, et al. Research progress of Raman spectroscopy in drug analysis [J]. AAPS PharmSciTech, 2018, 19(7): 2921-2928.

[8] CHRISTOPHERSEN P C, BIRCH D, SAARINEN J, et al. Investigation of protein distribution in solid lipid particles and its impact on protein release using coherent anti-Stokes Raman scattering microscopy [J]. J Control Release, 2015, 197: 111-120.

[9] FLEISCHMANN M, HENDRA P J, MCQUILLAN A J. Raman spectra of pyridine adsorbed at a silver electrode [J]. Chem Phys Lett, 1974, 26(2): 163-166.

[10] JEANMAIRE D L, DUYNE R P V. Surface Raman spectroelectrochemistry: Part I. Heterocyclic, aromatic, and aliphatic amines adsorbed on the anodized silver electrode [J]. J Electroanal Chem, 1977, 84(1): 1-20.

[11] ALBRECHT M G, CREIGHTON J A. Anomalously intense Raman spectra of pyridine at a silver electrode [J]. J Am Chem Soc, 1977, 99(15): 5215-5217.

[12] NIE S, EMORY S R. Probing single molecules and single nanoparticles by surface-enhanced Raman scattering [J]. Science, 1997, 275(5303): 1102-1106.

[13] KNEIPP K, WANG Y, KNEIPP H, et al. Single molecule detection using surface-enhanced Raman scattering (SERS) [J]. Phys Rev Lett, 1997, 78(9): 1667-1670.

[14] ZONG C, XU M X, XU L J, et al. Surface-enhanced Raman spectroscopy for bioanalysis: Reliability and challenges [J]. Chem Rev, 2018, 118(10): 4946-4980.

[15] PÉREZ-JIMÉNEZ A I, LYU D, LU Z X, et al. Surface-enhanced Raman spectroscopy: Benefits, trade-offs and future developments [J]. Chem Sci, 2020, 11(18): 4563-4577.

[16] YOON J H, ZHOU Y, BLABER M G, et al. Surface plasmon coupling of compositionally heterogeneous core–satellite nanoassemblies [J]. J Phys Chem Lett, 2013, 4(9): 1371-1378.

[17] MOSKOVITS M. Surface-enhanced spectroscopy [J]. Rev Mod Phys, 1985, 57(3): 783-826.

[18] KAMBHAMPATI P, CHILD C M, FOSTER M C, et al. On the chemical mechanism of surface enhanced Raman scattering: Experiment and theory [J]. J Chem Phys, 1998, 108(12): 5013-5026.

[19] LOMBARDI J, BIRKE R. A unified view of surface-enhanced Raman scattering [J]. Acc Chem Res, 2009, 42(6): 734-742.

[20] ARUNKUMAR K A, BRADLEY E B. Theory of surface enhanced Raman scattering [J]. J Chem Phys, 1983, 78(6): 2882-2888.

[21] WENG S Z, HU X J, WANG J H, et al. Advanced application of Raman spectroscopy and surface enhanced Raman spectroscopy in plant disease diagnostics: A review [J]. J Agric Food Chem, 2021, 69(10): 2950-2964.

[22] SANCHEZ L, FARBER C, LEI J X, et al. Noninvasive and nondestructive detection of cowpea bruchid within cowpea seeds with a hand-held Raman spectrometer [J]. Anal Chem, 2019, 91(3):

1733-1737.

[23] FARBER C, KUROUSKI D. Detection and identification of plant pathogens on maize kernels with a hand-held Raman spectrometer [J]. Anal Chem, 2018, 90(5): 3009-3012.

[24] EGGING V, NGUYEN J, KUROUSKI D. Detection and identification of fungal infections in intact wheat and sorghum grain using a hand-held Raman spectrometer [J]. Anal Chem, 2018, 90(14): 8616-8621.

[25] XIN Y Y T, WENZHONG F, ET A L. Raman spectroscopic analysis of paddy rice infected by three pests and diseases common in Northeast Asia [J]. J Phys Conf Ser, 2019, 1324: 012050.

[26] SANCHEZ L, ERMOLENKOV A, TANG X T, et al. Non-invasive diagnostics of disease on tomatoes using a hand-held Raman spectrometer [J]. Planta, 2020, 251(3): 1-6.

[27] YANG T X, DOHERTY J, GUO H Y, et al. Real-time monitoring of pesticide translocation in tomato plants by surface-enhanced Raman spectroscopy [J]. Anal Chem, 2019, 91(3): 2093-2099.

[28] TREBOLAZABALA J, MAGUREGUI M, MORILLAS H, et al. Portable Raman spectroscopy for an *in-situ* monitoring the ripening of tomato (*Solanum lycopersicum*) fruits [J]. Spectrochim Acta A, 2017, 180: 138-143.

[29] KHODABAKHSHIAN R. Feasibility of using Raman spectroscopy for detection of tannin changes in pomegranate fruits during maturity [J]. Sci Hortic-Amsterdam, 2019, 257: 108670.

[30] HARA R, ISHIGAKI M, OZAKI Y, et al. Effect of Raman exposure time on the quantitative and discriminant analyses of carotenoid concentrations in intact tomatoes [J]. Food Chem, 2021, 360(24): 129896.

[31] METCALFE G D, SMITH T W, HIPPLER M. On-line analysis and *in situ* pH monitoring of mixed acid fermentation by using combined FTIR and Raman techniques [J]. Anal Bioanal Chem, 2020, 412(26): 7307-7019.

[32] ZHAO W C, REN H R, ZHANG X, et al. Rapid determination of 1, 3-propanediol in fermentation process based on a novel surface-enhanced Raman scattering biosensor [J]. Spectrochim Acta A, 2019, 211: 227-233.

[33] ZHU C Y, JIANG H, CHEN Q S. Rapid determination of process parameters during simultaneous saccharification and fermentation (SSF) of cassava based on molecular spectral fusion (MSF) features [J]. Spectrochim Acta A, 2022, 264: 120245.

[34] HIRSCH E, PATAKI H, DOMJÁN J, et al. Inline noninvasive Raman monitoring and feedback control of glucose concentration during ethanol fermentation [J]. Biotechnol Progr, 2019, 35(5): e2848.

[35] ZHONG N, LI Y P, LI X Z, et al. Accurate prediction of salmon storage time using improved Raman spectroscopy [J]. J Food Eng, 2021, 293: 110378.

[36] LIU Z F, HUANG M, ZHU Q B, et al. Nondestructive freshness evaluation of intact prawns (*Fenneropenaeus chinensis*) using line-scan spatially offset Raman spectroscopy [J]. Food Control, 2021, 126: 108054.

[37] KIM H, TRINH B T, KIM K H, et al. Au@ZIF-8 SERS paper for food spoilage detection [J]. Biosens Bioelectron, 2021, 179: 113063.

[38] CHEN Q M, ZHANG Y C, GUO Y H, et al. Non-destructive prediction of texture of frozen/thaw raw beef by Raman spectroscopy [J]. J Food Eng, 2020, 266: 109693.

[39] LONG Y, HUANG W Q, WANG Q Y, et al. Integration of textural and spectral features of Raman hyperspectral imaging for quantitative determination of a single maize kernel mildew coupled with chemometrics [J]. Food Chem, 2022, 372: 131246.

[40] HUANG C C, HSU Z H, LAI Y S. Raman spectroscopy for virus detection and the implementation of unorthodox food safety [J]. Trends Food Sci Tech, 2021, 116: 525-532.

[41] MOSIER-BOSS P. Review on SERS of Bacteria[J]. Biosensors, 2017, 7 (4): 51.

[42] TAO F F, YAO H B, HRUSKA Z, et al. Use of line-scan Raman hyperspectral imaging to identify corn kernels infected with *Aspergillus flavus* [J]. J Cereal Sci, 2021, 102: 103364.

[43] MARTINEZ L, HE L. Detection of mycotoxins in food using surface-enhanced Raman spectroscopy: A review [J]. ACS Appl Bio Mater, 2021, 4(1): 295-310.

[44] HUANG Y F, CHEN C Y, CHEN L C, et al. Plasmon management in index engineered 2.5D hybrid nanostructures for surface-enhanced Raman scattering [J]. Npg Asia Mater, 2014, 6 (9): e123-e123.

[45] PINZARU S C, MÜLLER C, UJEVIĆ I, et al. Lipophilic marine biotoxins SERS sensing in solutions and in mussel tissue[J]. Talanta, 2018, 187: 47-58.

[46] MOLDOVAN R, IACOB B C, FARCAU C, et al. Strategies for SERS detection of organochlorine pesticides [J]. Nanomaterials-Basel, 2021, 11(2): 304.

[47] BERNAT A, SAMIWALA M, ALBO J, et al. Challenges in SERS-based pesticide detection and plausible solutions [J]. J Agric Food Chem, 2019, 67(45): 12341-12347.

[48] LIU J, CHEN J, WU D, et al. CRISPR-/Cas12a-mediated liposome-amplified strategy for the surface-enhanced Raman scattering and naked-eye detection of nucleic acid and application to food authenticity screening [J]. Anal Chem, 2021, 93 (29): 10167-10174.

[49] TAYLAN O, CEBI N, YILMAZ M T, et al. Detection of lard in butter using Raman spectroscopy combined with chemometrics [J]. Food Chem, 2020, 332: 127344.

[50] GUERRINI L, ALVAREZ-PUEBLA R A. Surface-enhanced Raman scattering sensing of transition metal ions in waters [J]. Acs Omega, 2021, 6(2): 1054-1063.

[51] LU S Y, DU J J, SUN Z L, et al. Hairpin-Structured magnetic SERS sensor for tetracycline resistance gene detection [J]. Anal Chem, 2020, 92(24): 16229-13235.

[52] HE H, WU M, ZHANG Z, et al.Recent advances in molecular recognition and ultrasensitive detection of growth-promoting drug residues in meat and meat products[J]. Trends Food Sci Tech, 2024, 153: 104709.

[53] TIAN Y R, LIU H M, CHEN Y, et al. Quantitative SERS-based detection and elimination of mixed hazardous additives in food mediated by the intrinsic Raman signal of TiO_2 and magnetic enrichment [J]. ACS Sustain Chem Eng, 2020, 8(45): 16990-16999.

[54] LI D, XIA L, LI G. Recent progress on the applications of nanozyme in surface-enhanced raman scattering [J]. Chemosensors, 2022, 10 (11): 462.

[55] WANG C, WANG C, WANG X, et al. Magnetic SERS strip for sensitive and simultaneous detection of respiratory viruses [J]. ACS Appl Mater Inter, 2019, 11(21): 19495-19505.

[56] TAI Y H, LO S C, MONTAGNE K, et al. Enhancing Raman signals from bacteria using dielectrophoretic force between conductive lensed fiber and black silicon [J]. Biosens Bioelectron, 2021, 191: 113463.

[57] DU Y, HAN D, LIU S, et al. Raman spectroscopy-based adversarial network combined with SVM for detection of foodborne pathogenic bacteria [J]. Talanta, 2022, 237: 122901.

[58] YOU S M, LUO K, JUNG J Y, et al. Gold nanoparticle-coated starch magnetic beads for the separation, concentration, and SERS-based detection of *E. coli* O157: H7 [J]. ACS Appl Mater Interf, 2020, 12(16): 18292-18300.

[59] GUO Z, WANG M, BARIMAH A O, et al. Label-free surface enhanced Raman scattering spectroscopy for discrimination and detection of dominant apple spoilage fungus [J]. Int J Food Microbiol, 2021, 338: 108990.

[60] LIN B, KANNAN P, QIU B, et al. On-spot surface enhanced Raman scattering detection of aflatoxin B1 in peanut extracts using gold nanobipyramids evenly trapped into the AAO nanoholes [J]. Food Chem, 2020, 307: 125528.

[61] LI J, YAN H, TAN X, et al. Cauliflower-inspired 3D SERS substrate for multiple mycotoxins detection [J]. Anal Chem, 2019, 91(6): 3885-3892.

[62] ROSTAMI S, ZOR K, ZHAI D S, et al. High-throughput label-free detection of ochratoxin A in wine using supported liquid membrane extraction and Ag-capped silicon nanopillar SERS substrates [J]. Food Control, 2020, 113: 107183.

[63] TEGEGNE W A, MEKONNEN M L, BEYENE A B, et al. Sensitive and reliable detection of deoxynivalenol mycotoxin in pig feed by surface enhanced Raman spectroscopy on silver nanocubes@polydopamine substrate [J]. Spectrochim Acta A, 2020, 229: 117940.

[64] WU L, YAN H, LI G, et al. Surface-imprinted gold nanoparticle-based surface-enhanced Raman scattering for sensitive and specific detection of patulin in food samples [J]. Food Anal Method, 2019, 12(7): 1648-1657.

[65] HE D, WU Z, CUI B, et al. Aptamer and gold nanorod-based fumonisin B1 assay using both fluorometry and SERS [J]. Microchim Acta, 2020, 187(4): 1-8.

[66] CAO C, LI P, LIAO H, et al. Cys-functionalized AuNP substrates for improved sensing of the marine toxin STX by dynamic surface-enhanced Raman spectroscopy [J]. Anal Bioanal Chem, 2020, 412(19): 4609-4617.

[67] LIU S, HUO Y, DENG S, et al. A facile dual-mode aptasensor based on AuNPs@MIL-101 nanohybrids for ultrasensitive fluorescence and surface-enhanced Raman spectroscopy detection of tetrodotoxin [J]. Biosens Bioelectron, 2022, 201: 113891.

[68] SUN Y, ZHAI X, XU Y, et al. Facile fabrication of three-dimensional gold nanodendrites decorated by silver nanoparticles as hybrid SERS-active substrate for the detection of food contaminants [J]. Food Control, 2021, 122: 107772.

[69] HASSAN M M, JIAO T, AHMAD W, et al. Cellulose paper-based SERS sensor for sensitive detection of 2, 4-D residue levels in tea coupled uninformative variable elimination-partial least squares [J]. Spectrochim Acta A, 2021, 248: 119198.

[70] MA Y, CHEN Y, TIAN Y, et al. Contrastive study of *in situ* sensing and swabbing detection

based on SERS-active gold nanobush-pdms hybrid film [J]. J Agric Food Chem, 2021, 69(6): 1975-1783.

[71] HE J, LI H, ZHANG L, et al. Silver microspheres aggregation-induced Raman enhanced scattering used for rapid detection of carbendazim in Chinese tea [J]. Food Chem, 2021, 339: 128085.

[72] SUN Y, LI Z, HUANG X, et al. A nitrile-mediated aptasensor for optical anti-interference detection of acetamiprid in apple juice by surface-enhanced Raman scattering [J]. Biosens Bioelectron, 2019, 145: 111672.

[73] SHENG E, LU Y, XIAO Y, et al. Simultaneous and ultrasensitive detection of three pesticides using a surface-enhanced Raman scattering-based lateral flow assay test strip [J]. Biosens Bioelectron, 2021, 181: 113149.

[74] LOGAN B G, HOPKINS D L, SCHMIDTKE L M, et al. Authenticating common Australian beef production systems using Raman spectroscopy [J]. Food Control, 2021, 121: 107652.

[75] AYKAS D P, SHOTTS M L, RODRIGUEZ-SAONA L E. Authentication of commercial honeys based on Raman fingerprinting and pattern recognition analysis [J]. Food Control, 2020, 117: 107346.

[76] SU M, JIANG Q, GUO J, et al. Quality alert from direct discrimination of polycyclic aromatic hydrocarbons in edible oil by liquid-interfacial surface-enhanced Raman spectroscopy [J]. LWT-Food Sci Technol, 2021, 143: 111143.

[77] ZHAO Q, ZHANG H, FU H, et al. Raman reporter-assisted Au nanorod arrays SERS nanoprobe for ultrasensitive detection of mercuric ion (Hg^{2+}) with superior anti-interference performances [J]. J Hazard Mater, 2020, 398: 122890.

[78] GUO Y, LI D, ZHENG S, et al. Utilizing Ag-Au core-satellite structures for colorimetric and surface-enhanced Raman scattering dual-sensing of Cu (Ⅱ) [J]. Biosens Bioelectron, 2020, 159: 112192.

[79] DU J, JING C. One-step fabrication of dopamine-inspired Au for SERS sensing of Cd^{2+} and polycyclic aromatic hydrocarbons [J]. Anal Chim Acta, 2019, 1062: 131-139.

[80] HE Q, HAN Y, HUANG Y, et al. Reusable dual-enhancement SERS sensor based on graphene and hybrid nanostructures for ultrasensitive lead (Ⅱ) detection [J]. Sensor Actuat B-Chem, 2021, 341: 130031.

[81] GAO R, LI D, ZHENG S, et al. Colorimetric/fluorescent/Raman trimodal sensing of zinc ions with complexation-mediated Au nanorod [J]. Talanta, 2021, 225: 121975.

[82] SONG Y, MA Z, FANG H, et al. Au sputtered paper chromatography tandem raman platform for sensitive detection of heavy metal ions. [J] ACS Sens, 2020, 5 (5): 1455-1464.

[83] YANG M W, LIAMTSAU V, FANG C J, et al. Arsenic speciation on silver nanofilms by surface-enhanced Raman spectroscopy [J]. Anal Chem, 2019, 91(13): 8280-8288.

[84] LI H, WANG Q, GAO N, et al. Facile synthesis of magnetic ionic liquids/gold nanoparticles/porous silicon composite SERS substrate for ultra-sensitive detection of arsenic [J]. Appl Surf Sci, 2021, 545: 148992.

[85] GUERRINI L, ALVAREZ-PUEBLA R A. Multiplex SERS chemosensing of metal ions via

DNA-mediated recognition [J]. Anal Chem, 2019, 91(18): 11778-11784.

[86] HE X, ZHOU X, LIU Y, et al. Ultrasensitive, recyclable and portable microfluidic surface-enhanced Raman scattering (SERS) biosensor for uranyl ions detection [J]. Sensor Actuat B-Chem, 2020, 311: 127676.

[87] TIAN C, ZHAO L, ZHU J, et al. Simultaneous detection of trace Hg^{2+} and Ag^+ by SERS aptasensor based on a novel cascade amplification in environmental water [J]. Chem Eng J, 2022, 435: 133879.

[88] PAGANO R, OTTOLINI M, VALLI L, et al. Ag nanodisks decorated filter paper as a SERS platform for nanomolar tetracycline detection [J]. Colloid Surface A, 2021, 624: 126787.

[89] WANG T, WANG H, ZHU A, et al. Preparation of gold core and silver shell substrate with inositol hexaphosphate inner gap for Raman detection of trace penicillin G [J]. Sensor Actuat B-Chem, 2021, 346: 130591.

[90] BARVEEN N R, WANG T J, CHANG Y H. Photochemical decoration of silver nanoparticles on silver vanadate nanorods as an efficient SERS probe for ultrasensitive detection of chloramphenicol residue in real samples [J]. Chemosphere, 2021, 275: 130115.

[91] GONZALEZ FA A, PIGNANELLI F, LOPEZ-CORRAL I, et al. Detection of oxytetracycline in honey using SERS on silver nanoparticles [J]. Trac-Trend Anal Chem, 2019, 121: 115673.

[92] SU L, HU H, TIAN Y, et al. Highly sensitive colorimetric/surface-enhanced Raman spectroscopy immunoassay relying on a metallic core-shell Au/Au nanostar with clenbuterol as a target analyte [J]. Anal Chem, 2021, 93(23): 8362-8369.

[93] ZHAO Y, YAMAGUCHI Y, LIU C, et al. Rapid and quantitative detection of trace Sudan black B in dyed black rice by surface-enhanced Raman spectroscopy (SERS) [J]. Spectrochim Acta A, 2019, 216: 202-206.

[94] ZHANG Y, HUANG Y, KANG Y, et al. Selective recognition and determination of malachite green in fish muscles via surface-enhanced Raman scattering coupled with molecularly imprinted polymers [J]. Food Control, 2021, 130: 108367.

[95] ZHANG X, LI G, LIU J, et al. Bio-inspired nanoenzyme synthesis and its application in a portable immunoassay for food allergy proteins [J]. J Agric Food Chem, 2021, 69(49): 14751-14760.

[96] SU Y, WU D, CHEN J, et al. Ratiometric surface enhanced Raman scattering immunosorbent assay of allergenic proteins via covalent organic framework composite material based nanozyme tag triggered Raman signal "turn-on" and amplification [J]. Anal Chem, 2019, 91(18): 11687-11695.

[97] XI J, YU Q. The development of lateral flow immunoassay strip tests based on surface enhanced Raman spectroscopy coupled with gold nanoparticles for the rapid detection of soybean allergen β-conglycinin [J]. Spectrochim Acta A, 2020, 241: 118640.

[98] LI Y, DRIVER M, DECKER E, et al. Lipid and lipid oxidation analysis using surface enhanced Raman spectroscopy (SERS) coupled with silver dendrites [J]. Food Res Int, 2014, 58: 1-6.

[99] TIAN K, WANG W, YAO Y, et al. Rapid identification of gutter oil by detecting the capsaicin using surface enhanced Raman spectroscopy [J]. J Raman Spectrosc, 2017, 49(3): 472-481.

[100] CAMERLINGO C, PORTACCIO M, DELFINO I, et al. Surface-enhanced Raman spectroscopy for monitoring extravirgin olive oil bioactive components [J]. J Chem-Ny, 2019, 2019: 1-10.

[101] LAM H Y, ROY P K, CHATTOPADHYAY S. Thermal degradation in edible oils by surface enhanced Raman spectroscopy calibrated with iodine values [J]. Vib Spectrosc, 2020, 106: 103018.

[102] JIANG Y, SU M, YU T, et al. Quantitative determination of peroxide value of edible oil by algorithm-assisted liquid interfacial surface enhanced Raman spectroscopy [J]. Food Chem, 2021, 344: 128709.

[103] XU S, LI H, GUO M, et al. Liquid-liquid interfacial self-assembled triangular Ag nanoplate-based high-density and ordered SERS-active arrays for the sensitive detection of dibutyl phthalate (DBP) in edible oils [J]. Analyst, 2021, 146(15): 4858-4864.

[104] HE H, SUN D W, PU H, et al. Bridging Fe_3O_4@Au nanoflowers and Au@Ag nanospheres with aptamer for ultrasensitive SERS detection of aflatoxin B1 [J]. Food Chem, 2020, 324: 126832.

[105] BOTTA R, CHINDAUDON P, EIAMCHAI P, et al. Detection and classification of volatile fatty acids using surface-enhanced Raman scattering and density functional theory calculations [J]. J Raman Spectrosc, 2019, 50(12): 1817-1828.

[106] ALLEN A C, ROMERO-MANGADO J, ADAMS S, et al. Detection of saturated fatty acids associated with a self-healing synthetic biological membrane using fiber-enhanced surface enhanced Raman scattering [J]. J Phys Chem B, 2018, 122(35): 8396-8403.

[107] DU S, SU M, JIANG Y, et al. Direct discrimination of edible oil type, oxidation, and adulteration by liquid interfacial surface-enhanced Raman spectroscopy [J]. ACS Sens, 2019, 4(7): 1798-1805.

[108] FENG Y, DAI J, WANG C, et al. Ag nanoparticle/Au@Ag nanorod sandwich structures for SERS-based detection of perfluoroalkyl substances [J]. ACS Appl Nano Mater, 2023, 6(15): 13974-13983.

[109] LI Z, MENG G, HUANG Q, et al. Ag nanoparticle-grafted pan-nanohump array films with 3D high-density hot spots as flexible and reliable SERS substrates [J]. Small, 2015, 11(40): 5452-5459.

[110] FENG S, GAO F, CHEN Z, et al. Determination of α-tocopherol in vegetable oils using a molecularly imprinted polymers-surface-enhanced Raman spectroscopic biosensor [J]. J Agric Food Chem, 2013, 61(44): 10467-10475.

[111] LIAN W N, SHIUE J, WANG H H, et al. Rapid detection of copper chlorophyll in vegetable oils based on surface-enhanced Raman spectroscopy [J]. Food Addit Contam A, 2015, 32(5): 627-34.

[112] LV M Y, ZHANG X, REN H R, et al. A rapid method to authenticate vegetable oils through surface-enhanced Raman scattering [J]. Sci Rep, 2016, 6(1): 23405.

[113] GENIS D O, SEZER B, DURNA S, et al. Determination of milk fat authenticity in ultra-filtered white cheese by using Raman spectroscopy with multivariate data analysis [J].

Food Chem, 2021, 336: 127699.

[114] JIN H, LI H, YIN Z, et al. Application of Raman spectroscopy in the rapid detection of waste cooking oil [J]. Food Chem, 2021, 362: 130191.

[115] LIU Z, YU S, XU S, et al. Ultrasensitive detection of capsaicin in oil for fast identification of illegal cooking oil by SERRS [J]. ACS Omega, 2017, 2(11): 8401-8406.

[116] ALVARENGA B R, XAVIER F A N, SOARES F L F, et al. Thermal stability assessment of vegetable oils by Raman spectroscopy and chemometrics [J]. Food Anal Method, 2018, 11(7): 1969-1976.

[117] BELL S E J, SIRIMUTHU N M S. Quantitative surface-enhanced Raman spectroscopy [J]. Chem Soc Rev, 2008, 37(5): 1012-1024.

[118] ZHANG Y Y, HUANG Y Q, ZHAI F L, et al. Analyses of enrofloxacin, furazolidone and malachite green in fish products with surface-enhanced Raman spectroscopy [J]. Food Chem, 2012, 135(2): 845-850.

[119] CHEN L X, CHOO J B. Recent advances in surface-enhanced Raman scattering detection technology for microfluidic chips [J]. Electrophoresis, 2008, 29(9): 1815-1828.

[120] CECCHINI M P, TUREK V A, PAGET J, et al. Self-assembled nanoparticle arrays for multiphase trace analyte detection [J]. Nat Mater, 2013, 12(2): 165-171.

[121] BöKER A, HE J, EMRICK T, et al. Self-assembly of nanoparticles at interfaces [J]. Soft Matter, 2007, 3(10): 1231-1248.

[122] DU K, GLOGOWSKI E, EMRICK T, et al. Adsorption energy of nano- and microparticles at liquid-liquid interfaces [J]. Langmuir, 2010, 26(15): 12518-12522.

[123] ANSAR S M, LI X X, ZOU S L, et al. Quantitative comparison of Raman activities, SERS activities, and SERS enhancement factors of organothiols: Implication to chemical enhancement [J]. J Phys Chem Lett, 2012, 3(5): 560-565.

[124] YU F F, SU M K, TIAN L, et al. Organic solvent as internal standards for quantitative and high-throughput liquid interfacial SERS analysis in complex media [J]. Anal Chem, 2018, 90(8): 5232-5238.

[125] KOVACS G J, LOUTFY R O, VINCETT P S, et al. Distance dependence of SERS enhancement factor from Langmuir-Blodgett monolayers on metal island films: evidence for the electromagnetic mechanism [J]. Langmuir, 1986, 2(6): 689-694.

[126] MERINO P, SVEC M, MARTINEZ J I, et al. Graphene etching on SiC grains as a path tointerstellar polycyclic aromatic hydrocarbons formation [J]. Nat Commun, 2014, 5(1): 3054.

[127] LU H, ZHU L, ZHANG C L, et al. Mixing assisted "hot spots" occupying SERS strategy for highly sensitive *in situ* study [J]. Anal Chem, 2018, 90(7): 4535-4543.

[128] CARRASCO S, BENITO-PEÑA E, NAVARRO-VILLOSLADA F, et al. Multibranched gold-mesoporous silica nanoparticles coated with a molecularly imprinted polymer for label-free antibiotic surface enhanced Raman scattering analysis [J]. Chem Mater, 2016, 28(21): 7947-7954.

[129] JIANG X, YANG M, MENG Y, et al. Cysteamine-modified silver nanoparticle aggregates for quantitative SERS sensing of pentachlorophenol with a portable Raman spectrometer [J]. ACS

Appl Mater Interf, 2013, 5(15): 6902-6908.

[130] ALVAREZ-PUEBLA R A, CONTRERAS-CÁCERES R, PASTORIZA-SANTOS I, et al. Au@pNIPAM colloids as molecular traps for surface-enhanced, spectroscopic, ultra-sensitive analysis [J]. Angew Chem Int Edit, 2009, 48(1): 138-143.

[131] GUERRINI L, GARCIA-RAMOS J V, DOMINGO C, et al. Sensing polycyclic aromatic hydrocarbons with dithiocarbamate-functionalized Ag nanoparticles by surface-enhanced Raman scattering [J]. Anal Chem, 2009, 81(3): 953-960.

[132] HE J, XU F J, CHEN Z, et al. AuNPs/COFs as a new type of SERS substrate for sensitive recognition of polyaromatic hydrocarbons [J]. Chem Commun, 2017, 53(80): 11044-11047.

[133] STRICKLAND A D, BATT C A. Detection of carbendazim by surface-enhanced Raman scattering using cyclodextrin inclusion complexes on gold nanorods [J]. Anal Chem, 2009, 81(8): 2895-2903.

[134] SU M K, WANG C, WANG T F, et al. Breaking the affinity limit with dual-phase-accessible hotspot for ultrahigh Raman scattering of nonadsorptive molecules [J]. Anal Chem, 2020, 92(10): 6941-6948.

[135] DING Z, WANG C, SONG X, et al. Strong π-metal interaction enables liquid interfacial nanoarray–molecule co-assembly for Raman sensing of ultratrace fentanyl doped in heroin, ketamine, morphine, and real urine [J]. ACS Appl Mater Interf, 2023, 15(9): 12570-12579.

[136] NICOLSON F, KIRCHER M F, STONE N, et al. Spatially offset Raman spectroscopy for biomedical applications [J]. Chem Soc Rev, 2021, 50(1): 556-568.

[137] MOSCA S, DEY P, TABISH T A, et al. Spatially offset and transmission Raman spectroscopy for determination of depth of inclusion in turbid matrix [J]. Anal Chem, 2019, 91(14): 8994-9000.

[138] GUO S, POPP J, BOCKLITZ T. Chemometric analysis in Raman spectroscopy from experimental design to machine learning-based modeling [J]. Nat Protoc, 2021, 16(12): 5426-5459.

[139] STOROZHUK D, RYABCHYKOV O, POPP J, et al. RAMANMETRIX: A delightful way to analyze Raman spectra [J]. arXiv, 2022, preprint arXiv: 2201.07586, 2022.

第 2 章

食用油质量评价与分析概述

食用油是人类生活必不可少的物质之一，广泛用于家庭食品调味和烹饪以及工业食品制造。食用油赋予食物满足感和特色风味，对人们身体健康至关重要。它不仅提供能量以及必需脂肪酸[1]，还提供营养物质，如不饱和脂肪酸、谷维甾醇、谷维素等，而且有助于建立神经系统的外膜。植物来源的食用油还有助于降低人体的低密度脂蛋白（LDL）胆固醇水平[2]。食用油的优点主要集中在其丰富的不饱和脂肪酸和其他生物活性成分上。例如，橄榄油被誉为"液体黄金"，富含单不饱和脂肪酸，不仅能有效降低"坏"胆固醇的水平，而且具有显著的抗炎和抗氧化作用。此外，核桃油、油茶籽油、紫苏油等因其高含量的多元的多不饱和脂肪酸，具有良好的抗炎和抗氧化能力[3]。这类脂肪酸是心脑血管健康的重要保障，有助于降低心脏病和中风的风险。

了解食用油的营养与安全品质，不仅关乎消费者的健康选择，更是防治慢性疾病和改善群体健康的重要环节。近年来，研究显示，选择富含抗氧化成分和不饱和脂肪酸的食用油，能够有效减少心血管疾病、肥胖以及其他慢性疾病的发生风险，是延长健康寿命的关键因素[4]。然而，随着食用油行业的不断增长，一些市场非法行为，如以次充好、掺假、重复使用、伪造标签等，严重影响了食用油的品质和行业信誉，不仅使得消费者难以辨别真正的油品质量，还可能导致健康危害。例如，某些劣质油品可能含有过量的饱和脂肪酸或有害的化学物质，增加了患慢性疾病的风险。当前食用油品质评价面临着一系列挑战，包括真伪鉴别、氧化程度检测、重金属残留检测等系列问题。这些挑战迫切需要行业标准的完善与监管力度的加强，以保护消费者的权益和健康。消费者在选择食用油时，应该更加关注其营养成分和安全性，选择经过严格检测和认证的产品。

本章将从食用油成分与品质评价指标、食用油质量评价的国标方法、食用油品质评价面临的主要挑战等方面概述食用油营养与安全品质分析。

2.1 食用油成分与品质评价指标

食用油的成分和品质评价指标对于消费者选择和使用食用油至关重要。接下来，将从食用油的成分和品质评价指标两个方面进行详细阐述。

2.1.1 食用油基本成分及品质影响因素

1. 食用油的成分

食用油成分主要包括脂肪酸、甘油三酯、水不溶性物质和微量成分等，这些成分直接影响其品质和对健康的贡献。

1）脂肪酸

脂肪酸是食用油的主要成分之一，按照其化学结构的不同，脂肪酸可以分为饱和脂肪酸（saturated fatty acid, SFA）和不饱和脂肪酸（unsaturated fatty acid, UFA）两大类。

SFA 主要来源于动物脂肪，如猪油、牛油、黄油等。它们在室温下通常呈固态。当前科学界普遍认为饱和脂肪酸摄入过多会使人体内的胆固醇水平升高，从而增加患心血管疾病的风险。根据世界卫生组织的建议，饱和脂肪酸的摄入量应受到控制，每日摄入量不宜超过总热量的 10%。

UFA 又分为单不饱和脂肪酸（monounsaturated fatty acid, MUFA）和多不饱和脂肪酸（polyunsaturated fatty acid, PUFA），由于其双键的存在，这类脂肪酸在室温下通常是液态。UFA 主要存在于植物油和鱼油中，如橄榄油、菜籽油、花生油等。MUFA 有助于降低 LDL 胆固醇，提高高密度脂蛋白（HDL）胆固醇，从而保护心血管健康。UFA 包括亚油酸和 α-亚麻酸等，属于人体必需脂肪酸，不能在体内合成，必须通过饮食摄取。PUFA 在维持细胞膜结构、促进新陈代谢和调控血脂等方面具有重要作用，对心血管健康和免疫系统功能有益。

2）甘油三酯

甘油三酯是食用油中最主要的成分，占 95% 以上。它由一分子甘油和三分子脂肪酸通过酯键连接而成。根据所组成脂肪酸的不同，甘油三酯可以对食用油的物理性质和感官特性产生显著影响。例如，椰子油中含有大量的饱和甘油三酯，导致其在室温下呈固态，而橄榄油则含有大量的不饱和甘油三酯，在室温下为液态。

3）水不溶性物质

食用油中的水不溶性物质包括游离脂肪酸、磷脂、脂溶性维生素、色素和蛋白质等成分。

游离脂肪酸：游离脂肪酸是由油脂分解产生的，含量高的油脂通常会有较差的储存稳定性和较低的营养价值。

磷脂：磷脂是食用油的一种重要成分，具有良好的乳化性能，因此广泛应用于食品加工中。磷脂在体内参与细胞膜的构建和功能维持，并具备防止脂质过氧化的作用，是一种重要的营养成分。

脂溶性维生素：包括维生素 A、D、E 和 K，这些维生素在体内参与多种生理功能，对维持健康和预防疾病具有重要作用。例如，维生素 E 是一种强力抗氧化剂，能够保护细胞免受氧化损伤。

色素：包括类胡萝卜素、叶绿素等，这些色素赋予油脂其特有的颜色，同时也具有一定的营养价值和抗氧化功能。

蛋白质：食用油中所含的蛋白质量极少，但其存在可能会影响油脂的澄清度和稳定性。

4）微量成分

除了上述主要成分外，食用油中还含有多种微量成分，包括水溶性维生素、矿物质和抗氧化物质等，这些成分虽然含量较低，但对人体健康有着重要作用。

水溶性维生素：食用油里还有一些水溶性维生素的微量残留，水溶性维生素在体内参与多种生理功能。

矿物质：食用油中含有少量的矿物质，如镁、钾、钠等。这些矿物质参与体内多种生理过程，是维持健康的重要元素。

抗氧化物质：包括多酚类化合物、类胡萝卜素等，这些成分具有抗氧化作用，能够防止油脂氧化酸败，同时对人体亦有益。

2. 食用油品质影响因素

食用油的品质受多种因素影响，主要包括以下几个方面：氧化稳定性、清洁度、色泽、香味、营养成分、添加剂、原料的选择、加工工艺、储存条件、包装材料和质量控制等。了解和把握这些因素，对于生产高品质的食用油和保障消费者的健康具有重要意义。

1）氧化稳定性

食用油中 UFA 暴露于空气中的氧气时，容易发生氧化反应，生成过氧化物、醛类和酮类等化合物。这些氧化产物不仅影响食用油的香味和口感，还可能对人体健康产生不良影响，如引起炎症、动脉粥样硬化等。因此，食用油的氧化稳定性直接关系到其品质和安全性。

2）清洁度

纯净的食用油应该没有明显的悬浮物、沉淀物和杂质。若食用油中含有杂质、残留物或微生物，不仅会降低其品质，还可能带来健康风险。为了确保食用油的清洁度，生产过程中需要严格控制从原料到成品的每个环节，包括原料筛选、加工过程中的过滤和净化、成品检测等。

3）色泽

色泽是消费者对食用油品质的第一印象，优质的食用油应具有清澈透明、金黄色泽。异常的色泽，如浑浊、发暗或其他不正常的颜色，可能表明食用油中存在杂质或已经发生了氧化变质。不同种类的食用油，如橄榄油、菜籽油、葵花籽油等，其正常色泽会有所不同，但总体来说，色泽均应均匀、自然。通过色泽可以初步判断食用油的质量，为后续的选择提供参考。

4）香味

优质的食用油应具有清新纯正的香味。香味异常，如异味或酸臭味，可能是食用油质量不佳或已经变质。食用油在加工和储存过程中，如果油脂氧化或被微生物污染，都会导致香味的改变。因此，在选购食用油时，可以通过嗅觉初步判断其是否新鲜和优质。

5）营养成分

食用油中的营养成分对人体健康有重要作用。SFA 如亚油酸、α-亚麻酸等是人体必需脂肪酸，不能在体内合成，必须通过饮食摄取。维生素 A、D、E、K 等脂溶性维生素在调节生理功能、保护细胞膜和提高免疫力等方面发挥重要作用。高品质的食用油不仅应该含有丰富的营养成分，也应该含有很多其他生物活性成分，应保证这些成分在加工和储存过程中不被大量破坏或流失。

6）添加剂

为了延长保质期和提高稳定性，有些食用油会添加防腐剂和抗氧化剂等添加剂。但过量或不合理添加可能会影响食用油的品质和安全性。尽管食品添加剂在国家规定的范围内使用是安全的，但消费者在选购时仍应关注成分表，尽量选择含添加剂少的天然食用油。

7）原料的选择

食用油的原料种类和质量直接影响最终产品的品质。例如，橄榄油的品质高度依赖于橄榄果实的品种、成熟度和采摘时间。而菜籽油的品品质则与菜籽的品质和种植环境密切相关。原料中脂肪酸组成、含量和稳定性都会对食用油的品质产生影响。

8）加工工艺

加工工艺对食用油的品质至关重要。不同的加工工艺，如冷榨、热榨、精炼等，会影响食用油的气味、口感、色泽和营养成分。冷榨工艺保留了更多的营养成分和天然香味，但出油率较低；热榨工艺虽然出油率高，但高温会破坏部分营养成分；精炼工艺能去除杂质，提高油脂的稳定性和保质期，但也可能带走一些有益成分。

9）储存条件

食用油的储存条件直接影响其品质和保质期。光线、温度、湿度等因素都会对食用油产生影响。高温、光照会加速油脂的氧化，而潮湿环境则可能引起微生物的滋生。因此，食用油应储存在阴凉、干燥和避光的地方，密封保存，以延长其保质期和保持品质。

10）包装材料

优质的包装材料能够有效防止氧化、光线和污染物的侵入，以保持食用油的新鲜度和品质。玻璃瓶、金属罐和食品级塑料瓶是常见的食用油包装材料。玻璃瓶具有优良的避光性能和气密性，但易碎；金属罐具有良好的保护性能，但成本较高；食品级塑料瓶使用便捷，但需注意其是否符合食品安全标准。

11）质量控制

生产过程中的质量控制措施直接关系到食用油的品质。严格的生产标准和质量控制措施能够确保食用油的品质稳定和安全性。从原料采购、生产加工到成品检测，每一个环节都需遵循严格的质量控制标准。

2.1.2 食用油品质评价常用指标

食用油的品质评价直接关系到消费者的健康和饮食体验。主要评价指标包括氧化稳定性、酸价、过氧化值和游离脂肪酸含量等。此外，外观、气味、口感和色泽等感官特性也是重要的评估标准。这些指标不仅反映了食用油的感官特点，还揭示了其化学成分和安全性。

1. 氧化稳定性

氧化稳定性是反映食用油储存和使用过程中抗氧化能力的重要指标。氧化程度越高，食用油的品质越差。食用油在储存和使用过程中，暴露在空气中的氧气会与油脂发生反应，产生过氧化物等有害物质，导致油脂酸败变质。良好的氧化稳定性表明食用油在较长时间内保持较好的品质，减少消耗者健康风险。

2. 酸价

酸价是衡量食用油中游离脂肪酸含量的重要指标。酸价越高，说明食用油中游离脂肪酸含量越高，品质越差。游离脂肪酸是油脂分解后的产物，其含量过高会影响食用油的稳定性和口感，甚至对健康产生不良影响。

3. 过氧化值

过氧化值是反映食用油中过氧化物质含量的指标。过氧化值越高，说明食用油氧化程度越高，品质越差。过氧化物不仅影响食用油的味道和新鲜度，还可能对人体健康造成危害。过氧化值过高意味着食用油容易氧化，抗氧化性能差。

4. 游离脂肪酸含量

游离脂肪酸是不稳定的成分，在食用油中含量过高会影响其品质和健康价值。游离脂肪酸含量高的食用油容易发生氧化酸败，影响味道和口感，并带来健康风险。

5. 外观

食用油的外观是最直观的品质评价指标。优质的食用油应当清澈透明，无浑浊、沉淀、杂质等现象。外观的透明度不仅影响消费者的视觉体验，更是反映了食用油纯度的一项重要指标。油中如果存在明显的沉淀物或杂质，可能是由于生产加工过程中的不彻底过滤，或是在储存过程中发生了某些不良变化，这都会影响食用油的质量。

6. 气味

气味是消费者判断食用油品质的重要感官标准。优质食用油应具有清香纯正的气味，无异味和发酸等异常气味。气味不正的食用油可能存在污染、掺假或劣质原材料的问题，例如，产生酸败气味的食用油往往是因为油脂已发生氧化或变质，长期食用这种油对健康有害。市场上销售的食用油应经过严格的气味检测，以确保其符合国家标准和消费者需求。

7. 口感

食用油的口感直接影响到食物的风味和消费者的饮食体验。优质食用油应当口感柔滑细腻，不应有异物感或黏腻感。良好的口感表明食用油在加工和储存过程中没有受到污染，并且品质较高。油的口感差往往是由于其化学成分发生了改变，如氧化或污染，这不仅影响食物的风味，还可能对健康产生不良影响。

8. 色泽

色泽是食用油的另一个重要感官指标。优质食用油应当清亮透明，无浑浊、发黑等现象。油的色泽不仅与其原材料和加工工艺有关，也能反映出其储存条件。色泽发暗或不均匀的食用油，往往表明其在储存过程中发生了氧化变质或者掺杂了劣质原料。

为保证食用油的品质和安全，生产企业应采用先进的检测技术和科学的管理方法，严格控制以上各项指标。从原材料采购、生产加工到最终的成品检测，每一个环节都需严格把关。现代技术的发展，如高效液相色谱法、气相色谱法和质谱联用技术等，使得食用油中各种成分的准确检测成为可能，有助于全面评估食用油的品质。

2.2 食用油质量评价的国标方法概述

目前食用油检测的方法标准列入表 2.1。食用油品质和安全的鉴定主要是通过众多光谱或色谱的方法进行，这些方法有助于检测不同的标志物和成分变化，可以验证食用油的纯度与质量。本章介绍的食用油质量评价的方法主要有液相色谱-质谱分析法、气相色谱-质谱分析法、荧光光谱分析法以及其他分析法。

表 2.1 食用油检测方法标准

标准编号	标准名称	年份
GB 2716—2018	食用植物油卫生标准 植物油	2018
GB 5009.3—2016	食品安全国家标准 食品中水分的测定	2016
GB 5009.6—2016	食品安全国家标准 食品中脂肪的测定	2016
GB 5009.168—2016	食品安全国家标准 食品中脂肪酸的测定	2016
GB 5009.227—2016	食品安全国家标准 食品中过氧化值的测定	2016
GB 5009.12—2023	食品安全国家标准 食品中铅的测定	2023
GB 5009.271—2016	食品安全国家标准 食品中邻苯二甲酸酯的测定	2016
BJS 201801	食用油脂中辣椒素的测定	2018
DB37/T 3993—2020	食用油中苯残留量的测定 顶空-气相色谱/质谱法	2020
DB34/T 1997—2013	食用油中氧化甘油三酯（OX-TG）及其聚合物（TGP）的测定 高效空间排阻色谱法	2013
DB22/T 1616—2012	食用油中苯并芘的测定 超高效液相色谱法	2012
T/NAIA 0113—2022	食用油、油脂及其制品中铅、砷的测定 电感耦合等离子体质谱（ICP-MS）法	2022
T/NAIA 040—2021	食用油中不溶性杂质含量的测定 索氏提取法	2021

2.2.1 液相色谱-质谱分析法

液相色谱-质谱（LC-MS）是一种将液相色谱和质谱技术相结合的高效分析方法，能够同时实现样品的分离和检测，在食品领域，尤其是食用油的质量评估中应用广泛。通过 LC-MS 技术，可以对食用油中的多种成分，如脂肪酸、甘油三酯和磷脂等进行详细分析，从而判断其品质和真实性。

食用油中脂肪酸的基本结构是具有不同数量的双键的线性烃链。大量结构相似的分子，如 n3-与 n6-PUFA 导致精确结构分析面临巨大挑战。但是 LC 分离效率高且灵敏度好，通过和质谱（MS）联用来分析脂肪酰基。例如，Appel 等[5]开发了一种快速、灵敏、全面的方法，用于通过 LC-MS 定量 41 种 SFA 和 UFA。

在成分分析方面，LC-MS 还可用于检测食用油中的添加剂和污染物。在现代食品生产过程中，为提高食用油的口感和稳定性，通常会添加一些防腐剂、抗氧化剂等物质。通过 LC-MS 技术，可以对这些添加剂进行有效监测，确保食用油的安全性和品质。王龙星等[6]采用固相萃取-液相色谱-串联质谱技术，建立了食用油中 3 种微量辣椒碱（辣椒素、二氢辣椒素及壬酸香草酰胺）的检测方法（图 2.1）。首先用 20 g/L 氢氧化钠水溶液提取油样中的辣椒碱，再将提取液用 C18 小柱富集净化后进行液相色谱-质谱检测。用该法对国家食品安全风险评估中心提供的 67 个盲样进行了分析，结果表明辣椒碱是一个良好的地沟油特征指示物。凭借这 3 种辣椒碱指标，阳性样品正确识别率达到 75%，阴性样品正确识别率达到 100%。这个办法是国家卫生健康委员会曾经公布的 4 种地沟油仪器检测方法之一。

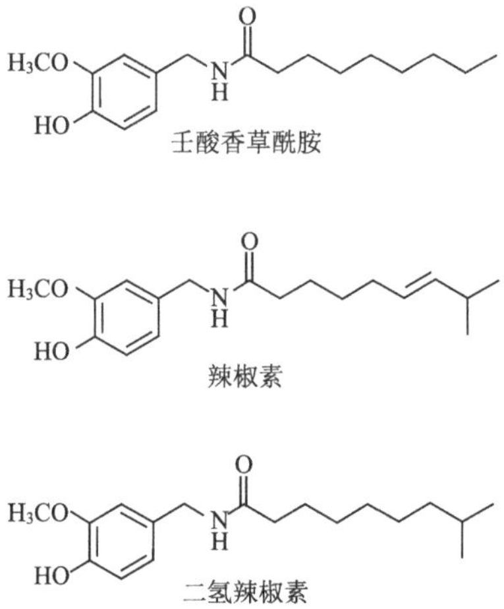

图 2.1　三种辣椒碱的分子结构[6]

2.2.2　气相色谱-质谱分析法

气相色谱-质谱（GC-MS）技术也是一种高效、精确而敏感的分析方法，在食用油质量评估中扮演着至关重要的角色。GC-MS 技术可用于脂肪酸的定量和定性分析。脂肪酸是构成食用油的主要成分，其种类和含量直接影响油品的品质。借助 GC-MS 技术，可以准确分析食用油中的 UFA 和 SFA 等成分，为评估食用油品质提供重要的数据支持。例如，Abidin 等[7]已经开发了一种简单、稳定且可靠的方法，用于通过 GC-MS 定量废弃食用油（UCO）中的脂肪酸。方法涉及四个步骤：制备用于定量分析的 UCO、制定校准曲线、测定脂肪酸组成和老化研究。开发的方法已使用 UCO 和生物柴油的已知成分进行了验证,发现误差在±0.7%以内。该方法可用于测定油和生物柴油产品中脂肪酸和脂肪酸甲酯（FAME）的组成。

该技术在挥发性成分分析方面也具有显著优势。食用油加热释放的烟雾中含有大量的挥发性有机化合物（VOCs），其中一些与癌症有关，包括多环芳烃（PAHs）、芳香胺、硝基多环芳烃等。根据流行病学研究，长期暴露于烹饪排放物与肾脏损伤、女性生殖器官疾病、肺功能下降以及非吸烟女性的肺癌有关。食用油中的挥发性有机化合物可能以气体或颗粒的形式释放，这会对身体的不同部位产生各种健康影响。

GC-MS 技术还可以用于发现已经使用的食用油的内源性标志物。这些内源性标志物经过进一步验证，可以区分新鲜食用油、新鲜食用油中掺杂油炸油、地沟油。Cao 等[8]利用 GC-MS 分析食用油中的六种甘油单酯来区分用过的食用油和新鲜食用油。然后相应地建立了六种甘油单酯标志物的定量方法，测定了用过的食用油（包括油炸油和地沟油）中甘油单酯的含量（图 2.2）。在连续加热过程中，他们发现甘油单酯标志物的水平随着加热时间的延长而不断增加。该方法具有良好的灵敏度，能够对掺杂痕量油炸油的纯食用油进行鉴定。

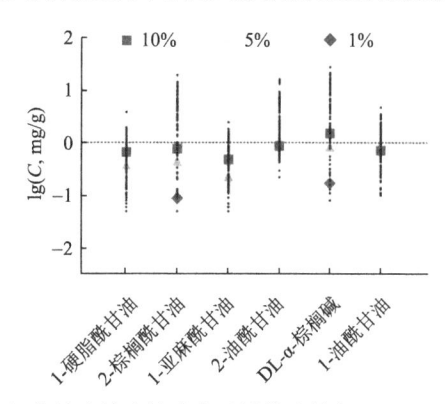

图 2.2　地沟油样品中六种甘油单酯的浓度及橄榄油掺杂 1%、5%和 10%油炸油的鉴别[8]

2.2.3　荧光光谱分析法

依赖于荧光材料的光学传感器由于其高灵敏、高准确性和易操作等优点，在食用油质量评估中的应用逐渐受到研究者的关注。荧光光谱分析法基于物质分子在受到激发后产生荧光辐射的原理，通过检测样品在不同波长下的荧光特性，可以获取关于样品成分、结构和性质的信息。

在评估食用油的氧化程度时，荧光光谱分析法表现出较高的敏感性和精准度。食用油氧化会影响其营养价值和口感，荧光光谱分析可以通过监测氧化产物的荧光信号变化，及时评估和监测食用油的氧化程度。Cao 等[9]采用荧光光谱法与化学计量学相结合的方法监测食用油的氧化变质，提出了同步和三维荧光光谱技术策略，用于监测棕榈油、山茶油、葵花籽油和紫苏油在烘箱加速氧化的过程。荧光强度的主成分分析图（λ_{ex}=320～700 nm）清楚地显示了油在加热时间内的氧化演变。

高饱和油或单不饱和油在过氧化物值和荧光强度之间表现出较高的回归系数（棕榈油中 400 nm 的 R^2=0.973；山茶油中的 370 nm 的 R^2=0.956）。高不饱和油在非极性羰基化合物和荧光强度之间表现出较高的回归系数（葵花籽油中 370 nm 的 R^2=0.970）。高不饱和油在对茴香胺值和荧光强度之间表现出较高的回归系数（紫苏油中 665 nm 的 R^2=0.938）。研究表明荧光光谱是一种快速、绿色的氧化监测的无损方法。

在真实度鉴别和来源追踪方面，荧光光谱分析法也发挥了重要作用。不同来源的食用油在荧光光谱上可能表现出差异，通过分析食用油样品的荧光特性，可以判断其真实性和来源，有效防止假冒伪劣产品进入市场。Songohoutou 等[10]使用荧光技术监测温度和加热时间对当地市场上出售的食用油样品的影响。研究对象包括稀释的未精炼棕榈油、精炼棕榈油、棉籽油、葵花籽油和大豆油。激发波长为 295 nm 时，在 325 nm、310 nm、415 nm、465 nm 和 525 nm 处可观察到荧光峰。通过记录这些油类的三维荧光光谱，并对其进行平行因子分析，可以对这些不同的峰值进行完整的分配。这样就得到了激发/发射峰，根据食用油中已知的荧光团，这些峰与生育酚（维生素 E）、初级氧化产物、次级氧化产物和类胡萝卜素化合物相对应。作为食用油质量指标的生育酚和氧化产物的含量是在不同的加热温度和不同的加热时间下进行监测的。研究结果表明，295 nm 独特波长的激发可用于监测加热过程中油的化学成分变化（图 2.3），在 325 nm、420 nm 和 465 nm 处的荧光强度分别与生育酚含量、过氧化值和 β+δ+γ-生育酚含量之间存在正相关。得出的三个回归方程可用于估算这些次要成分和过氧化值。加热后，可观察到生

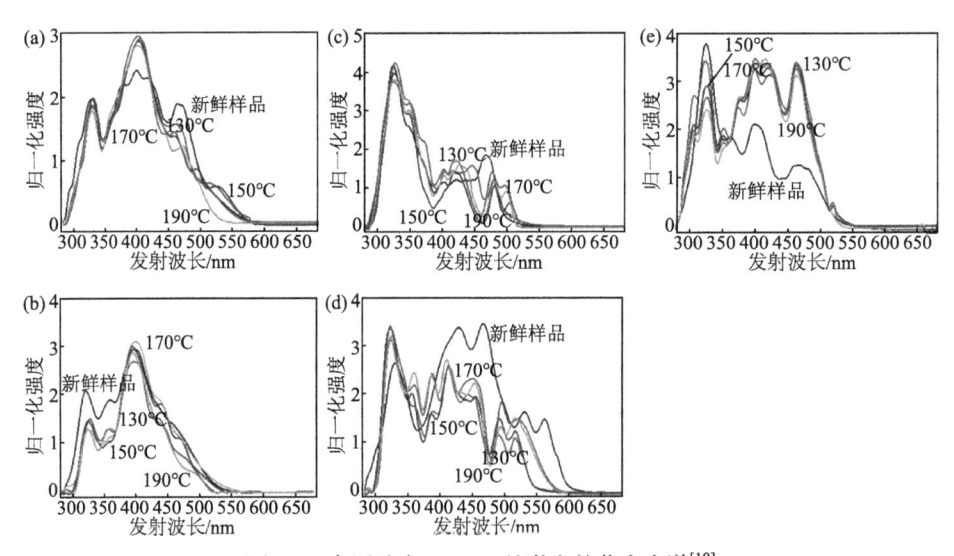

图 2.3　食用油在 295 nm 处激发的荧光光谱[10]

（a）精炼棕榈油 I；（b）精炼棕榈油 II；（c）葵花籽油；（d）棉籽油；（e）大豆油。其中包括新鲜样品和不同温度（130 ℃、150 ℃、170 ℃和 190 ℃）下加热 180 min 的样品

育酚含量下降，氧化产物增加。精炼棕榈油、棉籽油和葵花籽油显示出较高的抗氧化性，而大豆油和未精炼棕榈油则不稳定。利用主成分分析方法，可以对所研究的油进行植物来源分类。

2.2.4 其他分析法

傅里叶变换红外光谱（Fourier transform infrared spectroscopy, FTIR）分析技术也被广泛应用于食用油质量评估领域。通过测量样品在不同波长下的吸收光谱，可以获取有关成分、结构和性质的信息，从而对食用油的真伪、品质进行准确评估。红外光谱技术操作简便、快速，适用于大规模食用油质量检测。Jiang 等[11]利用红外光谱分析技术建立了一种基于O—H单键型拉伸带的食用油酸价（AVs）测定新方法。将油样用四氯化碳稀释，置于厚度为 1 cm 的石英比色皿中，记录FTIR（图 2.4）。3535 cm^{-1}处的峰值对应于游离脂肪酸中羧基的O—H单键延伸，以及峰值在 3340～3390 cm^{-1} 范围内用于测定食用油的 AV。研究中测量的 AV 与使用滴定法测量的 AV 之间的良好线性关系（相关系数 R=0.9929）表明，这个程序可以作为确定食用油 AV 的经典方法的替代方法。Ye 等[12]开发了一种结合 FTIR 和化学计量学的食用油样品鉴定方法，在一种鉴别分析模型基础上，实现了 11 个物种的 135 个样品的 100%正确分类。91 个纯油样品和 231 个混合样品的外部验证鉴定率分别为 100%和 92.6%。还以山茶油为例，建立了食用油掺假的通用定量模型。根据光谱区域 3100～2900 cm^{-1}、1800～1700 cm^{-1}、1500～1400 cm^{-1} 和 1200～1100 cm^{-1}确定了一个最佳后向区间偏最小二乘模型，该模型性能良好。基于已开发的定性和定量 FTIR 方法，可以快速检测、有效区分和准确定量山茶花混合物中的掺杂油。

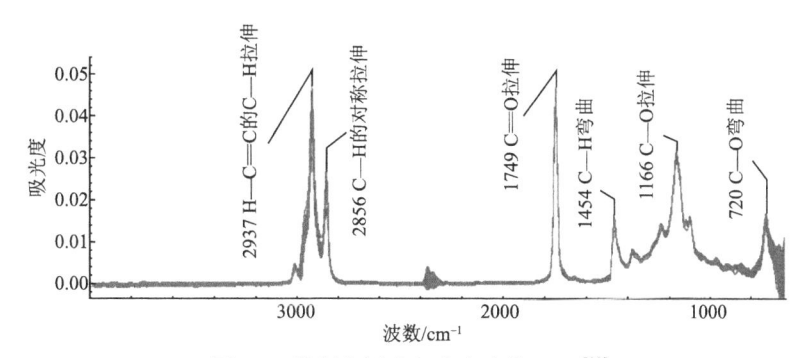

图 2.4 精制食用油和地沟油的 FTIR[12]

原子吸收光谱（AAS）分析也被广泛用于食用油中重金属元素的检测。重金属元素是食用油中可能存在的有害物质，其超标容易对人体健康造成影响。AAS

技术能够精准测定食用油中痕量的重金属元素含量,保障食用油的安全。Da Silva 等[13]将破乳萃取、石墨炉原子吸收光谱法(GF AAS)和电感耦合等离子体质谱(inductively coupled plasma mass spectrometry, ICP-MS)法结合测定了食用油样品中的锡元素(图 2.5)。乳液制备采用非离子表面活性剂在稀硝酸中的涡旋搅拌进行,通过加热达到乳液破裂。通过 GF AAS 和 ICP-MS 分别获得 10~100 μg/L 和 0.1~10 μg/L 的校准曲线。检测限分别为 1.1 μg/L 和 0.009 μg/L,定量限分别为 3.6μg/L 和 0.03 μg/L。通过加标和回收率测试以及与微波辅助酸消解的比较来评估准确性。两种样品制备方法获得的结果对于橄榄、玉米和鱼的油样品是一致的。此外,还研究了该方法对其他 17 种化学元素的分析潜力。

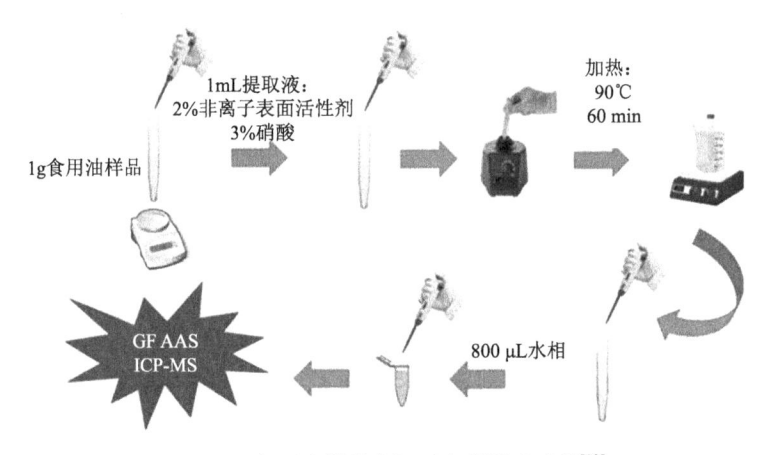

图 2.5 食用油样品中锡元素的测试过程[13]

低场核磁共振(LF-NMR)是一种非常有吸引力的食用油分析技术,因为它具有快速、无损和环保的特性,尽管它在检测限方面存在劣势。Jin 等[14]采用 LF-NMR 结合化学计量法,收集了 20 批次 UCO,并与 15 种食用油进行了比较。线性判别分析(LDA)、偏最小二乘判别分析(PLS-DA)和支持向量机判别分析(SVM-DA)模型被用于精确区分 UCO 与 15 种食用油。在随后的掺假试验中,将 UCO 以 5%至 50%的比例混合到玉米油、橄榄油、花生油、菜籽油和大豆油中。SVM-DA 模型在区分食用油和相应的 UCO 掺假油方面比 LDA 和 PLS-DA 模型具有更好的分类效果,UCO 掺假玉米油的分类难度(80%<验证准确率<88.6%)比其他组(82.9%<验证准确率<100%)相对较高。最后,利用偏最小二乘回归分析方法建立了 4 个 UCO 掺假橄榄油、花生油、菜籽油和大豆油的定量模型,其中 R^2>0.956、RMSEC(校准均方根误差)<0.035、RMSEP(预测均方根误差)<0.038。这些结果表明,LF-NMR 与化学计量学分析相结合,可以为 UCO 提供快速筛选的希望。

2.3 食用油品质评价的主要挑战

2.3.1 食用油品质的主要问题

随着社会经济的发展和人们消费观念的不断提高，人们对食用油品质的要求也越来越高。食用油品质评价所面临的挑战主要包括以下几个方面：

1. 食用油真伪及掺杂问题

全球每年消耗超过 1.7 亿 t 食用油，各种食用油的巨大消费和价格差距，导致一些不法分子将劣质油、掺假食用油等油品作为变相的高价值油品出售，以获取巨额利润[15]。掺假食用油通常与低价值或煮熟的食用油混合成高价值的食用油。掺假食用油虽然外观相同，但其品质和营养远不如纯高价值食用油。例如，一项调查报告显示，美国 82%的鳄梨油被发现掺假或过期[16]。掺假会影响食用油的口感质量，并增加消费者的健康风险。

2. 食用油氧化问题

在加工、运输、储存或消费过程中，食用油会自发且不可避免地被氧化，尤其是在氧气、轻离子和金属离子存在下或在反复油炸条件下。一些健康问题，如动脉粥样硬化、癌症和心血管疾病，可能是由于摄入氧化油。因此，对食用油氧化的分析给予了相当大的关注，以确保食用油的质量和可食用性。食用油的氧化很复杂，最初产生初级产物（氢过氧化物），分解成二次氧化产物，如醛、酮、醇和环氧化物，不良风味主要由这些次级产品产生，氧化会降低产品的油质，使此类产品不适合食用。

3. 重金属残留问题

近年来，由于工业活动的扩大，环境和食品中重金属的浓度有所增加。重金属因其生物蓄积能力而具有危险性，这意味着它们能够在活体系统中积累，并且它们的浓度会随着时间的推移以及与污染物的进一步接触而增加。鉴于食用油的营养价值和毒性，监测食用油中重金属的类型和含量非常重要。例如，铁、锌、铜、钴和锰是人体必需的微量营养素，而锡、镉、镍和汞在一定量下具有毒性作用[17]。然而，如果过度使用，这些微量营养素也会显示出毒性作用。重金属可能通过受污染土壤转移到种植的农作物中。因此，目前有部分食用油里面也含有微量的重金属，这时刻威胁着人体的健康。

4. 质量评价方法落后

目前，食用油品质的评价方法主要包括理化性质分析、感官评价和微生物检验。这些传统方法在一定程度上提供了品质保障，但在面对复杂市场环境和技术手段时，传统方法显得捉襟见肘，尤其在应对食用油真伪掺杂和残留有害物质问题上，存在明显局限性，难以满足消费者对食品安全和高品质的需求。因此，开发更准确、更快速的评价方法成为一大挑战和迫切需求。理化性质分析包括测定酸值、过氧化值、碘值和皂化值等化学参数，反映油脂的酸败程度、氧化稳定性和纯度。然而，理化分析周期较长、操作复杂、成本高，无法实时监控大规模生产。此外，掺假油可能通过化学处理使其理化性质接近纯油，增加了识别难度。感官评价依赖专家对油品外观、气味、味道和颜色的主观判断，受人为因素影响大，难以标准化和保持一致性，且无法精确检测一些微量有害物质，存在主观误差和不确定性。微生物检验通过检测油品中的微生物含量评估其安全性，但主要关注卫生和安全，无法检测油品纯度和掺假问题，且操作复杂、周期长，难以满足快速检测需求。提升食用油品质评价的准确性和效率，需要技术创新和方法改进。现代化仪器分析技术如光谱分析、质谱分析、色谱分析具有高灵敏度和准确性，能检测出微量有害物质和掺假成分。人工智能和大数据技术的发展，通过训练模型识别质量特征，可实现更快速、更准确的品质判别。高光谱成像结合机器学习，可全方位评估食用油质量，包括成分鉴定和污染物检测。

5. 可追溯系统不完善

食用油安全一直是一个主要问题，因为它直接影响导致糖尿病和心血管疾病等慢性疾病的发展。尽管有严格的规则和法规，但食品欺诈猖獗，食用油是最常见的目标之一。因此，食物链各个方面的可追溯性和问责制对于促进公开竞争和重新建立消费者对欺诈的信心至关重要。良好可靠的可追溯系统有助于最大限度地减少不安全或劣质产品的生产和分销，从而最大限度地减少产品召回的可能性[18]。利用二维码、区块链和射频识别技术，建立可靠的可追溯系统，可以全程监控产品的生产、加工和分销过程，有效减少不安全或劣质产品的流通。严格的问责机制和政府监管，以及消费者组织和媒体的积极参与，共同促成了一个更加透明、安全的食品市场，从而最大限度地减少产品召回的可能性，提高食用油的品质保障。

2.3.2 食用油品质保障的可行措施

现阶段可以采取一系列有效措施来提升食用油品质评价的水平和可靠性：

1. 建立健全的监管体系

政府部门应加强对食用油市场的监管力度，完善相关法律法规，严惩食用油制假售假等违法行为，保护消费者合法权益，维护食用油市场的秩序。2018年杭州市人民政府发布了关于进一步加强食用油安全监管工作的实施意见，要求落实生产经营者的食品安全主体责任，主要是按照食用油生产加工、流通销售、餐饮服务等三个环节，进一步明确了生产经营资质管理、生产加工过程风险控制、食用油采购使用、废弃油脂处置等行为的食品安全制度性要求，并禁止生产经营、采购和使用"无食品名称、生产日期、保质期、生产者名称和联系方式"的散装食用油，禁止小食杂店、食品摊贩经营散装食用油。

2. 完善全链条过程监控

传统的管理方式往往侧重于事后的检测与合规性审查，然而，真正有效的管理应当从源头入手，强调前端监管，以提升整个产业链的可持续性与资源利用效率。在生产环节，企业应加强原料采购的管理，优先选用符合环保标准和可持续发展原则的油料作物。生产过程中的工艺改进也必不可少，通过引入先进的生产设备与技术，提升油脂的提取率，减少资源浪费。同时，企业应建立健全的生产记录与追溯体系，确保每一批次的食用油都能清晰地追溯到源头，为后续的使用与回收奠定基础。在使用环节，开展食用油的合理使用宣传教育至关重要。消费者的认知与行为直接影响食用油的使用效率。通过多种渠道加强对消费者的宣传，引导他们关注油脂的适量使用与科学存储，降低食用油的过度消费与浪费。此外，积极推动油品的分类使用，如推广加热与冷食油的不同使用原则，可以进一步减少不必要的资源浪费。在回收环节，构建完善的食用油回收体系是实现全面监控的重要保障。政府应发挥引导作用，鼓励企业与社会组织共同参与油脂的回收工作，整合资源，设置便利的回收点，以提高民众参与的积极性。同时，利用现代科技手段，如手机应用程序，推动落实油脂回收的信息化管理，实现便民与高效的回收机制。

3. 推动评价分析方法创新

当前已经建立了荧光分光光度法、高场核磁共振、高效液相色谱、傅里叶变换红外光谱法和气相色谱-质谱法等食用油品质评价方法体系，以区分食用油的质量，并且新的监测办法也在不断地兴起。最近几年，拉曼光谱成为一种适用于快速检测食用油品质的新兴技术，早期的数据分析耗时且通量低，限制了拉曼光谱分析的广泛采用。为了解决这个问题，将人工智能算法集成到拉曼光谱数据处理协议中，有望实现快速分析。Zhao等[19]开发了一种将机器学习算法与拉曼光谱或脂肪酸组成相结合的策略，其在食用油类型分类方面具有很高的准确性，成为一种检测掺假油的潜在方法。与标准主成分分析（PCA）方法相比，该方法更快、更准确，并提供清晰的油品分类。作者研究发现，带有随机森林（RF）模型的PCA

是基于拉曼光谱的食用油分类中性能最好的机器学习算法。并且具有 L2 惩罚模型的线性回归（LR）被确定为预测掺假食用油的最佳性能机器学习算法。他们的方法可用于建立快速的在线或离线平台，用于分析食用油或其他食品污染物。总体而言，该研究证明了机器学习辅助拉曼光谱分析在快速鉴定和检测食品中污染物或根据其化学成分鉴定农产品来源方面的潜力和价值。

当前食用油品质评价仍然面临着诸多挑战，需要政府、企业和科研机构共同努力，合作解决食用油质量问题，保障人民身体健康。通过全社会的努力，能够构建更加安全、健康的食用油市场环境，为人们提供更放心的食用油产品。

2.3.3　食用油品质评价的关键瓶颈

食用油品质评价的关键瓶颈主要集中在复杂组分检测困境和不同检测方法局限等两个方面。深入分析关键瓶颈问题并找出其根源，提出有效的解决对策和建议，尤为重要。

1. 混合组分检测的困境

在过去的一个世纪里，人类饮食中食用油的使用发生了重大转变。这种转变促使人们对常用食用油中脂肪酸谱的表征进行了大量科学研究，最终形成了一个相当大的数据库。然而，尽管我们对特定食用油类型的脂肪酸谱有所了解，但当给定脂肪酸谱时，无法推断和鉴定食用油。此外，一旦两种或多种食用油混合，所得脂肪酸谱也会发生变化。在许多情况下，混合油的脂肪酸谱可以模仿高质量产品的脂肪酸谱。造假者利用这种特性，将低价值的调和油作为高价值产品出售，并从差价中获利。此外，他们甚至会根据宏观经济因素导致的市场价格变化而改变混合配方。

一份独立报告揭示美国市场上销售的鳄梨油中有 82%是过期的或掺假的[16]。在某些情况下，掺假的后果也可能带来公共卫生问题。例如，在印度，掺有精氨酸油的芥末油会导致流行性水肿[20]。在监管机构缺乏资源和方法来评估和验证上市产品质量的国家，食用油的掺假行为更为猖獗，引发了食品安全和保障问题。最近在个人层面促进营养指导的趋势进一步凸显了准确和纯粹的标签的必要性。例如，心血管疾病风险较高的消费者可能更喜欢由特定食用油类型提供的特定膳食脂肪酸需求。因此，检测食用油掺假的能力对经济和健康都有影响。

许多化学计量方法可以利用脂肪酸谱检测掺假油。通常，这些方法处理的是 2~3 种油类型的简单混合物，并且通常具有定性性质。当设计主要油类型的体积比例相关的定量信息时，需要进一步的人工介入。这是因为用于量化油掺假的常用化学计量方法通常考虑仅由两种油组成的混合物。将这种简单的方法扩展到两种以上油的混合物时，需要额外的中间预处理。此类模型缺乏或忽略了多个目标之间的相关性，导致包含多靶标的分析准确性下降。因此，由于缺乏端到端的解决方案，这些模型很少在实际环境中应用。

Lim 等[21]报告了一种机器学习方法，该方法能够揭示油类之间的区分性脂肪酸分布模式。使用无监督模型来进一步识别较大油类型中的亚簇，并缩小亚簇之间的特定脂肪酸差异。油混合物的计算机模拟为监督端到端深度学习模型提供了一个大型训练示例，以破译油的定量成分状态。基于真实油混合物的独立盲测，展示了该模型学习和推广到真实混合物的能力。为了提高模型的普遍适用性，作者展示了一种在线机器学习方法，该方法可根据未来油品的脂肪酸谱更新模型。这种不断将模型的效用扩展到具有新脂肪酸谱的油的能力，为行业建立食品安全和保障的通用标准提供了宝贵的资源。

2. 不同检测方法的局限

食用油的理化指标可以通过多种实验室方法进行测定，常见的包括原子吸收光谱法、荧光分光光度法、薄层色谱法、气相色谱法、高效液相色谱法、气相色谱-质谱联用技术以及核磁共振波谱等。尽管色谱分析具有较高的特异性和准确性，但其过程往往烦琐、耗时且需要熟练的操作人员，此外，还可能对环境造成污染。因此，开发快速、简单的方法来评估或分类食用油品质显得尤为迫切。但是，如傅里叶变换红外光谱、紫外分光光度法和红外光谱等已报道的多种食用油快速检测技术，通常需要一系列复杂的取样和预处理步骤，而且区分度并未达到实际应用的程度。

SERS 技术具有独特的振动指纹图谱和精细的灵敏度，是快速简单分析的一种替代方案[22]。但是，传统 SERS 固体基底需要将样品溶液滴到预制的 Ag 或 Au 纳米结构上[23]。液滴在固体表面上的蒸发受咖啡环效应的影响很大，用于 SERS 分析的传统胶体是在水性条件下制造的，并且通常在脂质中的分散性很小，这限制了在食用油研究中的广泛应用[24]。此外，油中分析物通常由不同的溶剂萃取。分子溶解度和底物润湿性的差异对 SERS 信号的重现性和定量性影响很大。实际上，食用油通常是各种成分的复杂混合物，因此直接应用 SERS 技术进行食用油质量控制仍然是一个巨大的挑战。也就是说，纳米材料制备的均一性、信号采集的稳定性、油脂分子与金属表面的亲和性等难题，极大限制了 SERS 方法的实际应用。

Du 等[25]开发了一种新颖、快速、低成本的油/水界面 SERS 分析策略，通过在油/水界面上自组装三维等离子体纳米阵列，实现了精确区分食用油类型、氧化和掺假，相关的定量研究有望用于评估三元和四元混合物。该策略实现了食用油的直接检测，无须样品预解离、预浓缩或任何其他复杂预处理。同时，利用有机溶剂作为固有内标可以提高 SERS 定量精度，避免复杂的 SERS 信号波动。随着便携式拉曼仪器的日益普及，液相界面 SERS 分析技术有望促进食用油评价方法的发展。另外，结合化学计量学方法分辨拉曼光谱，已被报道可以实现各种食用油的质量测定，包括食用油成分、油掺假和化学残留物分析等以及散装油的脂质氧化等。

2.3.4 食用油品质评价新方法进展及趋势

近年来，随着科学技术的进步，我们已经见证了一系列关于油脂成分分析、品质检测和评价方法的创新。这些新平台、新方法和新技术不仅提高了品质评价的准确性，还增强了消费者对食品安全的信心。此外，针对油品的质量监管的新平台、新方法和新技术还在不断完善，以应对日益增长的多样化监管需求。

1. 微流控纸基新平台

食用油中高 FA 含量会影响油的风味、质量、稳定性，导致劣变酸败。为了评价食用油品质，油酸含量指标的测定是有效的方法之一[26]。油酸广泛存在于各种动植物脂肪和油中，无味无色。传统上油酸分析依赖于常规实验室方法，这些方法仍然有一些局限性，如耗时、昂贵、样本量大、有机溶剂量大、非特异性和不适用于现场。为了突破这些局限性，比色传感器是一个很有前途的平台，它具有快速、便携和简单等优势，无需任何复杂的设备即可应用于食用油质量评估。

微流控纸基分析设备（μPAD）可以作为环境监测的替代分析平台，具有低成本、轻量级、便携、易于使用和快速分析的优势。最近，已使用 μPAD 进行酸碱滴定操作，用于检测各种酸碱分析物。它们通常涉及酸和碱之间的中和反应，该反应使用干燥指示剂作为化学试剂进行。基于 μPAD 的滴定法为现场分析提供了一种简单、快速、有效和低成本的策略，样品颜色的背景不会影响分析精度，通过使用特定指示剂可以观察颜色变化[27]。

Saedan 等[28]建立了一种用于食用油质量评价的 μPAD 新平台（图 2.6），选取油酸作为模型分析物。氧化石墨烯用于改性纤维素纸，以改善比色传感器的可视化和疏水性。将酚酞和碳酸钠一级标准品固定在氧化石墨烯改性纤维素纸上，制备了比色酸碱滴定法 μPAD，应用于油酸检测。纤维素纸上油酸的中和作用引起颜色从粉红色逐渐消失到无色。该平台提供了 0%~2%（体积分数）范围内的线性度，涵盖了食用油质量评估的临界油酸水平（1.0%，体积分数）。该设备设计了自动侧向流通道，无需仪器即可对食用油进行半定量分析。油酸含量等同于粉红色检测区消失的数量，其成功应用于真实废弃食用油样品的质量评价。

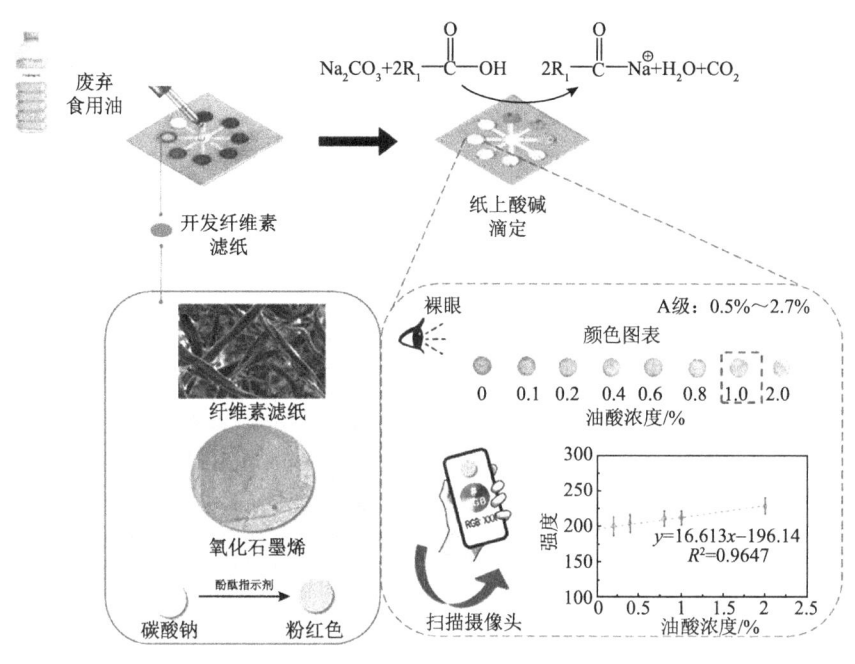

图 2.6 微流控纸基分析装置[28]

2. 固相微萃取新方法

近年来,最常用的次要成分分析技术之一是固相微萃取方法。该方法可以在一次运行中同时提供有关大多数次要食用油成分的信息。Alberdi-Cedeño 等[29]建立了一种确定食用油中次要成分的新方法,将聚二甲基硅氧烷/二乙烯基苯的固相微萃取纤维浸入油基质中,然后进行气相色谱/质谱分析。该方法能够以简单的方式表征和区分食用油,无需复杂溶剂或样品改性。该方法可以同时鉴定和定量甾醇、妥尔醇、不同性质的碳氢化合物、脂肪酸、酯类、脂肪酰胺、醛类、酮类、醇类、环氧化物、呋喃类、吡喃类和萜烯含氧衍生物。此外,首次在食用油中检测到某些脂肪酰胺、高分子量的 γ-和 δ-内酯以及其他芳香族化合物,如一些源自肉桂酸的酯类。这种新方法提供的信息广泛,在不同的关注领域都展现出很高的应用价值,如营养价值、氧化稳定性、技术性能、质量、加工、安全,甚至防止欺诈行为等。

3. 色调图像判别新技术

现如今,智能手机已经普及至普通人群,有望充当功能强大且方便的分析工具/配件。基于相机的光化学传感器已可用于各种分析,包括 pH 值、铵和氨等。2009 年,光化学传感器引入数字色彩空间的色相参数 HSV(一种颜色模型)用作定量分析工具。HSV 是数字成像中常用的圆柱形色彩空间，其中 H 表示色调，S 表示饱和度，V 表示亮度。RGB（颜色系统）和其他数字图像参数也可用于多变量分析。HSV 色相参数荧光测量是通过使用荧光探针、LED 光源和简单数码相机在系统中进行 pH 测量，该系统证明色相定量优于基于比例和强度的荧光测量。

值得注意的是，光化学传感器通常依靠探头、传感器薄膜或试剂作为信号传感器。另一种更好的策略是利用样品中天然化合物的固有荧光，从而保证测量方法的简便、无创和非破坏性。这种简单的方法使用普通智能手机和廉价的 405 nm LED 手电筒即可，无需滤光片、光栅或棱镜等复杂元器件，也无需任何化学添加剂，如溶剂、试剂或探针等。此类装置类似于积木的搭建，也可以很容易地由 3D 打印制造。图 2.7 展示了相关研究中使用的食用油的测量装置及其原理。装置原型是一个塑料样品瓶（3.5 mL），该样品瓶安装在智能手机相机镜头附近，并且把 405 nm LED 手电筒以 90°安装在相机孔上。4 倍全变焦镜头可以最小化边缘散射效应。将图像传输到计算机进行图像转换，并使用开放软件 ImageJ 进行分析。色相直方图是根据这些色相光谱图像计算得出的。图像直方图通常用作数字图像中色调分布的图形表示。直方图绘制了每个色调值的像素数，通过检查直方图，查看者可以一目了然地快速评估整个色调分布。从直方图数据中可以轻松提取一些定量数据，包括均值、标准差、最小值、最大值和众数（包括计数）。

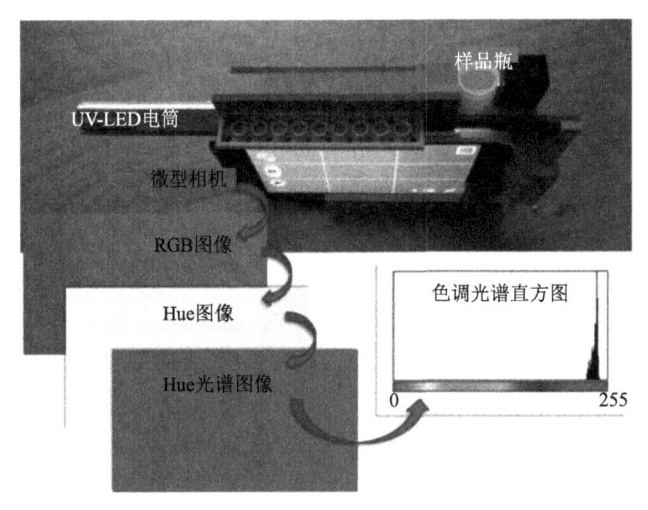

图 2.7　智能手机测量和分析的原理[30]

4. 核磁共振分析新技术

食用油中的有机氯，尤其是氯丙醇，是一个令人担忧的问题。有机氯是一种有机化合物，含有至少一个共价键合的氯原子。3-一氯丙烷-1,2-二醇酯和 2-一氯丙烷-1,3-二醇酯是食用油精炼过程中由酰基甘油和氯化物形成的污染物[31]。3-一氯丙烷-1,2-二醇酯是在高达 270 ℃的脱臭过程中形成的,因此几乎存在于所有精制食用油中。饮食中 2-一氯丙烷-1,3-二醇酯、3-一氯丙烷-1,2-二醇酯和缩水甘油基脂肪酸酯可以被酶水解并转化为游离形式,通常认为是有毒的[5],在食用油加工中造成了重大食品安全问题。

食用油中氯化物污染物可能起源于植物内源性代谢产生的高水平氯化物质,或者在肥料中使用的氯盐以及在精炼中使用的漂白剂。这些氯化物污染物可能是无机的,也可能是有机氯在与水接触时解离的结果。了解氯化物供体的来源是减少精制食用油中不良氯丙醇形成的关键步骤。而且有关氯化物组成种类的信息也很重要,它可以帮助深入了解食用油中 2-一氯丙烷-1,3-二醇酯和 3-一氯丙烷-1,2-二醇酯的形成机理。

氯化物的分析很复杂,因为分析方法各不相同,具体取决于样品的类型。关于测定土壤、水和植物组织中氯化物的方法有许多资料,主要包括离子色谱、沉淀滴定、电位滴定等。许多方法也是公认的测定矿物油或石油产品中氯化物的标准方法,例如美国材料与试验协会(ASTM)发布的 ASTM D3230 和 ASTM D6470 方法规定了通过测量盐含量来间接定量氯化物。所有这些方法都需要化学参考内标、烦琐的样品前处理、非常耗时的滴定等操作。此外,上述方法不能区分无机氯化物和有机氯化物。虽然 ASTM D4929 发布了有机氯化物的定量分析方法,但该方法仅适用于矿物油或石油衍生物。Abdul 等[32]提出了 ASTM D4929 的修改版本,以适应食用油中总氯化物的分析,但也只能确定样品中氯化物的总浓度,而没有其组成类别的信息。因此,目前仍然需要开发新型检测技术,以区分食用油中的有机氯化物和无机氯化物。

某些分子的信息,如溶液和固态中的官能团、拓扑、动力学和三维结构,可以通过核磁共振波谱获得,其峰下面积通常与所涉及的自旋次数成正比,从而给出绝对定量或样品中所含化合物的实际量等信息,而且不需要像色谱技术那样进行校准。另外,色谱技术需要有关目标化合物浓度与检测器对所测化合物的响应因子之间的比率等信息,这在很大程度上取决于分子本身的特性,如吸光度、折射率、荧光等,并且会根据设备和样品的状态而不断变化。因此,与色谱法不同,核磁共振不需要与目标化合物相同的标准物质来定量目标分子,不依赖于在光谱中产生信号的化合物的特性,而是检测形成分子的原子核。此外,定量核磁共振具有无需样品预处理、多功能、灵活、快速等优势,几乎可以用于任何可以制成溶液的有机化合物。

过去曾报道过使用核磁共振测定氯化物,大多数报告都集中在固体样品上。这是因为液态 ^{35}Cl 核磁共振波谱只能在有利的情况下提供化学位移,如纯液体。然而,也有关于通过核磁共振测定水样中氯化物的研究。目前尚无关于食用油中有机氯定量核磁共振的报道。因此，探索定量核磁共振在检测和分析一些常见食用油（水果油和软油）中有机氯的潜力很有必要。Ng 等[33]开发了一种定量核磁共振方法，用于分析食用油中有机氯含量（图 2.8），优异的回归系数（$R \geqslant 0.9995$）和检测限（LOQ=0.45 ppm）表明该方法线性且可行，对于四种油品的回收率在 90%～94%，表明核磁共振方法在测定食用油中有机氯方面具有巨大潜力。

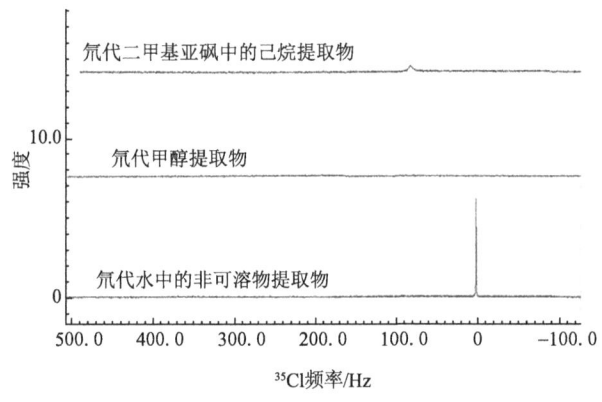

图 2.8 毛棕榈油不同提取物的 ^{35}Cl 光谱[33]

5. 拉曼光谱分析新技术

PAHs 是一类非极性化合物，包含两个或多个芳香环，高度稳定并广泛存在于空气、水、土壤和食物中，具有很强的遗传毒性和致癌性。由于 PAHs 的亲脂性，食用油更容易受到 PAHs 污染。在反复使用的食用油中已发现大量 PAHs，如煎锅油和地沟油。高温可促进自由基的形成和热解过程，是 PAHs 形成的必要条件。如何快速、灵敏地识别食用油中的 PAHs 是食品安全领域的一个重要课题。

SERS 技术具有丰富的分子结构指纹，已用于 PAHs 等危害因子的分析。但是纳米间隙热点的结构对 SERS 增强影响很大。PAHs 这类既没有共价结合基团也没有电荷结合基团的分析物与贵金属表面的亲和力相当弱，导致 SERS 性能不尽如人意。早期研究主要通过修饰贵金属纳米颗粒表面，使用主客体识别元件、共价有机框架或疏水环境功能化等手段，增强 PAHs 在纳米颗粒表面的亲和性。然而，实际样品中金属胶体和杂质的聚集可能会产生冗余和误导性的 SERS 信号。此外，食用油中 PAHs 的含量通常很低，而且油脂基质相对复杂。为了满足痕量分析需求，通常需要纯化提取等预处理，耗费大量的时间和精力。

Su 等[34]充分利用 PAHs 的亲脂特性开发了一种无需预处理步骤即可检测食用油中 PAHs 的液相界面 SERS 新方法，大大缩短了检测时间，可以实现高通量测量。以食用油和氯仿混溶形成有机相，当添加水溶性的纳米金溶胶并剧烈振荡时，纳米金在水相-有机相界面高效自组装，形成三维纳米组装体。食用油和 PAHs 分子的特征峰可以在便携式拉曼光谱仪上方便测定。整个检测过程仅需 3min。该方法成功实现了对不同种类 PAHs 的分析，其中苯并芘的检测限达到 0.1 ppb。在某小吃街随机收集的食用油样品中，成功检出四种常见的 PAHs（图 2.9）。此外，还实现了煎炸油中苯并芘含量变化的原位监测，利用主成分分析辅助分类，实现了地沟油掺假的自动识别。

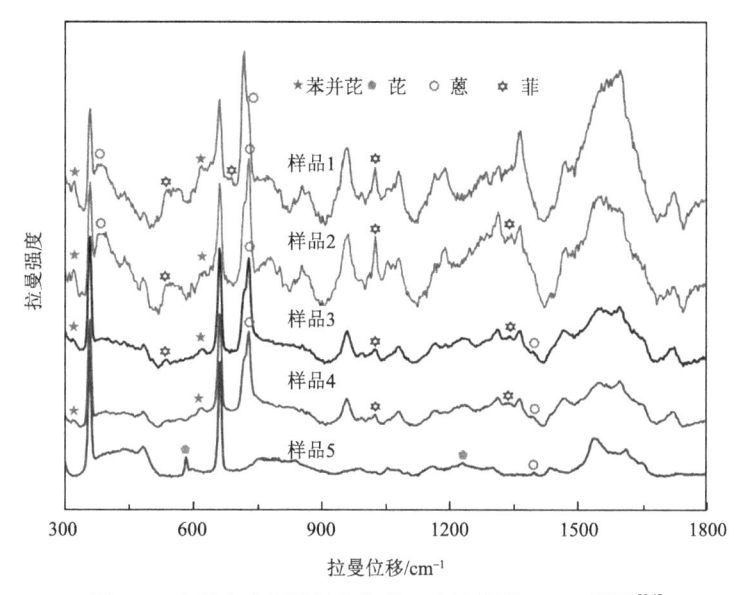

图 2.9 在某小吃街随机收集的 5 个油样的 SERS 谱图[34]

综上所述，食用油品质评价方法的进展和趋势已呈现出多元化特点。而且拉曼光谱分析技术因其简易、便携、无损、快速检测等优势，正在不断出现技术创新，有望成为具有广阔应用前景的食品分析技术。

2.4 展　　望

本章概括描述了食用油的基本成分及品质影响因素，列举了食用油品质评价的常用指标，介绍了国内外食用油质量评价的标准方法，并总结了食用油营养与安全品质评价仍面临诸多挑战以及新型评价技术进展和未来趋势。

食用油品质评价仍然面临从油脂组分的多样性到方法体系的局限性等诸多瓶颈，并且需要面对复杂环境和社会因素以及新兴产品的不断涌现等问题。然而，随着科学技术的不断进步，新的分析技术和仪器将不断涌现，未来食用油的品质评价技术必将经历巨大的变革。便携式和在线监测拉曼技术就是其中之一，有望实现对食用油品质的实时监测，为消费者提供更加安全和可靠的监管保障。另外，跨学科的交叉研究也将为食用油品质评价带来新的视角。结合大数据、人工智能与食品科学的最新进展，有望更准确地分析油脂成分与品质之间的关系，开发出更加高效的预测模型和技术。

参 考 文 献

[1] XU S, LI H, DONG P, et al. High-throughput profiling volatiles in edible oils by cooling assisted solid-phase microextraction technique for sensitive discrimination of edible oils adulteration [J]. Anal Chim Acta, 2022, 1221: 340159.

[2] FERREIRO-GONZÁLEZ M, BARBERO G F, ÁLVAREZ J A, et al. Authentication of virgin olive oil by a novel curve resolution approach combined with visible spectroscopy [J]. Food Chem, 2017, 220: 331-336.

[3] LEE J W, KIM Y T, PARK J W, et al. Antioxidation activity of oil extracts prepared from various seeds [J]. Food Sci and Biotechnol, 2012, 21(3): 637-643.

[4] ALDAMARANY W A S, TAOCUI H, LILING D, et al. Perilla, sunflower, and tea seed oils as potential dietary supplements with anti-obesity effects by modulating the gut microbiota composition in mice fed a high-fat diet [J]. Eur J Nutr, 2023, 62(6): 2509-2525.

[5] ABRAHAM K, APPEL K E, BERGER-PREISS E, et al. Relative oral bioavailability of 3-MCPD from 3-MCPD fatty acid esters in rats [J]. Arch Toxicol, 2013, 87(4): 649-659.

[6] 王龙星, 金静, 王淑秋, 等. 非正常食用油鉴别新方法(一)：三种辣椒碱残留量的液相色谱-质谱分析 [J]. 色谱, 2012, 30(11): 1094-1099.

[7] ABIDIN S Z, PATEL D, SAHA B.Quantitative analysis of fatty acids composition in the used cooking oil (UCO) by gas chromatography−mass spectrometry (GC-MS) [J]. Can J Chem Eng, 2013, 91(12): 1896-1903.

[8] CAO G, DING C, RUAN D, et al. Gas chromatography-mass spectrometry based profiling reveals six monoglycerides as markers of used cooking oil [J]. Food Control, 2019, 96: 494-498.

[9] CAO J, LI C, LIU R, et al. Combined application of fluorescence spectroscopy and chemometrics analysis in oxidative deterioration of edible oils [J]. Food Anal Method, 2017, 10(3): 649-658.

[10] SONGOHOUTOU E E, DANIEL L, NOUGA A B, et al. Monitoringthe thermal oxidation of local edible oils by fluorescence spectroscopy technique coupled to chemometric methods [J]. Food Anal Method, 2023, 16(8): 1422-1436.

[11] JIANG X, LI S, XIANG G, et al. Determination of the acid values of edible oils via FTIR spectroscopy based on the OH stretching band [J]. Food Chem, 2016, 212: 585-589.

[12] YE Q, MENG X. Highly efficient authentication of edible oils by FTIR spectroscopy coupled with chemometrics [J]. Food Chem, 2022, 385: 132661.

[13] DA SILVA A F, PAPAI R, LUZ M S, et al. Analytical extraction procedure combined with atomic and mass spectrometry for the determination of tin in edible oil samples, and the potential application to other chemical elements [J]. J Food Compos Anal, 2021, 96: 103759.

[14] JIN H, TU L, WANG Y, et al. Rapid detection of waste cooking oil using low-field nuclear magnetic resonance [J]. Food Control, 2023, 145: 109448.

[15] NG T T, SO P K, ZHENG B, et al. Rapid screening of mixed edible oils and gutter oils by matrix-assisted laser desorption/ionization mass spectrometry [J]. Anal Chim Acta, 2015, 884: 70-76.

[16] GREEN H S, WANG S C. First report on quality and purity evaluations of avocado oil sold in the US [J]. Food Control, 2020, 116: 107328.

[17] CHAIYARAT A, SAEJUNG C. Photosynthetic bacteria with iron oxide nanoparticles as catalyst for cooking oil removal and valuable products recovery with heavy metal co-contamination [J]. Waste Manage, 2022, 140: 81-89.

[18] DENG P, LIN X, YU Z, et al. Machine learning-enabled high-throughput industry screening of edible oils [J]. Food Chem, 2024, 447: 139017.

[19] ZHAO H, ZHAN Y, XU Z, et al. The application of machine-learning and Raman spectroscopy for the rapid detection of edible oils type and adulteration [J]. Food Chem, 2022, 373: 131471.

[20] SHIV K, SINGH A, KUMAR S, et al. Evaluation of different regression models for detection of adulteration of mustard and canola oil with argemone oil using fluorescence spectroscopy coupled with chemometrics [J]. Food Addit Contam A, 2024, 41(2): 105-119.

[21] LIM K, PAN K, YU Z, et al. Pattern recognition based on machine learning identifies oil adulteration and edible oil mixtures [J]. Nat Commun, 2020, 11(1): 5353.

[22] BELL S E J, SIRIMUTHU N M S. Quantitative surface-enhanced Raman spectroscopy [J]. Chem Soc Rev, 2008, 37(5): 1012-1024.

[23] TIAN L, SU M, YU F, et al. Liquid-state quantitative SERS analyzer on self-ordered metal liquid-like plasmonic arrays [J]. Nat Commun, 2018, 9(1): 3642.

[24] LI Y, DRIVER M, DECKER E, et al. Lipid and lipid oxidation analysis using surface enhanced Raman spectroscopy (SERS) coupled with silver dendrites [J]. Food Res Int, 2014, 58: 1-6.

[25] DU S, SU M, JIANG Y, et al. Direct Discrimination of edible oil type, oxidation, and adulteration by liquid interfacial surface-enhanced Raman spectroscopy [J]. ACS Sens, 2019, 4(7): 1798-1805.

[26] MAHESAR S A, SHERAZI S T H, KHASKHELI A R, et al. Analytical approaches for the assessment of free fatty acids in oils and fats [J]. Anal Methods-UK, 2014, 6(14): 4956-4963.

[27] GUZMAN J M C C, TAYO L L, LIU C C, et al. Rapid microfluidic paper-based platform for low concentration formaldehyde detection [J]. Sens Actuators B Chem, 2018, 255: 3623-3629.

[28] SAEDAN A, YUKIRD J, RODTHONGKUM N, et al. Graphene oxide modified cellulose paper-based device: A novel platform for cooking oil quality evaluation [J]. Food Control, 2023, 148: 109675.

[29] ALBERDI-CEDEÑO J, IBARGOITIA M L, CRISTILLO G, et al. A new methodology capable of characterizing most volatile and less volatile minor edible oils components in a single chromatographic run without solvents or reagents. Detection of new components [J]. Food Chem, 2017, 221: 1135-1144.

[30] HAKONEN A, BEVES J E. Hue parameter fluorescence identification of edible oils with a

smartphone [J]. ACS Sens, 2018, 3(10): 2061-2065.

[31] MACMAHON S, BEGLEY T H, DIACHENKO G W. Occurrence of 3-MCPD and glycidyl esters in edible oils in the United States [J]. Food Addit Contam Part A, 2013, 30(12): 2081-2092.

[32] ABDUL N A H, ABDUL H, AZMIL H A T, et al. Method for the determination of total chloride content in edible oils [J]. J Oil Palm Res, 2022, 34(4): 710-720.

[33] NG M H, AMRI I N, CHE RAHMAT C M, et al. Potential of nuclear magnetic resonance for the determination of organochlorine in edible oils [J]. J Food Compost Anal, 2023, 122: 105492.

[34] SU M, JIANG Q, GUO J, et al. Quality alert from direct discrimination of polycyclic aromatic hydrocarbons in edible oil by liquid-interfacial surface-enhanced Raman spectroscopy [J]. LWT, 2021, 143: 111143.

第3章

食用油氧化的拉曼光谱分析

油脂中含有多种脂肪酸和丰富的 C—C、C=C 和 C—H 等官能团，在拉曼光谱中产生较强的谱带，峰的强弱变化以及频移则反映了食用油的成分与品质，拉曼光谱在食用油品质检测方面已有广泛应用。油脂的拉曼光谱主要包含由 CH 链振动引起的谱峰，其中一些是来自极性基团的谱峰，图 3.1 显示了八种坚果油脂的拉曼光谱，各特征峰可以显示出其组分的分子基团结构信息，譬如：970 cm^{-1} [反式双键 δ (=C—H) 弯曲振动]、1080 cm^{-1} [—(CH$_2$)$_n$伸缩振动]、1264 cm^{-1} [顺式双键 δ(=C—H)弯曲振动]、1300 cm^{-1}（同相亚甲基弯曲振动）、1438 cm^{-1} [甲基 δ(CH$_2$)剪切弯曲振动]、1656 cm^{-1} [顺式双键 υ(C=C)伸缩振动]和 1746 cm^{-1} [酯 υ(C=O)伸缩振动]、2850 cm^{-1} [C—H 伸缩振动 υ(CH$_2$)]、2894 cm^{-1} [C—H 伸缩振动 υ(CH$_3$)]、3004 cm^{-1}（对称=C—H 伸缩振动）等。这些特征峰都可表征油脂分子特有的化学键及振动信息。

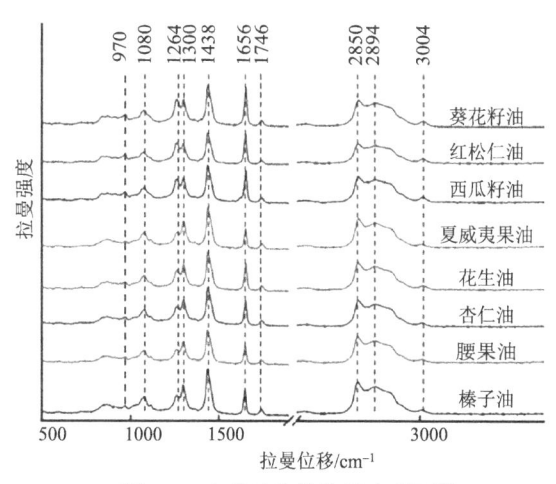

图 3.1 八种油脂的拉曼光谱图[1]

图中不同油脂的峰位置大致相同，主要差异在于峰强度，包括 1264 cm^{-1}、

1656 cm^{-1}、3004 cm^{-1}位移处（对应于顺式双键的振动）和970 cm^{-1}位移处（对应于反式双键的振动），这些细微变化反映了油脂的总不饱和度差异，主要是由于油脂的脂肪酸组成和比例不同。也就是说，八种油脂的脂肪酸组成基本相同，因此出峰位置相同，但油脂中油酸和亚油酸含量百分比不同，有显著性差异，说明C=C数量之间也存在差异，从而导致拉曼谱峰的峰宽和某些特征峰的强度都有一定的差异。

拉曼光谱在监测油脂氧化方面有着巨大的潜力，不仅可作为不同等级橄榄油检测的工具，还可监测其在加热氧化过程中氧化分解情况[2]。科研人员采用普通拉曼光谱和SERS研究了亚麻籽油、鱼油和山茶油的氧化过程，发现两者所反映的脂肪酸结构信息的变化情况一致，均可作为检测油脂氧化过程中脂肪微观结构变化的检测工具[3]。拉曼光谱还被用于观察灵芝孢子油储存过程中氧化酸败程度与不饱和双键特征峰变化情况的关系，实现了灵芝孢子油氧化酸败的快速检测。有研究报道，棕榈仁油、藻油和橄榄油的脂肪酸存在方式以及构成不同，导致三种油脂在氧化变质过程中拉曼光谱特征峰强度产生差异。沈金虎等[4]以亚油酸为材料，对比了拉曼光谱法、硫代巴比妥酸法和共轭二烯法三种油脂氧化检测方法，发现分子结构的变化可以通过拉曼光谱技术进行分析，弥补了其他两种检测方法的不足，可以有效地检测UFA氧化过程[4]。

3.1 油脂氧化的拉曼光谱分析

采用拉曼光谱研究油脂氧化问题时，谱峰的选取主要集中在800~1800 cm^{-1}和2800~3100 cm^{-1}，尤其是800~1800 cm^{-1}区域特征变化较为明显[2, 5]。本节也主要聚焦于800~1800 cm^{-1}范围内谱峰的变化。每个特征峰代表油脂中不同振动方式的分子基团，其峰强会随着分子基团浓度的增加或降低产生相应的变化。氧化过程中脂质结构最明显的变化是受氧物种攻击及自由基反应后失去不饱和结构。

八种坚果油脂的拉曼光谱在800~1800 cm^{-1}范围内峰强度的变化如图3.2所示。在模拟的加速氧化过程中，随着储存天数的增加，谱强度都呈现降低趋势，尤其是1656 cm^{-1}（C=C）强度有明显的下降，可能起源于分子双键断裂、油脂不饱和度降低；1264 cm^{-1}峰强度降低可能源于顺式双键的损失。另外，970 cm^{-1}处峰的强度变弱，该峰代表着反式双键[6]，但反式双键是在氧化过程中形成的，其趋势应该增加。因此，我们得出结论，970 cm^{-1}处峰的强度可能对应于顺式双键的异相面外弯曲振动。1746 cm^{-1}（C=O）峰强度在氧化过程中几乎没有发生变化；类似地，1438 cm^{-1}峰强度仍高于其他特征峰，且相比于其他峰强的变化相对稳定。显而易见，油脂中某些分子基团发生变化，引起相对应的特征峰强发生相应改变，而某些特征峰保持稳定。为了能够更加准确发现氧化过程中峰强的变化，本章将主要利用特征峰的相对强度来进行分析描述。

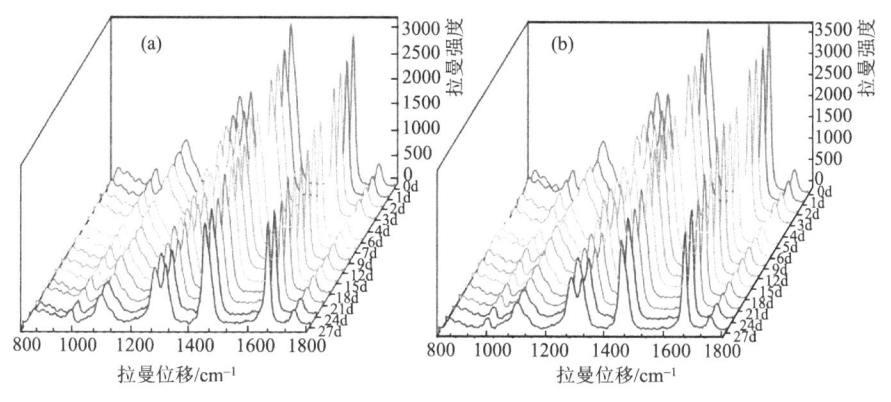

图 3.2 油脂在氧化过程中的拉曼光谱图[1]

过氧化值（POV）是鉴定油脂氧化程度最重要的指标之一，主要测定的是油脂氧化初期产生的氢过氧化物浓度，结果如图 3.3 所示。八种坚果油脂随着储存时间的延长，其 POV 总体呈上升趋势。而在 15 d 和 21 d 时葵花籽油、红松仁油和西瓜籽油的 POV 有所下降，随着天数的继续增加，又再出现上升的趋势。有学者研究了采用不同方式添加二十二碳六烯酸（一种 PUFA）的粉末油脂在 60℃储存对氧化稳定性的影响，发现 POV 出现"先升高—后降低—再升高"的变化趋势[7]，与图 3.3 所示结果一致，说明氢过氧化物是中间产物不稳定，容易进一步分解成醛、酮、酸等小分子化合物的二级氧化产物，导致 POV 减小；而后期又上升说明氢过氧化物的生成速率大于分解速率。由此可以看出，POV 的大小变化是由氢过氧化物的生成速率和分解速率共同决定的。

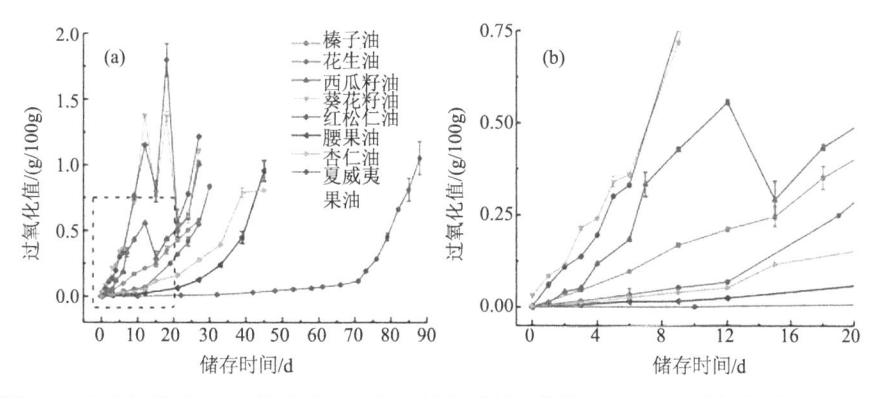

图 3.3 八种坚果油 POV 值在（63±1）℃储存时的变化情况（b 为 a 虚框部分放大图）[1]

茴香胺值（p-AV）主要测定 α- 及 β-不饱和醛与茴香胺之间的反应，醛类物质是油脂氧化次级产物，其含量占油脂氧化挥发物的一半左右。图 3.4 展示了不同油样储藏过程中 p-AV 的变化。葵花籽油和红松仁油的 p-AV 值在 0～18 d 持续上升，在 21 d 时出现降低又升高的趋势，与 Kaur 等[8]研究短期油炸期间精制不同种食用油氧化稳定性中 p-AV 指标变化的结果一致。这是由于 p-AV 值的变化与油脂的储存时间密切相关，当油脂氧化达到一定程度，随着天数的增加大量的氧化产物挥发降解，从而造成 p-AV 值下降。其余六种油脂的 p-AV 值在整个烘箱加速氧化过程中持续地上升，说明油脂的氧化程度随着时间的延长不断加剧，产生较多的醛酮类物质，导致 p-AV 一直增加。

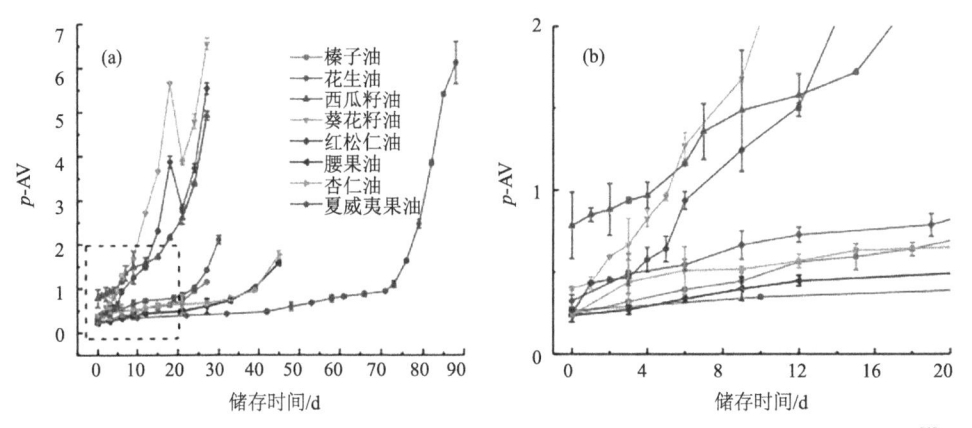

图 3.4　八种坚果油 p-AV 值在（63±1）℃储存时的变化情况（b 为 a 虚框部分放大图）[1]

羰基价（COV）也用来评价油脂氧化程度。在氧化过程中脂肪会分解生成羰基化合物，葵花籽油、红松仁油和西瓜籽油的 COV 变化情况与 POV 变化规律一致（图 3.5），在 15 d 和 21 d 都有所下降，随着氧化时间的延长又出现上升的趋势。

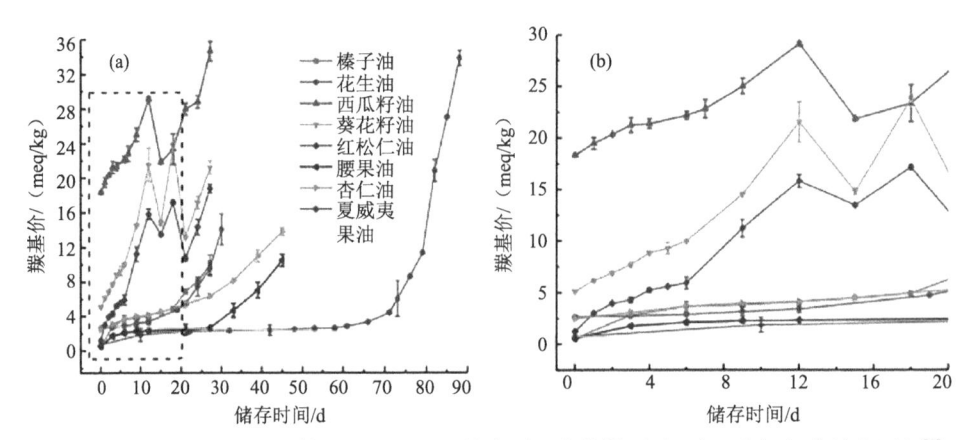

图 3.5　八种坚果油 COV 值在（63±1）℃储存时的变化情况（b 为 a 虚框部分放大图）[1]

这是因为羰基化合物也属于中间产物，将进一步分解。而在不同温度下储存蓝圆鲹鱼片测得 COV 也出现先上升后下降趋势，与本节的 COV 值变化的结果一致。其余油脂的 COV 都随着时间的延长不断上升。

共轭二烯值（CD）反映了 PUFA 双键发生重排形成氢过氧化物（ROOH）的过程，可以表征油脂中氢过氧化物以及共轭二烯的含量，用于评价初期氧化产物。图 3.6 中，葵花籽油、红松仁油和西瓜籽油的 CD 值在 15 d 和 21 d 出现了先下降后上升的趋势，与学者研究的 5 种食用油（椰子油、大豆油、玉米油、葵花籽油和菜籽油）在加热氧化过程中 CD 变化的结果一致，主要原因是在氧化的早期阶段，UFA 之间形成共轭，反应以过氧化物的形成为主，到中后期则以过氧化物的分解为主，当油脂氧化到一定程度时过氧化物形成醛和酮，氢过氧化物的分解速度大于生成的速度，导致后期 CD 值下降。其余 6 种油脂的变化趋势与 POV、p-AV、COV 相似。因此四种氧化指标测定结果有一定的一致性。

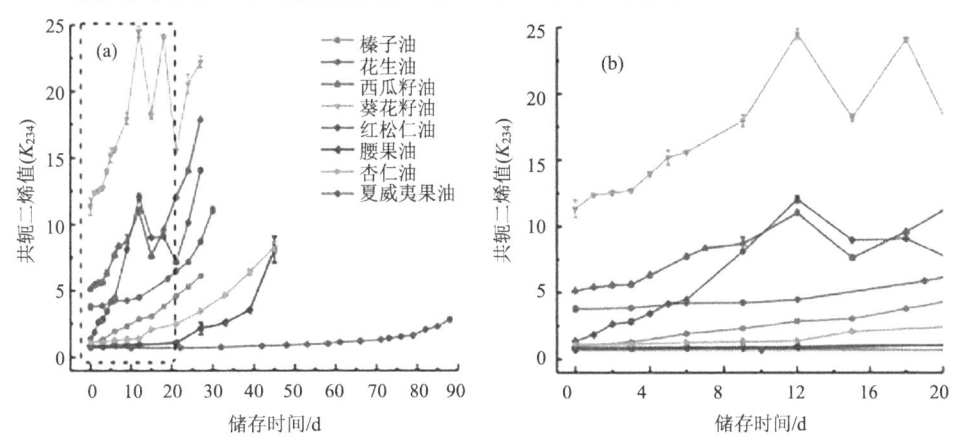

图 3.6　八种坚果油 CD 值在（63±1）℃储存时的变化情况（b 为 a 虚框部分放大图）[1]

POV、p-AV、COV 和 CD 值是油脂氧化的重要指标，通常这些指标只能提供单一的氧化参数，而无法从中得到样品的实际化学成分的信息，不能全面反映油脂氧化变化[9]。研究人员采用拉曼光谱和 POV、p-AV、COV 和 CD 等理化指标同时跟踪坚果油脂在储存期间的氧化过程，可以剖析分子结构的变化以及脂质氧化过程；基于拉曼特征峰相对强度变化，建立了拉曼特征峰与理化指标的相关性。

3.2　不饱和脂肪酸的拉曼光谱分析

在光谱分析中，不同特征能带的相对强度比其绝对强度更有参考价值，相对强度变化可以提供更可靠、更详细的样品内在信息[10, 11]。本节主要介绍拉曼光谱研究食用油特征振动带的相对强度比与 UFA、PUFA 和 MUFA 含量的关系。这些相对强度比值可用于普通食用油中 PUFA 或 MUFA 与总 UFA 的区分鉴别。

图 3.7 显示了七种食用油样品的拉曼散射光谱。对于每个样本，光谱是从五个随机点的平均值中获得的。所有这些样品在 1080 cm^{-1}、1265 cm^{-1}、1300 cm^{-1}、1440 cm^{-1}、1655 cm^{-1} 和 1750 cm^{-1} 处都显示出特征振动带。1080 cm^{-1} 处的条带可分配给（CH$_2$）$_n$ 组的 C—C 拉伸；1265 cm^{-1} 处的能带可归属于顺式 R—HC=CH—R 的 =C—H 变形；1300 cm^{-1} 处的条带可归属于 2CH 组的 C—H 弯曲捻度；1440 cm^{-1} 处的条带可归入 CH；1655 cm^{-1} 处的波段可分配给顺式 RHC=CHR 的 C=C；1750 cm^{-1} 处的条带可分配给 RC=OOR 的 C=O 拉伸。这些峰值是几乎所有食用油的共同特征振动带。图 3.8 显示了 7 个食用油样品中 1655 cm^{-1} 至 1440 cm^{-1}、1265 cm^{-1} 至 1300 cm^{-1} 和 1440 cm^{-1} 至 1300 cm^{-1} 的相对强度比与总 UFA 含量的函数关系。这些相对强度比是根据图 3.7 所示的平均光谱计算得出的。随着食用油中 UFA 含量的增加，1265 cm^{-1} 和 1655 cm^{-1} 处的条带强度增加将比 1300 cm^{-1} 和 1440 cm^{-1} 处的条带更明显。因此，当 UFA 含量增加时，1655 cm^{-1} 至 1440 cm^{-1} 和 1265 cm^{-1} 至 1300 cm^{-1} 的相对强度比也会增加，而 1440 cm^{-1} 至 1300 cm^{-1} 的相对强度比不会改变。从图 3.8 可以看出，1440 cm^{-1} 与 1300 cm^{-1} 的相对强度比确实不依赖于 UFA 含量。然而，1655 cm^{-1} 至 1440 cm^{-1} 和 1265 cm^{-1} 至 1300 cm^{-1} 的强度比与 UFA 含量的相关性与预期相矛盾。即使 UFA 含量相同，一个样品中 1655 cm^{-1} 至 1440 cm^{-1} 和 1265 cm^{-1} 至 1300 cm^{-1} 的强度比也可能是另一个样品的两倍左右。这表明 1655 cm^{-1} 至 1440 cm^{-1} 和 1265 cm^{-1} 至 1300 cm^{-1} 的相对强度比与 UFA 含量不成正比。

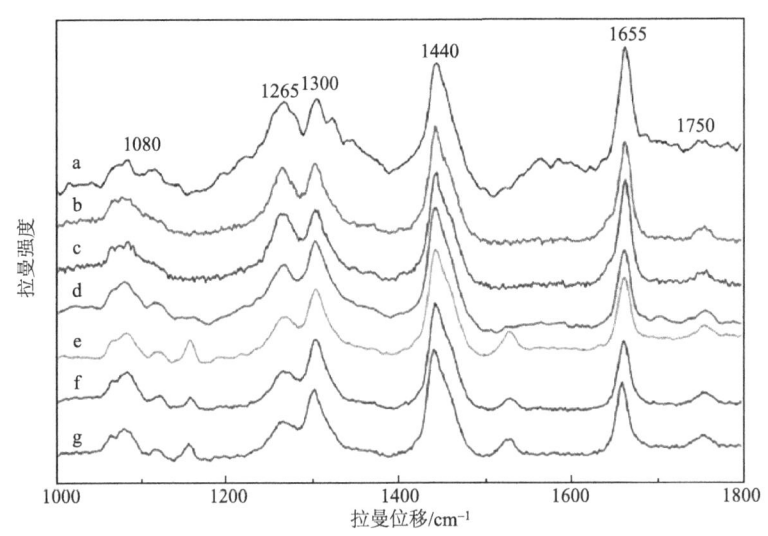

图 3.7　七种食用油样品在 532 nm 激发下的拉曼光谱[12]

（a）金龙鱼葵花籽油；（b）福临门玉米油；（c）金龙鱼玉米油；（d）鲁花花生油；（e）亨洛德特榨橄榄油；（f）欧丽薇兰特特榨橄榄油；（g）鲁花特特榨橄榄油

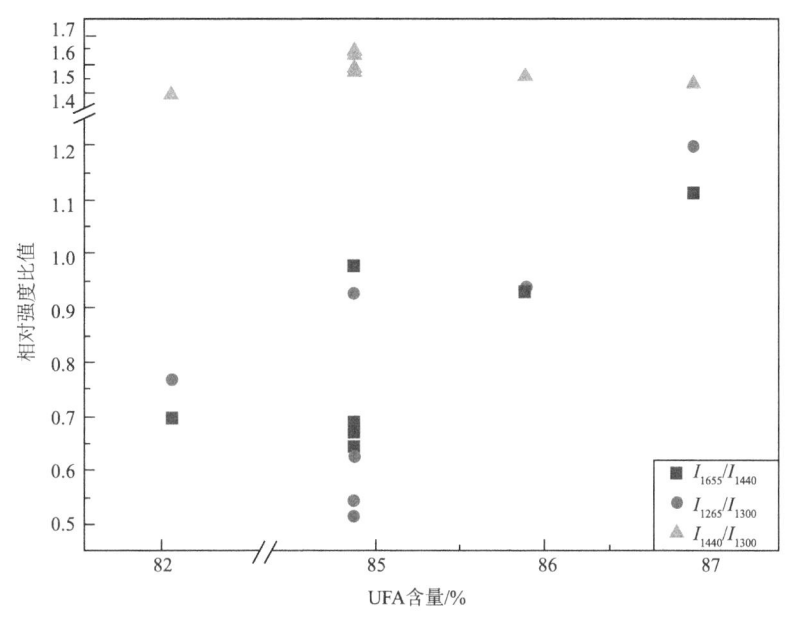

图 3.8 相对强度比值与 UFA 含量的关系[12]

由于七种样品中 1665 cm^{-1} 与 1440 cm^{-1} 的相对强度比值（I_{1665}/I_{1440}）、1265 cm^{-1} 与 1300 cm^{-1} 的相对强度比值（I_{1265}/I_{1300}）与 UFA 含量之间的关系不明显，从相对强度和总的脂肪酸含量无法得出有效的结论。可以得出不同样品中的 PUFA 含量有区别，从样品 A 到样品 G 其含量有下降的趋势，而 MUFA 含量有上升的趋势，二者呈现出互补的关系。因此，样品中的 PUFA 含量与 1440 cm^{-1} 与 1300 cm^{-1} 的相对强度比值（I_{1440}/I_{1300}）、1665 cm^{-1} 与 1440 cm^{-1} 的相对强度比值（I_{1665}/I_{1440}）、1265 cm^{-1} 与 1300 cm^{-1} 的相对强度比值（I_{1265}/I_{1300}）这三者之间可能存在联系。

进而研究三者的比值与样品中 PUFA 含量和 MUFA 含量的关系，其结果分别如图 3.9 和图 3.10 所示。随着样品中 PUFA 含量的增加，I_{1440}/I_{1300} 变化不大，均在平稳虚线附近摆动。UFA 的主要特征是其分子中含有 C=C，1440 cm^{-1} 与 1300 cm^{-1} 这两处峰是由 HCC 弯曲振动和 HCH 弯曲振动造成，与 C=C 伸缩振动无关，其相对强度比值的连线为一条直线，故从这两处峰的相对强度比值难以区分 PUFA 含量不同的食用油。I_{1665}/I_{1440}、I_{1265}/I_{1300} 随 PUFA 含量的增加均在增加，其比值基本都落在上升的曲线附近。1665 cm^{-1} 与 1440 cm^{-1}、1265 cm^{-1} 与 1300 cm^{-1} 这四处的振动模式均与双键伸缩振动相关。可以通过比较这两组相对比值来初步区分 PUFA。

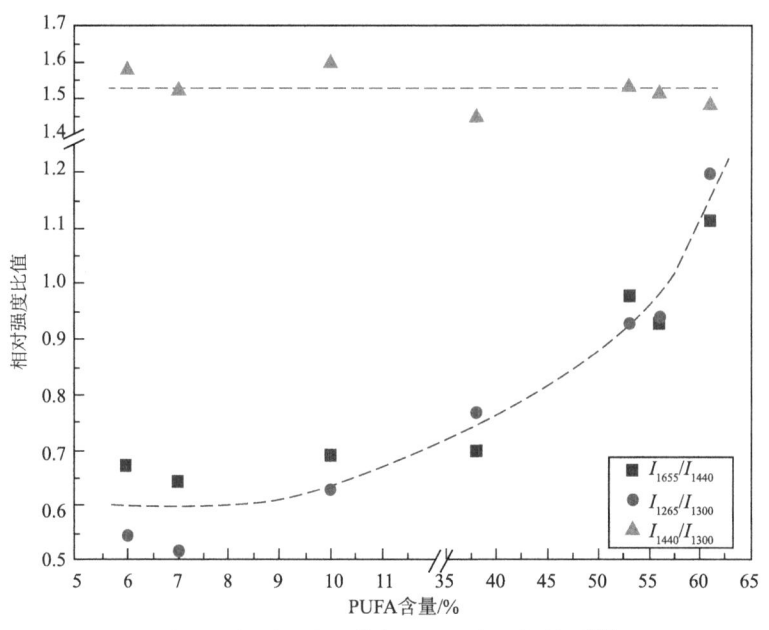

图 3.9　相对强度比值与 PUFA 含量的关系[12]

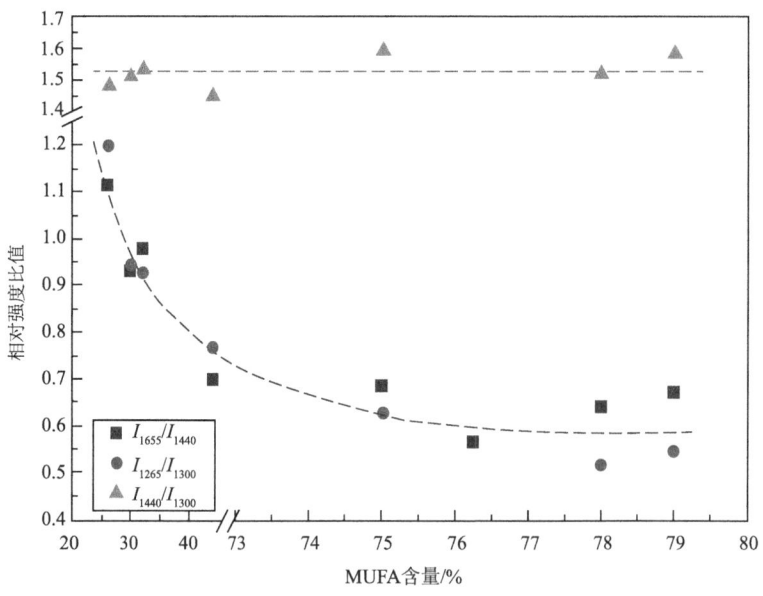

图 3.10　相对强度比值与 MUFA 含量的关系[12]

由于 1665 cm^{-1} 与 1440 cm^{-1}、1265 cm^{-1} 与 1300 cm^{-1} 的相对强度比值与 PUFA 含量有一定的关系，简单地通过这两个相对强度比值来初步区分不同 UFA，对区分不同脂肪酸含量的食用油有一定的参考意义。但是 1665cm^{-1} 涉及的振动模式相较于 1265 cm^{-1} 与 UFA 中 C=C 联系更紧密，所以采用 I_{1665}/I_{1440} 能更加好地初步分区不同的脂肪酸，对分析不同 UFA 含量的食用油能起到更好的参考作用。

本节研究了七种不同食用油的拉曼光谱和其脂肪酸含量的关系。发现七种样品中 I_{1665}/I_{1440}、I_{1265}/I_{1300} 与 UFA 含量之间的关系不明显，而 I_{1665}/I_{1440}、I_{1265}/I_{1300} 与 PUFA 含量有一定的关系。但是 1665 cm^{-1} 涉及的振动模式相较于 1265 cm^{-1} 与 UFA 中 C=C 联系更紧密，所以采用 I_{1665}/I_{1440} 能更好地初步区分不同的 UFA，对区分脂肪酸含量不同的食用油有一定的参考意义。

3.3 游离脂肪酸的拉曼光谱分析

根据国际食用油理事会的说法，游离脂肪酸（FFA）含量高于 3.3%的劣质食用油被认为不适合人类食用[13]。因此，食用油中 FFA 含量的快速分析值得研究关注。油中 FFA 含量的分析应用了多种方法，如滴定法[13]；色谱、比色技术；电阻抗谱[14]；傅里叶变换红外吸收[15, 16]；1064 nm 处红外激发的傅里叶变换拉曼散射[17]；可见光激发拉曼散射[18]等。拉曼法具有测量时间短、无损分析、灵敏度高、无须样品制备、不消耗化学品等优点。此外，可见的激发源有助于共振激发油中许多重要成分的振动带[19]。

Qiu 等[20]将相对拉曼强度分析（研究特征振动模式的相对强度比）用于研究食用油中的 FFA。相对强度比是比绝对拉曼强度更可靠的参数，因此使拉曼方法的实际应用成为可能。相对强度分析表明，在 945~1600 cm^{-1} 的光谱窗口中，1525 cm^{-1} 和 1155 cm^{-1} 的两种特征振动模式与食用油中的 FFA 含量相关。此外，根据 1525 cm^{-1} 和 1655 cm^{-1} 处振动模式的相对强度比可以很好地快速分析橄榄油中的 FFA 含量，强度比随 FFA 含量呈线性降低。工作在 785 nm 的便携式拉曼系统已被应用于预测食用油中脂肪酸组成和鉴定废弃食用油[21, 22]。相对强度分析不依赖于实验条件，因此将其应用于使用可见激光操作的便携式拉曼系统将非常有助于快速现场评估橄榄油的质量。

El-Abassy 等[23]通过拉曼测定食用油中 FFA 的含量。不同橄榄油和油酸的拉曼光谱分别显示在图 3.11 中。在油样的拉曼光谱中检测到油酸的许多主要峰，并归因于油中的主要成分，即脂肪酸。例如，1265 cm^{-1} 处的峰可以归入顺式 R—HC=CH—R 的 δ（=C—H），而 1300 cm^{-1} 处的峰是—CH$_2$ 组的 C—H 弯曲扭曲的特征，而 1440 cm^{-1}、1650 cm^{-1} 和 1750 cm^{-1} 处的峰对应于—CH$_2$ 的 δ（C—H）剪断、ν(C=C)的顺式 RHC=CHR 和 RC=OOR 的 ν(C=O)。此外，2850 cm^{-1}、2897 cm^{-1} 和 3005 cm^{-1} 处的峰分别归因于对称 CH$_2$ 拉伸 $ν_s$(CH$_2$)、对称 CH$_3$ 拉伸 $ν_s$(CH$_3$) 和顺式 RHC=CHR 拉伸 ν(=C—H)。大约 1008 cm^{-1}（C—CH$_3$ 弯曲）、

1150 cm^{-1}（C—C 拉伸）和 1525 cm^{-1}（C═C 拉伸）这三个带归因于类胡萝卜素[24]，这是不同品牌橄榄油的主要特征变化的原因。食用油中的类胡萝卜素作为天然抗氧化剂起着重要作用。虽然在以前使用近红外激发的研究中没有观察到这些条带，但在我们的工作中，它们在绿色激发下变得明显可检测到，并有助于区分不同条件生产的橄榄油。

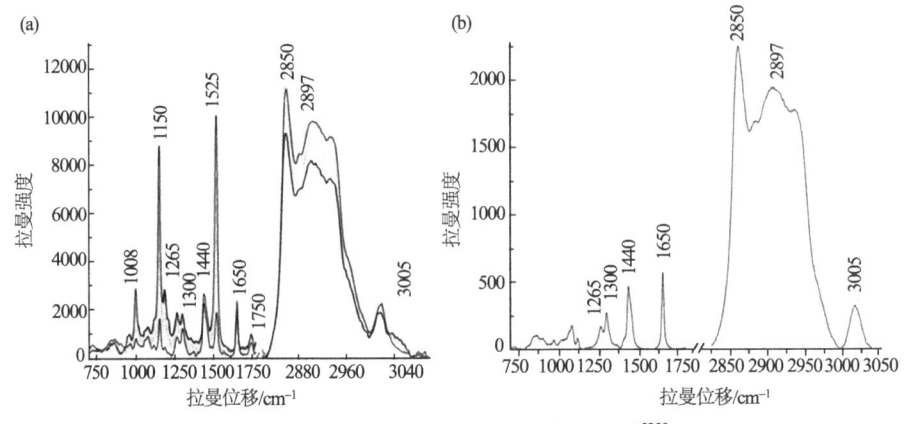

图 3.11　不同橄榄油和油酸的拉曼光谱[23]

通过滴定分析测量，橄榄油的 FFA 含量（以油酸百分比计）范围为 0.14%～0.40%。使用纯油酸将 FFA 范围的上限扩大到 0.80%。突尼斯橄榄油的 FFA 含量最高，这可能是由于传统的处理方式，其中橄榄长时间储存在筒仓中，导致橄榄细胞结构的酶分解增加，特别是果实在收获过程中被瘀伤。

使用 PLS 回归为 19 种不同的橄榄油构建了 FFA 的校准模型。通过滴定获得的实际 FFA 与预测值的校准曲线在 FFA 的 0.14%～0.80%范围内生成。首先，使用全拉曼光谱窗口（700～3050 cm^{-1}）实现 FFA 水平的定量。相关光谱区域必须包含解释 FFA 浓度变化的特征信息，因为包含不相关的光谱信息会产生过拟合模型。使用 PLS 加权系数确定相关光谱区域，该系数显示了模型中光谱变量的相对重要性。在这里，正系数显示与 FFA 含量的正相关，负系数显示负相关，而系数较小的谱变量可以忽略不计。值得注意的是，在多维数据集的情况下，原始数据首先在仅描述数据中总变化的几个主成分（PC）的缩小空间内表示。在这种情况下，回归系数显示了绘制的 PC 中原始变量的相对重要性。

图 3.12 显示了为第一个 PC 绘制的加权回归系数，该系数占样本中总变异的 90%。通过解释该图，发现光谱指纹区域（945～1600 cm^{-1}）还包括类胡萝卜素条带，在预测橄榄油中的 FFA 百分比方面具有统计学意义，因为该区域产生的回归系数最大。1650 cm^{-1} 处的波段和范围 2800～3010 cm^{-1} 似乎也非常重要，但是发现它们在该模型中不太重要，这是因为它们被包含在模型中导致模型过度拟合，

具有较低的 R^2 和较高的均方根误差(RMSE)。基于加权回归分析构建了一个新模型,仅使用 1650 cm^{-1} 处的波段和范围 2800~3010 cm^{-1},这产生了一个较差的模型,其 R^2 较低,RMSE 较高。类胡萝卜素带强度的变化是显而易见的。FFA 含量最低的橄榄油显示出最高的类胡萝卜素带强度(上部黑色曲线),而 FFA 含量最高的橄榄油与类胡萝卜素带的最低强度(下部黑色曲线)相关。这种特殊情况可能是由于 FFA 引起的类胡萝卜素降解。这表明类胡萝卜素和油中的 FFA 之间存在一定关系。因此,为了提高 PLS 模型的性能,使用选定的显著光谱区域重建了模型。

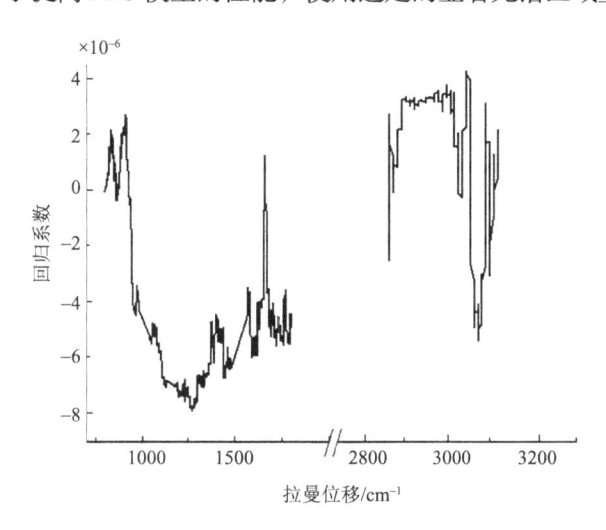

图 3.12 拉曼位移的回归系数[23]

图 3.13 显示了优化模型基于拉曼光谱预测与参考值预测的 FFA 含量。回归曲线的斜率接近 1,表明使用拉曼光谱预测的 FFA 值与使用滴定法的实际值之间存在完美的线性关系。该模型在校准和验证中显示出较高的 R^2 和较低的 RMSE,这证实了所选光谱范围是 FFA 定量的唯一有效区域。基于构建的 PLS 模型确定 FFA 含量的方程可以表示为

$$\text{FFA}_P = 0.96\text{FFA}_t + 0.0031$$

其中,FFA$_P$ 是使用 PLS 预测的游离脂肪酸浓度;FFA$_t$ 是使用标准滴定法测量的游离脂肪酸浓度。

研究人员在这项工作中,使用快速且无干扰的拉曼光谱方法成功地实现了对橄榄油中 FFA 含量的直接预测。使用拉曼数据的指纹区域(945~1600 cm^{-1})实现了最佳优化,从而产生了一个高精度的模型。在这个工作中,所有测量样品中 FFA 的最低值为 0.14%。虽然这个值已经和其他光谱技术的最佳值相媲美,但这项工作更低于检测限。这些结果证明了拉曼光谱在可见光激发下测定食用油中

FFA含量的潜力。发现类胡萝卜素等次要物种对FFA含量的预测具有统计学意义，主要是由于其光谱的共振增强，可以很容易地检测到。该技术可以推广到在线生产和分销过程中食用油的直接和快速的质量控制技术实施。

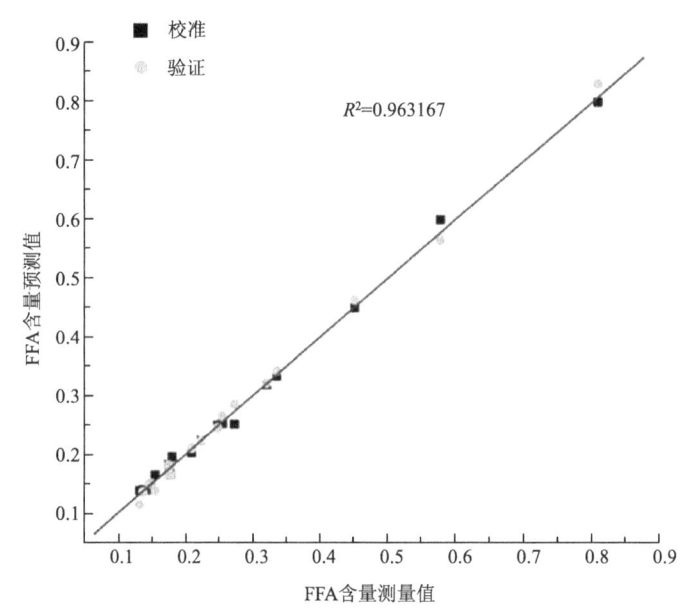

图 3.13　使用拉曼光谱预测的FFA含量与使用标准滴定法的测量值的校准曲线[23]

3.4　展　　望

本章概括描述了利用拉曼光谱技术系统地分析油脂的氧化特征及其与常规氧化指标的相关性，为食用油品质监测提供了新的视角和方法。

尽管本研究已初步揭示拉曼光谱技术在油脂氧化分析中的潜力，但仍存在许多值得深入探索的方向。未来研究可以结合其他光谱技术与分析方法从分子角度解析食用油品质，例如利用拉曼光谱来分析食用油中的脂肪酸与甘油酯分子异构体，以实现油脂组成成分的综合分析。

参　考　文　献

[1] 周妍宇. 拉曼和红外光谱评估坚果油脂氧化的研究 [D]. 无锡: 江南大学, 2020.
[2] CARMONA M Á, LAFONT F, JIMÉNEZ-SANCHIDRIÁN C, et al. Raman spectroscopy study of edible oils and determination of the oxidative stability at frying temperatures [J]. Eur J of Lipid Sci Tech, 2014, 116(11): 1451-1456.

[3] 林新月, 朱松, 李玥. 拉曼光谱测定食品油脂的氧化 [J]. 食品与生物技术学报, 2017, 36(6): 610-616.

[4] 沈金虎, 王亚利, 王俊玲, 等. 拉曼光谱技术在脂质过氧化反应中的应用 [J]. 光谱实验室, 2010, 27(5): 1951-1955.

[5] MUIK B, LENDL B, MOLINA-DIAZ A, et al. Two-dimensional correlation spectroscopy and multivariate curve resolution for the study of lipid oxidation in edible oils monitored by FTIR and FT-Raman spectroscopy [J]. Anal Chim Acta, 2007, 593(1): 54-67.

[6] MUIK B, LENDL B, MOLINA-DIAZ A, et al. Direct monitoring of lipid oxidation in edible oils by Fourier transform Raman spectroscopy [J]. Chem Phys Lipids, 2005, 134(2): 173-182.

[7] 任国谱 黄兴旺, 岳红, 等. 婴幼儿配方奶粉中二十二碳六烯酸(DHA)的氧化稳定性研究 [J]. 中国乳品工业, 2011, 39(1): 4-7.

[8] KAUR A, SINGH B, KAUR A, et al. Changes in chemical properties and oxidative stability of refined vegetable oils during short-term deep-frying cycles [J]. J Food Process Pres, 2020, 44(6): 1-13.

[9] GUZMÁN E, BAETEN V, FERNÁNDEZ PIERNA J A, et al. Application of low-resolution Raman spectroscopy for the analysis of oxidized olive oil [J]. Food Control, 2011, 22(12): 2036-2040.

[10] ZAREI A, KLUMBACH S, KEPPLER H. The relative Raman scattering cross sections of H_2O and D_2O, with implications for *in situ* studies of isotope fractionation [J]. ACS Earth Space Chem, 2018, 2(9): 925-934.

[11] CHEN X B, KONG M H, CHOI J Y, et al. Raman spectroscopy studies of spin-wave in V_2O_3 thin films [J]. J Phys D: Appl Phys, 2016, 49(46): 465304.

[12] 彭恒. 拉曼光谱和DFT研究食用油中不饱和脂肪酸[D].武汉: 武汉工程大学, 2019.

[13] SUN-WATERHOUSE D, ZHOU J, MISKELLY G M, et al. Stability of encapsulated olive oil in the presence of caffeic acid [J]. Food Chem, 2011, 126(3): 1049-1056.

[14] GROSSI M, DI LECCE G, GALLINA TOSCHI T, et al. A novel electrochemical method for olive oil acidity determination [J]. Microelectron J, 2014, 45(12): 1701-1707.

[15] NG C L, WEHLING R L, CUPPETT S L. Method for determinning frying oil degradarion by near-infrared spectroscopy [J]. J Agric Food Chem, 2006, 55(3): 593-597.

[16] AL-ALAWI A, VAN DE VOORT F R, SEDMAN J. New FTIR method for the determination of FFA in oils [J]. J Americ Oil Chem Soc, 2004, 81(5): 441-446.

[17] MUIK B, LENDL B, MOLINA D, et al. Direct, reagent-free determination of free fatty acid content in olive oil and olives by Fourier transform Raman spectrometry [J]. Anal Chim Acta, 2003, 487(2): 211-220.

[18] EL-ABASSY R M, DONFACK P, MATERNY A. Visible Raman spectroscopy for the discrimination of olive oils from different vegetable oils and the detection of adulteration [J]. J Raman Spectrosc, 2009, 40(9): 1284-1289.

[19] CANNIZZARO C, RHIEL M, MARISON I, et al. On-line monitoring of Phaffia rhodozyma fed-batch process with *in situ* dispersive Raman spectroscopy [J]. Biotechnol Bioeng, 2003, 83(6): 668-680.

[20] QIU J, HOU H Y, YANG I S, et al. Raman spectroscopy analysis of free fatty acid in olive oil [J]. APPL Sci, 2019, 9(21): 4510.

[21] HUANG F, LI Y, GUO H, et al. Identification of waste cooking oil and vegetable oil via Raman spectroscopy [J]. J Raman Spectrosc, 2016, 47(7): 860-864.

[22] DONG W, ZHANG Y, ZHANG B, et al. Rapid prediction of fatty acid composition of vegetable oil by Raman spectroscopy coupled with least squares support vector machines [J]. J Raman Spectrosc, 2013, 44(12): 1739-1745.

[23] EL-ABASSY R M, DONFACK P, MATERNY A. Rapid determination of free fatty acid in extra virgin olive oil by Raman spectroscopy and multivariate analysis [J]. J Americ Oil Chem Soc, 2009, 86(6): 507-511.

第4章

脂质分子异构体分析

4.1 脂质分子概述

脂质是一类普遍存在于动植物资源中的疏水性或双亲性的有机化合物，在生物系统中发挥至关重要的作用，是基本的食物营养素之一，充当能量存储分子、细胞膜结构成分和信号分子等。脂质从结构复杂程度上分为"简单脂质"和"复杂脂质"，简单脂质包括脂肪酸、甘油酯以及甾醇等；复杂脂质包括糖脂、磷脂等。根据化学骨架的不同，可分为聚酮类、固醇脂、鞘脂、异戊烯醇脂和糖脂等。相较于单一指标，综合化学结构和产生途径两方面对脂质分子进行归类更为精确，可以将脂质大致分为八类，即脂肪酸（如油酸、亚油酸等）、甘油酯、甘油磷脂、鞘脂类（如神经酰胺等）、固醇脂类、异戊烯醇脂类、糖脂类和聚酮类。

脂质结构的多样性使其在维持食品的风味、质地、结构、色泽和营养品质等方面具有必不可少的作用。例如，氢化油可以赋予油脂高氧化稳定性，以延长食品的保质期，但长期摄入高含量的氢化油脂会严重增加慢性疾病的发病率；另外，在食物加工和储存过程中，脂质涉及多种化学反应，产生了许多对食品品质有利或有害的化合物，从而提升食品的感官质量（如由于脂肪分解和脂质氧化产生的发酵鱼的独特风味）或危害食品的品质安全及降解营养物质（如植物油的酸败、饼干面包烘焙制品的氧化降解等过程）。人们越来越意识到脂质结构多样性和复杂性在食品品质控制、维持机体健康和预防疾病方面发挥的重要作用。因此，准确表征食品中脂质种类和结构，对于解析食品复杂性和保障食品品质和安全具有重要的研究价值。

脂肪酸是脂质的一种，由碳、氢、氧三种元素组成，是中性脂肪、磷脂和糖脂等结构的主要成分，在代谢和能量储存中起重要作用。根据碳链长度的不同，脂肪酸又可以分为：短链脂肪酸（碳链的碳原子数小于6，也称挥发性脂肪酸）、中链脂肪酸（碳链的碳原子数为6～12）、长链脂肪酸（碳链的碳原子数大于12），一般食物所含的大多是长链脂肪酸。根据碳氢链饱和与不饱和的不同可分为3类，即饱和脂肪酸，碳氢链上没有不饱和键；单不饱和脂肪酸，其碳氢链有一个不饱和键；多不饱和脂肪酸，其碳氢链有两个或两个以上不饱和键。脂肪酸在食品中主要以天然油脂的形式存在，如橄榄油中的油酸、鱼油中的二十碳五烯酸（eicosapentaenoic acid, EPA）和二十二碳六烯酸（docosahexaenoic acid, DHA）等。这些脂肪酸对人体具有重要的保健作用，如降低胆固醇、预防心血管疾病等。

甘油酯，也称酰基甘油，通常是指由甘油和脂肪酸（包括饱和脂肪酸和不饱和脂肪酸）经酯化所生成的酯类。根据脂肪酸分子数目的不同，可分为甘油一酯、甘油二酯和甘油三酯（triglyceride, TAG）。其中，甘油三酯最为常见，是天然油脂的主要成分。甘油酯在食品工业中常作为乳化剂、稳定剂、增稠剂等使用，以改善食品的质地和口感。此外，甘油酯还可用作食品保鲜剂，通过抑制微生物生长和延缓食品氧化反应来延长食品的保质期。

4.2 甘油酯及脂肪酸分子异构体简述

脂肪酸和甘油酯都是脂质的重要组成部分，它们在生物体内发挥着重要的生理功能。异构体是分子式相同但结构不同的分子。脂肪酸和甘油酯异构体的物理、化学和生物性质可能会有很大差异，从而会潜在地影响它们在生物系统中的功能和行为，因此，区分这些异构体具有重要的生物学意义。例如，脂肪酸异构体会影响膜流动性、酶结合和代谢途径，而甘油酯异构体则影响脂质消化、吸收和代谢作用。

4.2.1 脂肪酸异构体

脂肪酸有多种异构体，主要包括结构（构造）异构体和几何（顺反）异构体。

1. 结构异构体（structural isomers）

结构异构体包括链异构体和位置异构体。链异构体在碳链的分支上有所不同，例如，正丁酸和异丁酸具有相同的分子式，但正丁酸是直链结构，其中羧基连接在直链的一个末端碳原子上；而异丁酸是分支状结构，其中羧基连接在第二个碳原子上，第一个碳原子上连接了一个甲基。由于碳链的连接方式不同，它们的物理和化学性质有显著差异：相同质量的异丁酸比丁酸体积稍大，密度更小，且由于分子结构的支链化，其溶解度相对较弱，而丁酸的分子中 C—C 键易于断裂，更容易被氧化。

位置异构体具有相同的碳链，但官能团或双键的位置不同，例如，2-丁烯酸和 3-丁烯酸的分子式都是 $C_4H_6O_2$，但 C=C 键的位置不同：2-丁烯酸的碳碳双键位于第二个和第三个碳原子之间；而 3-丁烯酸的碳碳双键则位于第三个和第四个碳原子之间（图 4.1）。此外，亚油酸与共轭亚油酸（conjugated linoleic acid, CLA）也是同分异构体。亚油酸是一种多不饱和脂肪酸，普遍存在于人和动物体内，是人和动物不可缺少的一种脂肪酸，但无法自身合成，必须从食物中摄取；CLA 的双键可以位于 7 和 9，8 和 10，9 和 11，10 和 12，11 和 13，12 和 14 位置上，其中每个双键又有顺式和反式两种构象。亚油酸在体内可以转化为共轭亚油酸，具有多种潜在健康益处，如参与细胞膜的构建、调节胆固醇代谢等；CLA 具有更强的抗氧化和抗炎作用，可能通过调节基因表达来影响细胞功能，如抑制肿瘤生长。此外，它还可能对骨骼肌增长产生有益作用，有助于减少体脂并改善运动表现。

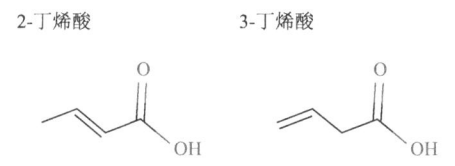

图 4.1 2-丁烯酸和 3-丁烯酸的分子结构式

2. 几何异构体（geometric isomer）

对于不饱和脂肪酸，由于双键的存在，可以出现顺式和反式的几何异构体。在顺式异构体中，氢原子位于双键的同一侧；而在反式异构体中，它们位于相对的一侧，这种异构显著影响脂肪酸的物理性质和生物活性。油酸（oil acid, OA）是天然油脂中的主要成分，在橄榄油、花生油和菜籽油中含量较高。OA 分子的双键两侧碳链的氢原子位于同侧，呈现 U 形结构（图 4.2）。反式油酸（elaidic acid, EA）在自然界中较少见，主要由人工氢化植物油产生，其分子中的双键两侧碳链的氢原子位于异侧，呈现"线形"结构。这种结构差异导致了二者熔点差异，其中 OA 的熔点为 14℃，而 EA 的熔点为 44 ℃。此外，OA 对软化血管有一定效用，并在人和动物的新陈代谢过程中起着重要作用。人体自身合成的 OA 不能满足需

图 4.2 油酸和反式油酸的分子结构式

要，需从食物中摄取；而 EA 则可能增加低密度脂蛋白胆固醇，降低高密度脂蛋白胆固醇，从而增加患冠心病的风险。OA 分子双键在空气中长期放置时能发生自氧化作用，局部转变成含羰基的物质，有腐败的哈喇味，而 EA 分子结构较为稳定，相对不易氧化。

4.2.2 甘油酯异构体

甘油酯异构体可以分为位置异构体和对映异构体（图 4.3）。

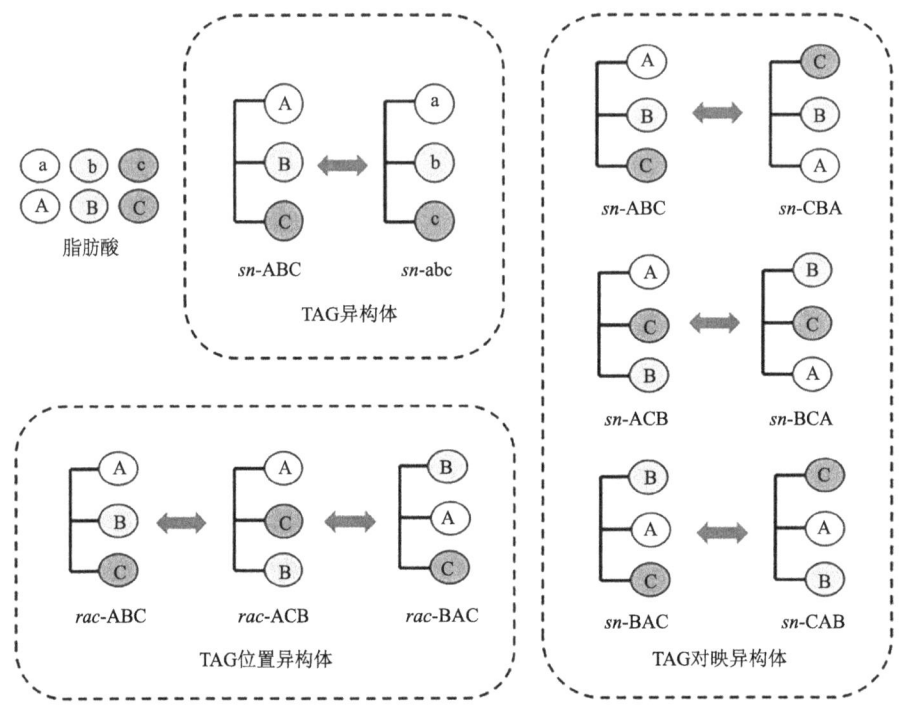

图 4.3　甘油三酯位置异构体和对映异构体的结构示意图[1]

1. 位置异构体

甘油有三个羟基（—OH），脂肪酸可以在这些位置中的任何一个位置酯化，根据脂肪酸连接到甘油主链的特定位置的不同从而产生不同的异构体。脂肪酸在甘油骨架上的位置根据立体特异性编号（sn）系统描述为 sn-1、sn-2 和 sn-3 位置，当甘油的碳链竖向排列，且中间碳的羟基位于左侧时，顶部的碳原子被定义为 sn-1，中间的为 sn-2，底部的为 sn-3。甘油三酯中的不同脂肪酸可以结合在甘油骨架上的不同位置，形成位置异构体，这种位置分布不仅影响甘油三酯的营养价值，还影响其在体内的代谢和吸收。例如，1,2-二油酸甘油酯是油酸分别在甘油分子的第 1 和第 2 位羟基上形成酯键得到的产物，而 1,3-二油酸甘油酯则是油酸分别在甘油分子的第 1 和第 3 位羟基上形成酯键得到的产物。

2. 对映异构体（enantiomers）

对映异构体与不同的空间构型有关，尤其与具有手性中心的甘油二酯和甘油三酯相关。由于酰基位置和种类的数量众多，甘油三酯具有比甘油单酯和甘油二酯更多样化的异构体。根据费歇尔（Fischer）投影中的不同结构形成对映异构体，如 sn-16:0–16:0–18:1 和 sn-18:1–16:0–16:0。如果用 A、B 和 C 表示三种不同的脂肪酸，则上述三种异构体可以表示为图 4.3 所示，其中 a、b 和 c 的总分子量与 A、B 和 C 相同，rac-ABC 表示 sn-ABC 和 sn-CBA 的外消旋混合物。

不同的甘油酯异构体具有不同的营养和理化性质。在体内，位于 sn-2 位置的饱和脂肪酸比位于 sn-1,3 位置的饱和脂肪酸具有更好的消化率和更低的餐后腹腔清除率，因此不容易与钙、镁等二价阳离子发生反应，避免了脂肪酸和矿物质的损失，从而具有良好的营养特性。此外，血浆对甘油三酯脂蛋白颗粒的清除也取决于组成甘油三酯的酰基的具体排列。因此，研究不同甘油酯异构体的检测方法，对提高油脂产品的营养性能和理化性能、扩大不同甘油酯异构体在食品中的应用具有至关重要的意义。

4.3 脂质分子异构体分析的新进展

目前已有报道的脂质分子超过 4300 种，而每种脂质分子的化学成分与功能也不尽相同，有些脂质是重要的生物分子，参与了生物体中重要的生理功能，不同的脂质异构体对生物体系统中的功能和行为产生不同的影响。目前已经有很多学者对脂质分子及其异构体进行了深入研究。

4.3.1 脂质分子研究现状

随着化学测量学的飞速发展，脂质分子的研究正步入一个高精度、高通量的新时代，特别是光谱技术、质谱技术以及先进的色谱分离技术的不断精进，为脂质分子的精确鉴定、结构解析及功能研究提供了强有力的工具。这些技术不仅极大地提高了脂质分子检测的灵敏度与分辨率，还使得对复杂生物样本中脂质种类的全面分析成为可能。

1. 脂质分子化学成分分析

GC-MS[2]和 LC-MS 技术是目前分析脂质分子化学成分的主要手段 [图 4.4(a)]。

例如，Koch 等开发了一种快速、灵敏、全面的方法，通过 LC-MS 定量 41 种饱和脂肪酸及不饱和脂肪酸[3][图 4.4（b）]，结合固相萃取（油中的非酯化脂肪酸）或异丙醇中的皂化（脂肪酰基）去除磷脂和甘油三酯进行样品制备，然后对碎片化的脂肪酸进行定量，检测限低至 5 nmol/L，同时也可以实现同一样品中脂肪酸氧化产物（类花生酸和其他氧化脂）的分析测定。

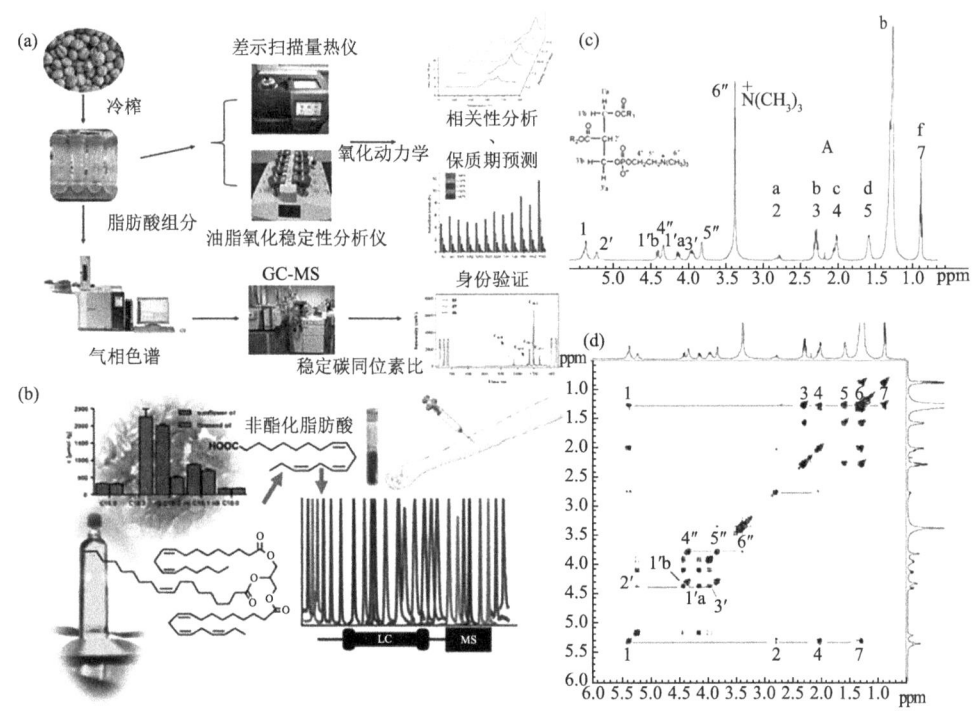

图 4.4 （a）脂肪酸稳定碳同位素比与氧化动力学相结合用于核桃油的表征示意图[2]；（b）自动在线耦合反相 LC-MS 分析食用油中的脂肪酸示意图[3]；（c）磷酰胆碱 1 的 ^{1}H NMR 谱图[4]；（d）氘代氯仿中磷脂酰胆碱 2 的二维核磁共振谱图[4]

其他分析方法如核磁共振波谱法（nuclear magnetic resonance spectroscopy, NMR）也被用于油脂中脂肪酸的分析测定。例如，Hatzakis 等开发了一种基于 ^{31}P NMR 方法，对橄榄油中的脂肪酸水平和种类进行定量[4][图 4.4（c、d）]，发现橄榄油中的磷脂成分主要是磷脂酸、溶血磷脂酸和磷脂酰肌醇。这些方法的主要局限在于需要大量的复杂耗时的前处理分离程序，因此，一些快速分析技术如拉曼光谱、时域反射法（time domain reflectometry, TDR）等逐步开发用于油脂的化学分析。Berardinelli 课题组利用 TDR 实现了橄榄油中脂肪酸的快速筛选[5]。拉曼光谱也由于在 945~1600 cm^{-1} 的波数范围内可以提供有用的指纹区域，被用于评价作为食用油品质的重要指标的游离脂肪酸。

食用油掺假成分分析也是脂质分子研究中重要的一环，目前已经建立了多种快速分析方法，包括荧光分光光度法、红外光谱、傅里叶变换红外光谱、拉曼光谱、NMR 和质谱等，都取得了一定的成功，但仍存在各种各样的不足之处。色谱、质谱和 NMR 等技术需要较高的仪器配置需求，荧光光谱法还需要对样品进行操作复杂的样品前处理等工序。关于食用油掺假的详细论述将于第 7 章展开，此处不再讨论。

2. 脂质分子的氧化监测

油脂在加工和储藏过程中容易由于自身氧化和光诱导氧化而发生酸败等质量问题。脂质氧化不仅会导致某些营养物质如叶绿素、植物甾醇和类胡萝卜素等被破坏，还会导致脂肪酸化学性质的改变，危害人民生命财产安全。目前已经有多种方法来表征植物油氧化过程中发生的复杂化学变化。传统的化学分析方法如酸价、碘值、皂化值、过氧化值以及硫代巴比妥酸值的测定已经被广泛使用。GC-MS、LC-MS、NMR 和红外光谱等物理学方法也常用于表征新鲜和氧化油脂的差异。近年来，一些多元统计分析计量学结合传统分析仪器已被用于研究脂质组学领域中油脂的内在化学性质，如油脂的表征、来源可追溯性、品质鉴定以及掺假检测。脂质分子氧化相关研究已在第 3 章讨论，此处不再讨论。

3. 脂质组学研究

脂质组学是近年来兴起的一个研究领域，于 2003 年由华人学者韩贤林与 Gross 教授撰文总结并首次提出[6]，是一种在完整分子水平上表征生物体脂类和其他亲脂性化合物的分析技术，通过对脂质分子的定性与定量分析，探究脂质结构和功能，继而揭示脂质组成、代谢、功能以及其在不同生物过程的作用机制。

脂质组学的工作流程主要包括样品前处理、数据采集以及数据处理。基于质谱的分析技术是目前脂质组学的主流技术。根据测量范围与分析目的，脂质组学主要分为靶向与非靶向两种分析方法：靶向脂质组学是有目标地对特定通路中的代谢物进行检测分析，而非靶向脂质组学是非目标性地对所有可能发生改变的代谢物进行检测，筛选出目标代谢物及相应的代谢通路。样品前处理保证了脂质提取效率最大化，以及减少来自基质其他成分的干扰。对于全脂组分的提取，目前常见的非靶向脂质提取方法有液-液萃取方法；而靶向脂质分析通常使用固相萃取法分离不同脂质[7]。基于质谱的脂质组学分析能够在相对较短的时间内产生大量的数据，在进行数据采集后，会将提取的脂质定性与定量信息的数据进行全面挖掘与分析，随后通过统计学方法进行数据解析。

利用质谱技术等高通量分析手段，能够快速鉴定脂质分子种类和结构，从而深入了解脂质调控机制，并发现新的脂质代谢通路。这些研究不仅有助于为深入解析食品风味品质形成与营养功能研究提供科学依据、揭示脂质在生命活动中的重要作用，还为药物开发以及健康保护提供了参考依据。

4.3.2 脂质异构体研究现状

目前，脂质异构体鉴定已成为研究热点。但是，尚未有效解决食用油中不饱和脂肪酸或甘油三酯以及其他脂类如磷脂、糖脂等分子的精细结构鉴别，如碳碳双键位置、双键数量、几何形状以及烷基链长度等。关于不饱和脂质结构的细微差异导致脂质代谢和功能中的不同作用方面，已发表了大量文献。脂质复杂多样的结构和疾病之间的关系是错综复杂的，了解不饱和脂肪酸中碳碳双键的具体结构信息将有助于了解它们的生物学功能。因此，脂质异构体的完整结构解析在生命科学、药物设计和食品工业的许多领域都是必要的。目前常用的脂质异构体检测的方法主要有以下几种。

1. 酶解法

几十年来，酶解法已被广泛用于测定甘油三酯异构体。脂肪酶是一种丝氨酸水解酶，可水解甘油三酯的酯键以产生甘油二酯、甘油一酯、甘油和脂肪酸，并且在水解、酸解、醇解和酯化过程中对各种底物具有独特的催化活性[8]，其中区域选择性和立体选择性是该酶的重要特性。区域选择性是指脂肪酶识别和水解 sn-1 或 sn-3 处的酯键而不是 sn-2 处酯键的能力，而立体选择性是指在立体特异性结构中识别和水解 sn-1 或 sn-3 处酯键的能力。脂肪酶的区域选择性对于脂肪酶催化的甘油三酯代谢尤为重要。大多数脂肪酶对甘油三酯的 sn-1 和 sn-3 位置具有区域选择性，因此被称为 sn-1,3 特异性脂肪酶，包括胰腺、前胃和微生物脂肪酶，只有少数脂肪酶具有 sn-3 区域选择性（如胃脂肪酶和兔胃脂肪酶）或 sn-2 区域选择性（南极假丝酵母 A 脂肪酶）。

一项关于胃脂肪酶消化甘油二酯异构体的研究表明，胃脂肪酶对 sn-1,3-甘油二酯的活性大于 sn-1, 2-甘油二酯、sn-2, 3-甘油二酯和甘油三酯的活性。胰脂肪酶是一种 sn-1,3 特异性脂肪酶，通常用于水解甘油三酯，主要与气相色谱法联合检测甘油三酯中 sn-2 处的脂肪酸分布。Sigma-Aldrich 公司的猪胰脂肪酶是使用最广泛的产品，迄今为止，猪胰脂肪酶已被用于水解初乳和成熟母乳中的甘油三酯，以分析脂肪酸的分布[9]。尽管酶解法是一种被广泛利用的方法，但是酶解只能提供甘油三酯的 sn-1, 3 和 sn-2 位置的脂肪酸分布，不能用于获得与单个甘油三酯区域异构体相关的结构信息。为了获得有关单个甘油三酯区域异构体的详细结构信息，需要其他分析技术。

2. 色谱-质谱联用法

由于其多功能性和成本效益，使用高温和中极性柱的气相色谱是脂质分子最常用的分离分析方法之一。通常，气相色谱仪配备甘油三酯特异性中极性柱，并利用气体压力梯度分离甘油三酯物质以进行初始分离。该系统可有效分离常见植物油和脂肪（如葵花籽油、乳木果油和可可脂）中的甘油三酯[10]。当与质谱偶联时，该方法可以提供有关甘油三酯的结构信息。最近，开发了一种 GC-MS 方法，用于直接从植物油和脂肪中分离不饱和甘油三酯，并且甘油三酯区域异构体的结构信息来自质谱数据。甘油三酯区域异构体是根据所得脂肪酸碎裂信号的不同强度来鉴定的，还可以通过选定的离子监测积分进行一致的定量[11]。

与气相色谱类似，液相色谱也被用于分离分析甘油三酯异构体。液相色谱能够成功避免气相色谱中样品在高温环境下容易受损的问题，此外，液相色谱快速分析、多样的流动相选择、广泛的样品分析范围等优点使其成为主导的脂质分子检测手段。最近开发了基于银离子高效液相色谱法（Ag-high performance liquid chromatography, Ag-HPLC）、手性色谱、超高效液相色谱等，联合质谱技术，可以高效分析甘油三酯异构体。液相色谱分离分辨率取决于色谱柱类型、柱温、柱流速和进样体积等因素，而质谱检测受离子源温度、毛细管温度、碰撞能量和扫描范围等因素的影响。

Ag-HPLC-MS 联用法在分析甘油三酯的顺反异构体和位置异构体时表现优异，其基本原理是通过银离子与甘油三酯中的不饱和脂肪酸双键之间微弱的 π 络合吸附作用，在形成的电荷转移型有机金属配合物中，不饱和化合物充当电子供体，银离子充当电子受体，具有不同双键数量和位置的甘油三酯可以根据洗脱过程中形成的弱可逆复合物的强度进行分离。目前，几乎所有的 Ag-HPLC-MS 系统都使用基于离子交换剂的银离子色谱柱。在这些交换剂中，银离子取代了磺酸官能团中的质子，在色谱分析过程中产生的磺酸银离子与碳碳双键相互作用。硫和银之间的离子键非常稳定，因此，即使在 HPLC 中长时间使用后，也不会发生银离子泄漏[12]。

手性固定相色谱是一种高效、高选择性且广泛使用的手性分离技术。手性识别基于非对映异构体复合物的形成，这些复合物在固定相中具有不同的稳定性，可以根据吸附的脂肪酸链的空间排列来分离甘油三酯对映异构体。不同的手性色谱柱表现出不同的分离效果。一项研究表明，配备多糖基手性柱的循环 HPLC 系统，可以将 1, 2-二棕榈酸-3-油酸甘油酯（1, 2-dipalmitoyl-3-oleoyl-glycerol, PPO）、1, 2-二油酸-3-棕榈酸甘油酯（1, 2-dioleoyl-3-palmitoyl-glycerol, OOP）和 1, 2-二棕榈酸-3-亚油酸甘油酯（1, 2-dipalmitoyl-3-linoleoyl-glycerol, PPL）分离成各自的对映异构体。使用带有回收系统的手性 HPLC 和大气压化学电离质谱，确定棕榈油中的 sn-OOP 与 1-棕榈酸-2,3-二油酸甘油酯（sn-POO）的比约为 3∶2（图 4.5）。这项研究第一次实现了天然存在的不对称甘油三酯对映异构体的分离[13]。

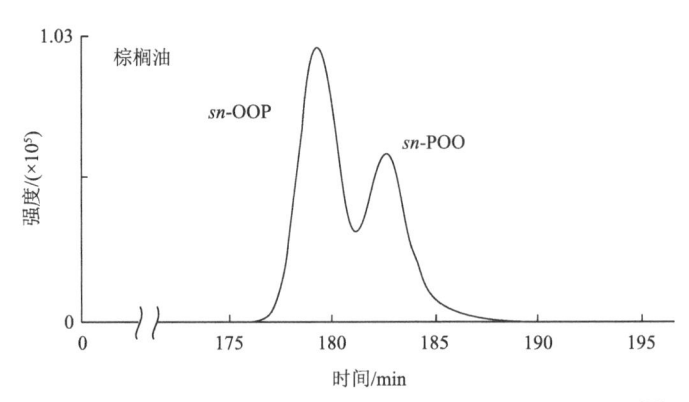

图 4.5　棕榈油馏分中 sn-OOP 和 sn-POO 的对映异构体分离[13]

尽管可以使用 Ag⁺和手性色谱柱分析一些甘油三酯异构体，但缺乏将甘油三酯异构体从混合物中完全分离的通用柱溶剂组合。为了分离更多类型的甘油三酯异构体并确定目标甘油三酯异构体的比例，已经开发了一种二维色谱系统。采用二维色谱法，研究人员可以首先使用一根色谱柱（正相色谱柱）根据极性分离化合物。随后，将来自第一维色谱柱的洗脱液引入第二维色谱柱（反相色谱柱）中，以使用不同的固定相进行基于不同相互作用的二次分离[14]。二维色谱法在分析化学中的应用广泛，因为它可以充分利用正相和负相色谱法的优点，实现高分辨率的分离。

十八烷基硅烷键合硅胶色谱柱又称 C18 色谱柱，是一种通用性好，广泛应用于分离和纯化有机化合物的反相色谱柱。其中 C18 指的是固定相的化学结构，即色谱柱填料为十八烷基硅烷键合相，有较高的碳含量和较好的疏水性，适用于大多数化合物，包括非极性、极性小分子及一些多肽和蛋白质。但是，C18 色谱柱只能分离甘油三酯物质而不能分离其异构体，因此必须从离子碎片中确定异构体物质。可以使用甘油三酯和甘油二酯的前驱离子（[M+NH₄]⁺）从总离子色谱图中提取相应的二级质谱图，然后从[M+H-FA]⁺碎片离子推断出甘油骨架上的脂肪酸物种。事实上，甘油三酯中 sn-1 和 sn-3 的酯键比 sn-2 的酯键更容易断裂，导致[M+H-FA]⁺的丰度不同。因此，可以根据不同的片段强度来鉴定不同类型的区域异构体[15]。

3. 诱导电离技术

甘油酯分子结构的详细信息主要依赖于复杂的质谱联用技术，其中包括离子碎裂和各种化学衍生化，如臭氧分解、环氧化和紫外光解离等。这些方法普遍面临结构信息丢失和离子产率低的问题，由于离子丰度很大程度上受双键数量和离子长度的影响，因而需要依据每个待测分子的结构及时调整电离程序，所以操作较为复杂。

碰撞诱导解离（collision induced dissociation, CID）是识别异构体结构的强有力工具。然而，由于碳碳双键的键能较高，常规的 CID 解离不能直接将碳碳双键解离成特定的碳碳双键诊断离子来反映碳碳双键的位置。所以科研人员又开发了多种前处理策略，来生成富含结构信息的碎片离子，以便更加精准地定位脂质中碳碳双键的结构信息。目前，常用的基于质谱的方法主要分为两种，一种是在进入质谱分析前推导碳碳双键的位置，也就是将碳碳双键进行前处理来定位双键的位置，这里的前处理技术主要有臭氧分解、紫外光解、Paternò-Büchi 光化学标记技术、电化学环氧化、等离子体诱导氧化等。其中，Paternò-Büchi 反应作为双键修饰应用最为广泛，但常常面临反应产物的转化有限、存在未反应的脂质等局限，而不完全反应会产生更大复杂性的多相混合物，导致质谱数据解析困难。另外，臭氧分解简化了质谱分析之前所需的其他复杂样品处理过程，但对仪器性能要求严格且有一定的危险性；并且上述反应普遍存在 0.2~10 s 的反应时间与高通量色谱分析并不匹配的局限。

另一种方法就是利用非常规气相离子诱导解离来诱导碳碳双键或其周围的特定化学键断裂来指示双键位置信息，如高能碰撞解离、多级 CID 解离、离子的电子碰撞激发解离和自由基定向解离等。但由于已知质子化脂质片段的 CID 解离产生的用于阐明结构信息的离子片段很少，这些技术无法实现质子化片段具体结构的解析。上述这些技术所需的繁杂的反应时间及光谱采集时间阻碍了它们在高通量色谱工作流程中的使用。

最近，低温气相红外光谱（cryogenic gas-phase infrared, CG-IR）已被报道用于检测鞘脂异构体，并提供了分子振动水平的明显结构差异，为低温振动光谱分析脂质结构提供了新策略[16]。目前已经实现了多种脂质结构的精确解析，包括不饱和脂肪酸、甘油磷脂、糖脂和鞘脂异构体[17, 18]。总的来说，关于气相脂质加合物的研究实现了脂质双键异构体的区分，并为进一步提高各类复杂脂质的分辨率铺平了道路。然而，该方法需要将特定红外光谱技术与 GC-MS 联用后对采集的光谱进行拟合，而且 1-脱氧鞘脂仍然需要通过带电胺和双键之间的特定相互作用来区分碳碳双键位置和立体化学构型，并且为了避免在高温下不饱和键的氧化并降低分子无序振动的噪声背景，上述 CG-IR 测量在液氮冷却的离子阱中进行，对实验条件要求较高。

4. 超临界流体色谱法

超临界流体色谱（supercritical fluid chromatography, SFC）是在 20 世纪 80 年

代出现的，超临界流体的黏度和扩散系数与气体的黏度和扩散系数非常接近，因此具有高流动相速度的超临界流体可以实现更高的分离效率。同时，超临界流体的密度和扩散率与液体相似，从而提供了良好的分析物溶解度。近年来，SFC 越来越多地应用于脂质组学领域。例如，Masuda 等开发了一种用于测定甘油三酯区域异构体和对映异构体的定量方法。用 CHIRALPAK® IG-U 色谱柱通过超临界流体色谱-三重四极杆质谱仪分离 sn-POO、1,3-二油酸-2-棕榈酸甘油酯（1, 3-dioleic acid-2-palmitic acid triglyceride, OPO）和 OOP 三种异构体。同时，建立校准曲线，定量分析特级初榨橄榄油、精制橄榄油、棕榈油、棕榈油树脂和酯化棕榈油树脂中 sn-OPO、sn-POO 和 sn-OOP 的含量[19]。然而，该方法无法分离仅含有饱和脂肪酸的甘油三酯的区域异构体和对映异构体。后来，研究人员采用四极杆飞行时间质谱法的超高性能 SFC，以超临界二氧化碳为流动相，利用 BEH-2EP 色谱柱分析了不同哺乳期母乳、不同脂肪来源的婴儿配方奶粉、其他哺乳动物乳汁和植物油中异构体的组成[20]。同一研究小组还使用这种方法分离和定量了人乳、牛乳、猪油和鱼油中含有棕榈酸的甘油三酯区域异构体，并使用校准曲线进行了定量分析[15]。

HPLC 和 SFC 的结合为分离和分析复杂的脂质混合物提供了强大的分析工具。由于每种色谱技术的独特性，联用技术利用不同色谱柱的分离机理，通过多步骤分离过程，实现对复杂样品中甘油三酯异构体的高分辨率分析；超临界二氧化碳的移动特性有助于加快分析过程，从而实现快速色谱分析。同时，仍需要开发和优化样品提取方法，以及调整仪器参数，以确保可以准确检测和分析复杂样品中的甘油三酯异构体。

5. **核磁共振法**

在 NMR 系统中，处于低能状态的原子核的磁矩吸收恒定磁场和交变磁场相互作用产生的能量，导致向高能状态的转变，从而产生核磁共振信号。相比于色谱系统，NMR 方法灵敏度较弱，但它可以快速提供有关油中甘油三酯混合物的结构和成分信息，而无需特定的样品制备。与色谱分析相比，NMR 可以以更短的采集时间确定总甘油三酯含量和总饱和脂肪酸/不饱和脂肪酸比值。例如，之前的一项研究使用 ^{13}C NMR 获得了猪肉和牛肉中甘油三酯的所有主要不饱和脂肪酸的组成和区域异构体分布的定量数据。该分析方法涉及手动积分羰基信号峰，以确定 sn-1,3 和 sn-2 位置的饱和脂肪酸和不饱和脂肪酸的比例。该系统不仅量化了牛肉和猪肉甘油三酯提取物中存在的单不饱和脂肪酸和饱和脂肪酸的总量，还提供了甘油骨架上不饱和脂肪酸的区域异构化分布。此外，该方法可以独立定量猪肉甘油三酯中棕榈酸和硬脂酸的浓度，包括区域异构体分布[21]。^{13}C NMR 的羰基区域适用于区分饱和脂肪酸和不饱和脂肪酸，包括脂肪酸在甘油三酯上的区域位置分布。因此，^{13}C NMR 在提供甘油三酯 sn-1, 3 和 sn-2 位置分布以及整体组成方面具有独特的优势。

综上,甘油三酯异构体可以使用酶水解、GC-MS、LC-MS、SFC 和 ^{13}C NMR 等方法进行定性或定量分析,其中 LC-MS 尤为常见。虽然现有方法可以部分分离甘油三酯的区域和对映异构体,但仍有许多甘油三酯异构体无法被精确识别与鉴别。由于色谱分离仅限于某些特定的异构体,因此质谱无法提供足够的碎裂信息来准确确定异构体的种类,并且油脂的成分过于复杂,无法直接应用目前使用的一些分析方法。因此,甘油三酯异构体的精准全面分析仍然面临巨大挑战。

4.4 脂质分子异构体的拉曼光谱分析

脂质分子的拉曼光谱的特征峰与烃链结构有关,主要在以下三个波数区域观察到拉曼特征峰:1500～1400 cm^{-1}、1300～1250 cm^{-1} 和 1200～1050 cm^{-1}。其中,1500～1400 cm^{-1} 和约 1300 cm^{-1} 范围内的特征峰分别归属于 CH$_2$ 和 CH$_3$ 的剪切和扭曲振动;1200～1050 cm^{-1} 区域归因于 C—C 拉伸振动;此外,由于 C—H 拉伸振动,3100～2800 cm^{-1} 较高波数范围中产生一组非常强烈的特征峰,也是脂质光谱的典型特征[22]。然而,根据官能团和给定分子的结构,单个脂质分子的拉曼光谱在饱和度、几何异构和多态性/多型形式以及亲水基团的存在所产生的特性(即溶解度)方面存在很大差异。一般来说,脂肪酸和甘油三酯都以多种多晶型和多型体的形式存在,具体取决于温度、压力和结晶条件。不同的多型体,即晶体中层结构不同,会产生非常相似的拉曼光谱,仅在低波数范围内不同,而对于多晶型则不然。总体而言,根据条件的不同,脂质可以产生不同的拉曼光谱,特别是对于液体和固体形式。在分析生物样品时需要考虑到这一点,因为生物环境可以稳定某些结构脂质排列,从而产生非常多样化的拉曼光谱。

4.4.1 脑苷脂分子异构体

脑苷脂是遍布全身的一种复合糖脂,是细胞膜的重要组成部分,它们参与细胞(尤其是在大脑中)的结构与功能,有助于促进脑部神经元的生长和连接。差向异构体葡萄糖脑苷脂(glucocerebroside, GlcCer$_{X:Y}$)和半乳糖脑苷脂(galactocerebroside, GalCer$_{X:Y}$)在其糖基/半乳糖基部分的 C$_4$OH 基团(C$_4$ 异构位点)的空间取向上不同,并且由具有不同碳链长度(X)和饱和度(Y)的神经酰胺部分组成。

基于此背景,Ling 教授课题组开发了一个用 4-巯基苯硼酸(4-mercaptophenyl boronic acid, 4-MPBA)功能化的 Ag-SERS 平台[23],以特异性捕获差向异构体的 C$_4$ 异构位点,产生独特的差向异构体——MPBA 加合物,每个加合物都有不同的

SERS 指纹图谱（图 4.6）。在该研究中，首先利用 SERS 探针捕获差向异构体脑苷脂，形成特异性脑苷脂-MPBA 复合物（根据糖基不同分为 Glc-MPBA 复合物和 Gla-MPBA 复合物）；然后对该复合物进行 SERS 检测，提取 SERS 特征以形成机器学习输入集；随后将未知痕量浓度的差向异构体脑苷脂的光谱特征输入到化学分类法中，以确定五个关键的光谱特征：①差向异构体的存在与否；②单糖或脑苷脂；③饱和神经酰胺与不饱和神经酰胺；④葡萄糖基或半乳糖基部分；⑤GlcCer 或 GalCer 的碳链长度。然后对 SERS 进行特征筛分，以提取单个峰值光谱特征，如位置、强度、半峰全宽和比率，构建由四个顺序随机森林分类器和两个支持向量机回归器组成的分层机器学习框架。该框架阐明了每个模型中已识别的五个结构特征，汇总获得的信息以重建完整的分子结构。利用上述方法，可以实现对 $10^{-4} \sim 10^{-10}$ mol/L 之间的脑苷脂差向异构体的识别和浓度定量，并使用模型中未经训练的光谱实现含有生物标志物 GlcCer$_{24:1}$ 和 GalCer$_{24:1}$ 的二元混合物的多重定量。

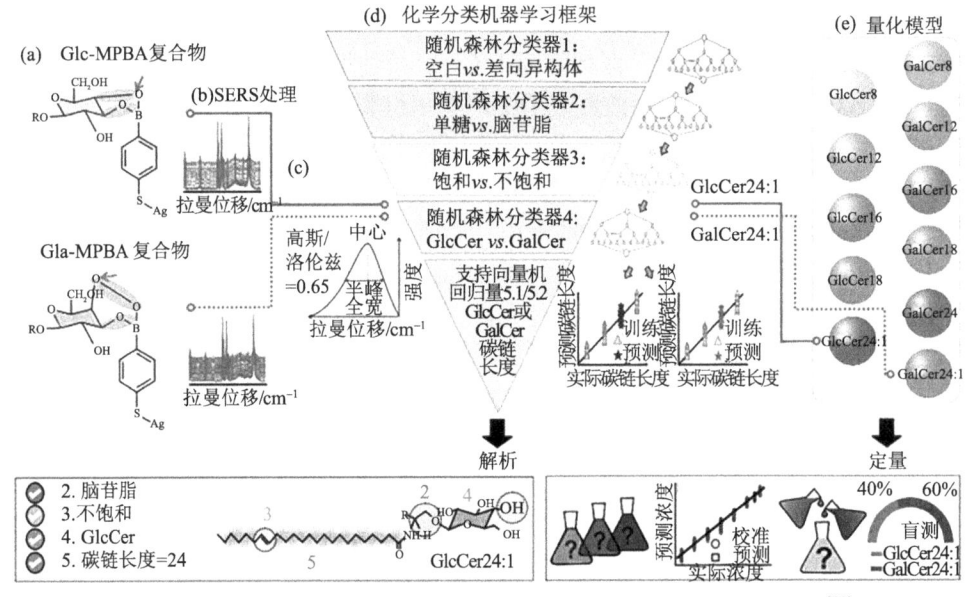

图 4.6 基于 SERS 的前瞻性预测集成化学分类机器学习框架的示意图[23]

4.4.2 胆固醇酯异构体

胆固醇亚油酸酯和胆固醇花生四烯酸酯与细胞膜的更新及动脉粥样硬化和血管炎症的发生密切相关，因此有必要鉴定人血浆中单反式胆固醇酯异构体。已知非共轭反式构型的 C=C 拉伸带出现在 1680~1665 cm^{-1} 波数范围内，而对于非共轭顺式构型，它出现在 1660~1650 cm^{-1} 范围内。1750~1600 cm^{-1} 范围内胆固醇亚油酸酯的参比化合物、顺式和单反式异构体的拉曼光谱（分别为光谱Ⅰ和Ⅱ）

如图 4.7 所示。大约 1740 cm^{-1} 处的条带是由于 C=O 键振动，而 1700~1600 cm^{-1} 范围内的条带反映了分子中存在的双键的贡献。与脂肪烷基链中顺式双键几何形状相关的峰出现在胆固醇亚油酸酯光谱（光谱Ⅰ）和胆固醇花生四烯酸酯光谱（未显示）的 1659 cm^{-1} 处，而单独的反式双键在 1670 cm^{-1} 处的峰清晰可辨。1670 cm^{-1} 和约 1660 cm^{-1} 处的峰也用于测定食用植物油的反式/顺式异构体含量[24]。通过上述特征峰并结合气相色谱和红外光谱数据，Carla Ferreri 等首次实现了反式胆固醇酯异构体在人体血浆中的检测和定量。

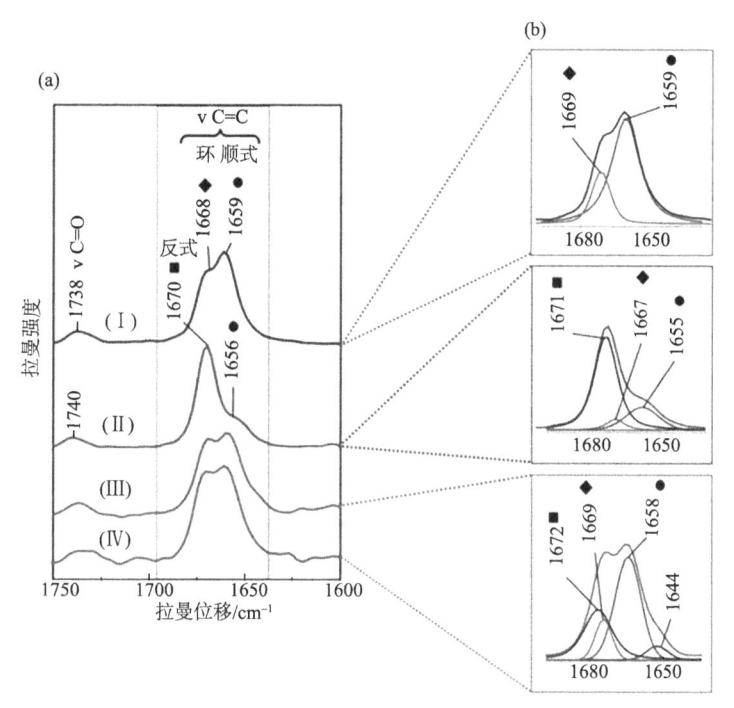

图 4.7　（a）顺式（Ⅰ）和单反式（Ⅱ）亚油酸胆固醇异构体的 1760~1600 cm^{-1} 拉曼区域，以及两种血浆胆固醇酯样品（Ⅲ和Ⅳ）；（b）从上至下分别为顺式胆固醇亚油酸酯、单反式亚油酸胆固醇和血浆胆固醇酯样品 1700~1620 cm^{-1} 区域的曲线拟合分析[24]

受此启发，后续的研究者通过在 1750~1600 cm^{-1} 范围内的拉曼光谱对胆固醇亚油酸酯和花生四烯酸酯的异构体进行了检测。大约 1740 cm^{-1} 处的条带是由于 C=O 双键振动，而 1700~1600 cm^{-1} 范围内的条带反映了分子中存在的双键的贡献，1659 cm^{-1} 和 1670 cm^{-1} 处的特征峰分别归因于顺式结构和单独的反式双键。对胆固醇亚油酸酯和花生四烯酸酯的异构体进行了进一步的研究，发现约 3010 cm^{-1} 处的特征峰可以灵敏响应顺式双键，可用作跟踪顺式-反式异构化期间顺式结构消失的时间过程的工具；此外，约 1300 cm^{-1} 的拉曼位移是由面内 CH$_2$ 扭曲振动引起的，而约 1260 cm^{-1} 的拉曼位移是由面内═CH 变形引起的。分子链中双键越多，则 I_{1302}/I_{1260} 的下降幅度越大，因此可用该比值测量脂肪酸的不饱和度[25]。

4.4.3 脂肪酸异构体

本书 3.1 节、3.2 节、4.1 节、4.2 节已经讨论了脂肪酸及其异构体结构、脂质氧化等拉曼光谱分析，此处不再赘述。

针对鉴别食用油中的反式脂肪酸，Numata 等使用拉曼光谱法同时定量混合溶液中的 OA 和 EA（二者为顺反异构体）。EA 在山羊和牛奶中少量存在，常见于人工生产的氢化植物油中，可诱导前列腺素和血栓素的合成。OA 和 EA 的拉曼光谱非常相似，但是在约 1660 cm^{-1} 处归属于 C═C 拉伸振动的特征峰略有不同，分别在 1656 cm^{-1} 和 1669 cm^{-1} 处出现特征峰。图 4.8 给出了 OA 和 EA 纯液体的拉曼光谱，表 4.1 是对其中出现的不同特征峰的振动模式的分配。不同浓度的 OA 和亚油酸混合溶液的拉曼光谱显示，这两个特征峰的强度随浓度波动，因此采用二阶导数谱对这两个峰进行分离，并采用偏最小二乘回归分析方法测定这些脂肪酸，实现了对混合溶液中 OA 和 EA 浓度的同时测定[26]。此外，由于 EA 具有反式结构，其特征拉曼光谱与其他不饱和脂肪酸有明显不同。EA 在>2800 cm^{-1} 区和 1400~1500 cm^{-1} 区的光谱分布的半峰宽要比油酸大得多，并且约 2850 cm^{-1} 和 2890 cm^{-1} 处的特征峰强度比值要小得多，这与其更高的热力学稳定性和结晶顺序相关[22]。

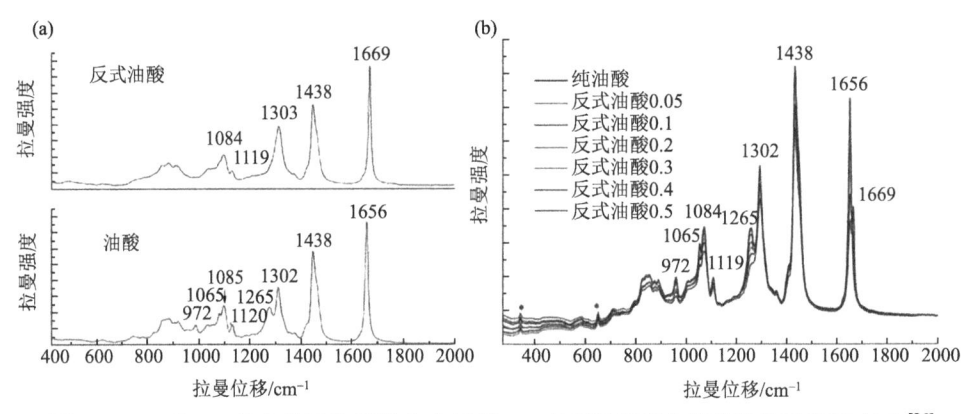

图 4.8 OA 和 EA 各自的拉曼光谱（a）以及 OA 与亚油酸混合溶液的拉曼光谱（b）[26]

表 4.1 OA 和 EA 的拉曼带位置及其分配

拉曼位移/cm^{-1}	峰归属
972	C—H 平面外弯曲
1065	C—C 不对称伸缩

续表

拉曼位移/cm^{-1}	峰归属
1085（1084）	C—C 对称伸缩（COOH 侧链）
1120（1119）	C—C 对称伸缩（CH$_3$ 侧链）
1302（1303）	CH$_2$ 扭曲
1438	CH$_2$ 剪切
1656	C=C 拉伸（顺式）
1669	C=C 拉伸（反式）

CLA 的位置异构体已被发现对人类健康具有积极（顺-9, 反-11-CLA 抑制癌变并降低患心血管风险和炎症）和不良（反-10, 顺-12-CLA 可能增加患糖尿病的风险）影响。拉曼光谱中的反式脂肪酸在 1680 cm^{-1} 和 1640 cm^{-1} 之间具有单独的特定散射特征。为了实现对牛奶中 CLA 的快速灵敏的检测，通过傅里叶变换拉曼光谱进行了实验，可以识别出顺-9, 反-11-亚油酸（瘤胃酸）异构体和反-10, 顺-12-十八碳二烯酸在 1652 cm^{-1}、1438 cm^{-1} 和 3006 cm^{-1} 处与顺式、反式共轭 C=C 相关的特定拉曼信号[27]。在此基础上，该团队继续对个体和总共轭亚油酸进行研究，使用在室温和-80 ℃冷冻后两种温度条件下获得的光谱，证明了拉曼光谱与偏最小二乘法回归分析相结合测定乳脂中单个或分组的反式单不饱和脂肪酸和 CLA 的可行性。在低浓度（低于 1 g/100 g 乳脂）下，可直接对几种单独的 CLA 和反式单不饱和脂肪酸进行直接半常规定量，并从反式和顺-反共轭 C=C 键中鉴定出不同的反式单不饱和脂肪酸（1674 cm^{-1}）和 CLA（1653 cm^{-1}）拉曼特征峰（图 4.9）[28]。

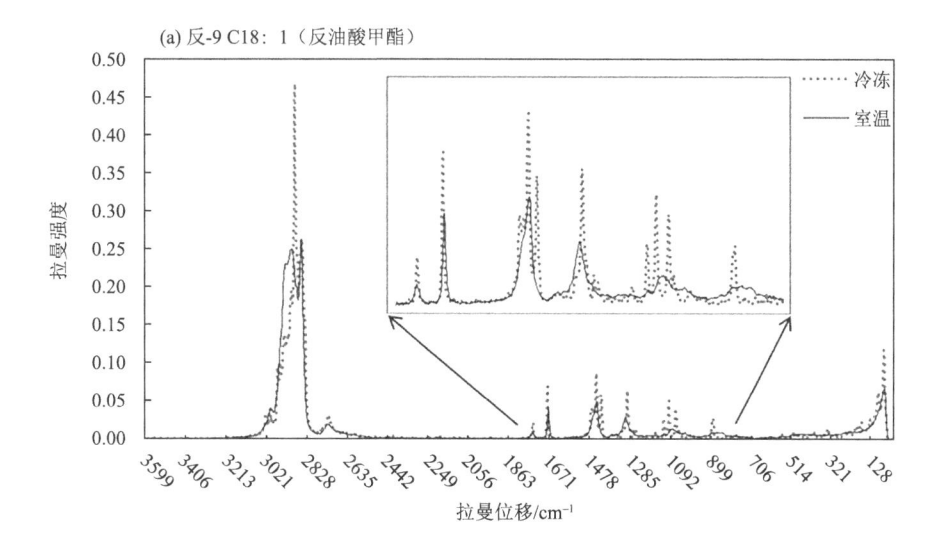

(a) 反-9 C18: 1（反油酸甲酯）

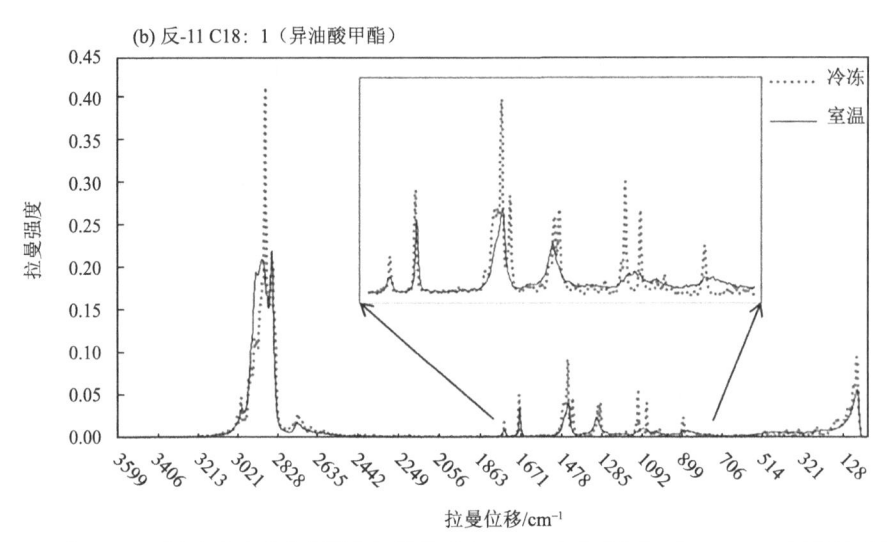

图4.9 反-9 C18:1标准品（反油酸甲酯）固体（在-80℃冷冻后）与反-11 C18:1标准品（异油酸甲酯）固体在0~3599 cm^{-1}散射区域的乘法散射校正拉曼光谱[28]

4.4.4 甘油酯异构体

甘油酯异构体是当前食品科学和生物医药领域的研究热点之一，不同异构体可能产生截然相反的生理功能，例如，OPO和OOP只有一个酰基位置差异，然而，OPO促进钙和镁的吸收以及婴儿骨骼的发育，而OOP则相反地导致能量、钙和镁的损失和便秘[1]。然而，甘油酯异构体分子结构的原位识别和检测是一大科学前沿挑战。针对这一挑战，我们课题组开发了一种液相界面SERS技术，利用该技术已经研究了食用油类型、氧化和掺假，以及对食用油中不同种类多环芳烃的分析，详见2.3节。另外，我们进一步利用液相界面SERS精确鉴别了烷烃链长、饱和度以及双键区域异构体和立体异构体（图4.10）[29]。

具体来说，脂肪酸和甘油三酯实际上可以被视为表面活性剂分子，可以在液滴表面上形成有序的单层或双层膜，加速金纳米颗粒的界面吸附，此外，吸附在纳米金阵列上的OA分子对SERS信号表现出很强的偏振依赖性，表明吸附在自组装金纳米颗粒表面的OA分子在液体界面处具有固定的取向。这种独特的有效分子吸附排列产生了清晰的SERS信号，该信号比从固体/空气界面上的自组装等离子体阵列获得的信号大2×10^{5}倍，可利用上述三维SERS阵列对一系列脂肪酸和甘油三酯的异构体进行检测。

如图4.10所示,对于OA相关的异构体来说,顺-6-十八碳烯酸(6Z-octacenoic acid, 6-OA)、OA和顺-11-十八碳烯酸（11Z-octadecenoic acid, 11-OA）具有相同的顺式构型，但分别在第6、9和11号碳位置有一个双键。随着双键以6-、9-和11-OA

名称	顺-15-二十四碳烯酸	顺-13-二十二碳烯酸	顺-11-二十碳烯酸	顺-11-十二碳烯酸	顺-11-十八碳烯酸	顺-6-十八碳烯酸	顺-9-十八碳烯酸	反-9-十八碳烯酸	顺-9,12-十八碳二烯酸	顺-6,9,12,15-十八碳四烯酸	顺-5,8,11,14-二十碳四烯酸
分子量	366.62	337.58	310.5	198.3	282.4	282.4	282.4	282.4	280.4	278.4	304.4
缩写	NA	DA	EA	DCA	11-OA	6-OA	OA	EA	LA	ALA	ARA
结构	链长 / 双键位置异构 / 立体异构 / 不饱和程度										

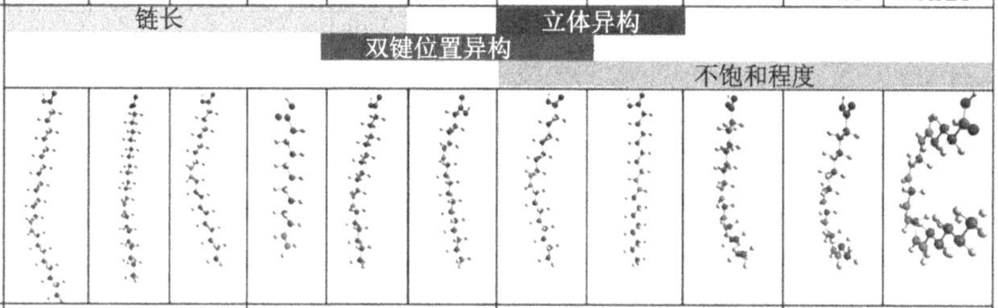

名称	三棕榈酸甘油酯	1,2-二油酸-3-棕榈酸甘油酯	1,3-二油酸-2-棕榈酸甘油酯	三油酸甘油酯
缩写	PPP	OOP	OPO	OOO
分子量	807.32	859.39	859.39	885.43
结构	位置异构			

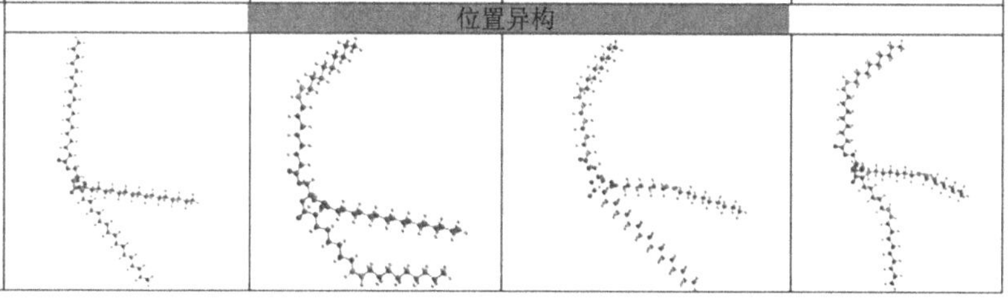

图 4.10　脂肪酸和甘油酯的代表性化学结构、分子量和缩写[29]

的顺序远离 COO⁻ 基团，1265 cm⁻¹ 和 1443 cm⁻¹ 周围的条带表现出红移。此外，与 OA 相比，EA 具有反式构型，具有相同的 18 个碳原子和第 9 位碳处的一个双键。对于 EA，1443 cm⁻¹、1305 cm⁻¹ 和 1265 cm⁻¹ 处不饱和脂肪酸的一些典型特征已转移到 1435 cm⁻¹、1301 cm⁻¹ 和 1266 cm⁻¹ 处，甚至不存在。在 1443 cm⁻¹ 处，CH_2 的剪切形变在反式异构体中大大减弱甚至消失，在 1301 cm⁻¹ 处的特征峰归因于反式异构体的 CH_2 扭曲振动。

而对于甘油三酯相关的异构体来说，以 OOO、PPP、OPO 和 OOP 为例 [图 4.11（a、b）]，在 1265 cm⁻¹ 处的特征峰被分配给═C—H 面内弯曲，即与双键有关，具有三个双键的 OOO 在 1265 cm⁻¹ 处产生最强的尖峰强度，具有两个双键的 OPO 和 OOP 在 1265 cm⁻¹ 处产生相对较弱的峰，而没有任何双键的 PPP 在此位置没有峰。因此，通过上述三个特征峰成功实现了对四种甘油三酯的识别。此外，甘油三酯异构体的聚类鉴定可以通过主成分分析算法实现。该模型的分类准确率为 98%。随后，利用反向传播神经网络算法实现了对这四种甘油三酯未知谱的预测和分类 [图 4.11（c、d）]，在经过全光谱数据训练后，可以实现准确度大于 99.41% 的区分。此外，低浓度的 OPO 和 OOP 混合物也可以被成功区分，随着 OOP 含量的增加，强度比 I_{1095}/I_{1075} 和 I_{1422}/I_{1440} 逐渐降低［图 4.11（e、f）］。因此，甘油三酯异构体的鉴定也可以通过三维液相界面 SERS 轻松实现。

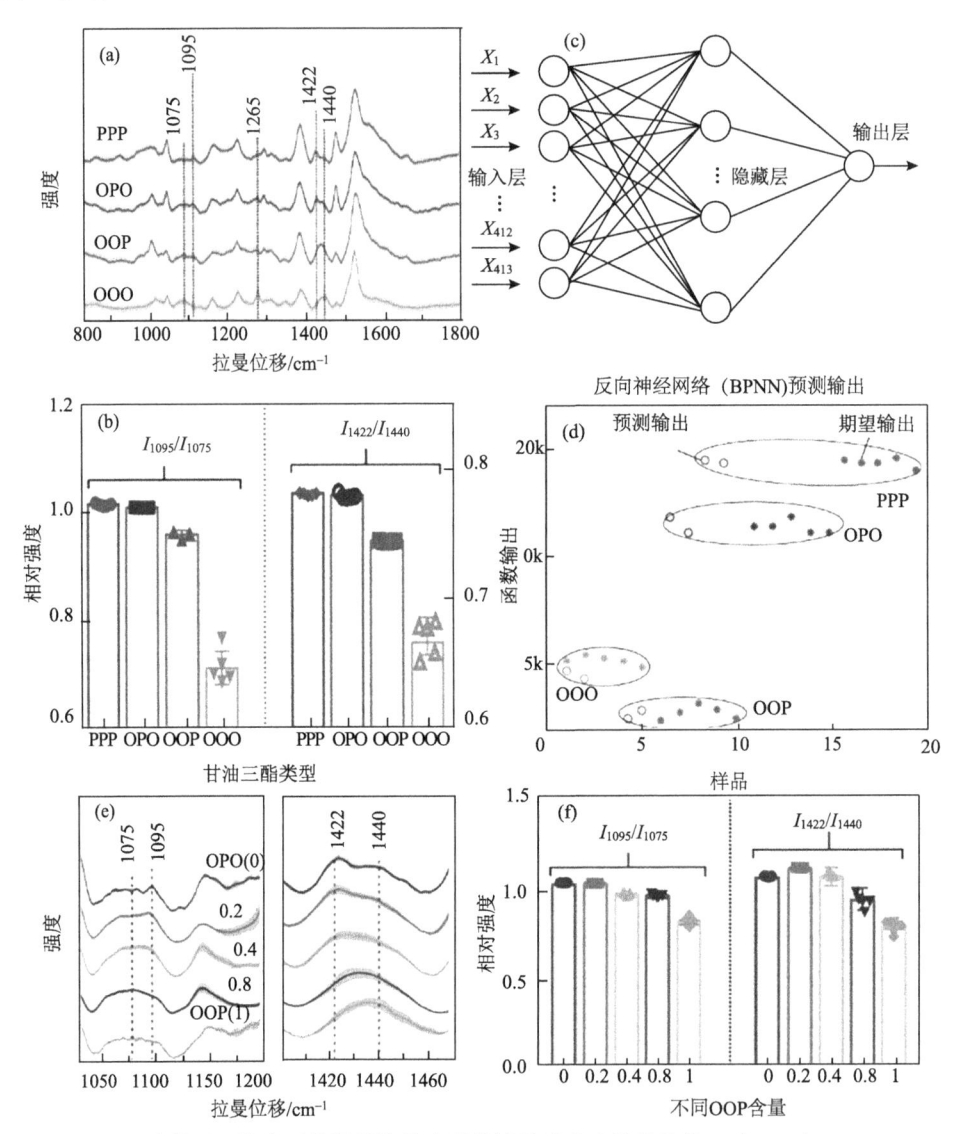

图 4.11　通过液体界面等离子体增强拉曼光谱分辨甘油酯立体异构体。(a、b) OPO、OOP、OOO 和 PPP 的平均 SERS 和相对峰强度比。(c、d) 在数据训练（实心星）之后，使用三层（输入、隐藏和输出）反向神经网络进行未知频谱预测（空心圆圈）。(e、f) OOP/OPO 混合物中 OOP 摩尔比变化的双分析物 SERS 谱图，以及相对 OOP 摩尔比依赖的 SERS 强度比[29]

与脂肪酸类似，甘油三酯也可以根据其拉曼光谱区分顺反异构体。根据 C=C 拉伸振动导致的特征峰位置不同可以区分异构体。在顺式和反式异构体中，该条带分别表现在约 1655 cm^{-1} 和 1670 cm^{-1} 处（比较三油酸甘油酯和三反油酸甘油酯光谱）[22]。早在 1972 年，Horvat 等就利用拉曼光谱测定了植物油中的顺反异构体，并且研究表明在 1656 cm^{-1} 和 1670 cm^{-1} 附近的拉曼强度分别与顺式和反式构型有关[30]。随后，Chen 等利用近红外傅里叶变换拉曼光谱，进一步验证了甘油三酯顺反异构体的特征拉曼谱带存在显著差异，具体表现为：归属于顺式异构体的 C=C 拉伸特征峰出现在 1655 cm^{-1} 处，反式异构体则在 1668 cm^{-1} 处；1266 cm^{-1} 处的 =C—H 顺式变形特征峰在反式异构体中消失，而 CH$_2$ 扭转（1302 cm^{-1}）在反式异构体中明显增强，这为食品中食用油的表征提供了一种有效的方法[31]。

刘湘江课题组也使用拉曼光谱法对食用油中的反式脂肪酸进行了定量研究。选择三油酸甘油酯和三反油酸甘油酯作为模型，其分子结构由一个甘油基团和三个油酸基团组成［图 4.12（a）］，它们之间的区别在于三个双键的空间构象差异（用圆圈标记）。在它们的拉曼光谱中也可以观察到这种差异，如图 4.12（b）所示。三油酸甘油酯在 1267 cm^{-1} 处的特征峰可归因于乙烯基团 C—H 键的面内弯曲振动。分配给 C=C 拉伸振动的 1654 cm^{-1} 和 1667 cm^{-1} 处的峰分别与顺式和反式异构体相关。综上，1267 cm^{-1} 和 1654 cm^{-1} 处的峰［图 4.12（b）插图中实线框中突出显示的条带］表示 C=C 双键处存在顺式构象，而 1667 cm^{-1} 处的峰表示存在反式构象。拉曼光谱特征带的分配如表 4.2 所示。此外，可以通过测量 1640~1680 cm^{-1} 处的峰面积来检测顺式/反式的脂肪酸含量。在偏最小二乘回归算法的帮助下，成功地量化了不同食用油中三反油酸甘油酯的浓度，并充分适应了所开发的模型[32]。

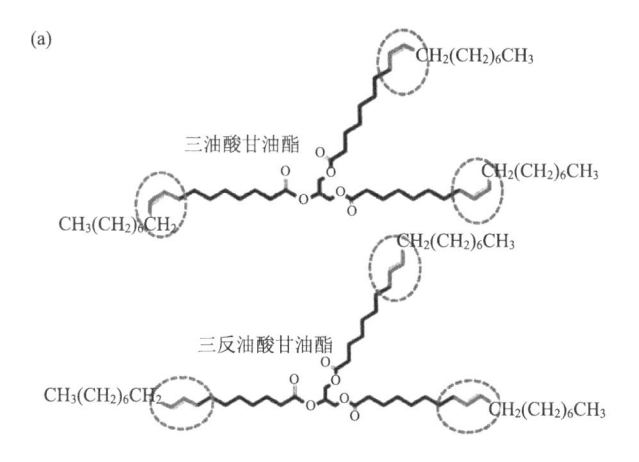

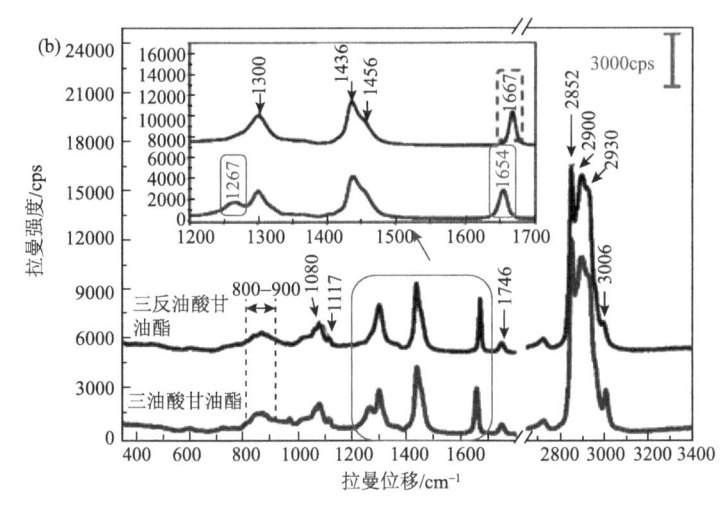

图 4.12　（a）上方和下方分别为三油酸甘油酯和三反油酸甘油酯的几何结构；（b）三油酸甘油酯和三反油酸甘油酯标准品的拉曼光谱[32]

表 4.2　三油酸甘油酯和三反油酸甘油酯主要拉曼散射带的峰归属

拉曼位移/cm^{-1}	基团	振动模式
800～900	C—C，C—O	v
1080	=C—H	v
1117	C—C	v
1267	=C—H	δ
1300	C—H	δ
1438	C—H	δ
1654	C=C	v
1667	C=C	v
1746	C=O	v
2852	C—H	对称 v
2900	C—H	对称 v
2930	C—H	不对称 v
3006	=C—H	v

注：v 代表伸缩振动；δ 代表变形振动。

4.4.5　异构体识别在食品分析中的应用

前述方法对脂肪酸和甘油三酯的各类异构体进行了鉴别，极大扩展了拉曼光谱在食品分析领域的应用。本书 3.2 节已经对不饱和脂肪酸的拉曼光谱分析展开了讨论。以下再做几个脂肪酸异构体典型案例补充。

Nagpal 等[33]针对食用油样品开展了直接拉曼光谱和 SERS 对比测量研究，其中 SERS 方法利用 Ag@Au 核壳纳米颗粒作为基底。对收集到的光谱数据进行分析，将拉曼特征峰 1657 cm^{-1} 归属于顺式 C=C 双键拉伸振动，1440 cm^{-1} 归属于 C—H 弯曲振动，1266 cm^{-1} 归属于顺式=C—H 中的对称摇摆，1081 cm^{-1} 归属于 C—O 拉伸振动。此外，971 cm^{-1}、1266 cm^{-1} 和 1657 cm^{-1} 归属于分子 C=C 组合的不饱和脂肪，而 1302 cm^{-1} 和 1440 cm^{-1} 与分子 C—C 组合的饱和脂肪有关。根据以上特征峰分析，结合主成分分析和人工神经网络算法，对浓度小于 2%的反式脂肪测量的准确率可以达到 97%，能够对食用油品质进行流畅、快速的现场检测。

在 Liu 等的研究中[34]，采用傅里叶变换拉曼光谱（λ_{ex}=1064 nm）和可见光拉曼光谱（λ_{ex}=532 nm）分别收集不同种类的动物脂肪的拉曼光谱。不同种类的动物脂肪具有不同的脂肪酸性质，包括不饱和度、顺式/反式脂肪酸等。利用不同程度的不饱和度和不同相对含量的顺式/反式脂肪酸的特征峰信息，如 3007 cm^{-1}（=C—H 非对称拉伸）、1654 cm^{-1}（C=C 拉伸）、1438 cm^{-1}（C=C 剪切变形）、1258 cm^{-1}（顺式=C—H 变形）和 967 cm^{-1}（反式=C—H 变形），实现了对动物脂肪物种的鉴别。

此外，研究人员使用近红外拉曼光谱仪（λ_{ex}=830 nm）研究了食用油、人造黄油、蛋黄酱、氢化脂肪和黄油的拉曼光谱[35]，分析了 1750 cm^{-1}、1660 cm^{-1}、1440 cm^{-1}、1300 cm^{-1} 和 1260 cm^{-1} 区域的特征峰与不饱和脂肪含量相关性，其中 1660 cm^{-1} 处的拉曼位移与样品中不饱和反式脂肪的含量密切相关，可以实现对人造黄油和蛋黄酱中的不饱和脂肪以及氢化油和黄油中反式脂肪的有效定量。对应于 C=C 拉伸的约 1655 cm^{-1} 区域，可以反映共轭双键系统的形成、反式双键和顺式双键的丢失等信息，这些变化均与油脂氧化过程中经历的构象和构型变化有关。因此，Muik 等[36]使用拉曼光谱中 1620~1680 cm^{-1} 之间的面积与 1655 cm^{-1} 处峰高（$A_{1620\sim1680}/I_{1655}$）的比来考察氧化过程中油脂的变化。在 C=C 拉伸区域观察到共轭双键系统的形成以及顺式到反式双键的异构化，并发现不同油遵循不同的模式，而 160 ℃加热会加速六种植物油的氧化降解。

Xiu 等[37]使用拉曼光谱分析了双键的顺式构型和反式构型，发现从南极磷虾油和商业鱼油中提取的 EPA 和 DHA 的差异主要存在于 1671 cm^{-1}、1658 cm^{-1}、1303 cm^{-1} 和 1265 cm^{-1}。根据拉曼光谱的指认，1671 cm^{-1} 和 1658 cm^{-1} 分别归属反式和顺式 C=C 键，而且 1303 cm^{-1}/1265 cm^{-1} 的比值越高，顺式 C=C 双键存在越多，而商业鱼油的 EPA 中存在一些反式 C=C 键，但主要构型为顺式 C=C 键；磷虾 EPA 中的主要构型是反式 C=C 键，且几乎没有顺式 C=C 键；进一步的研究发现，南极磷虾 EPA 和 DHA 的抗肿瘤效果优于商业鱼油。这些研究极大拓展了拉曼光谱鉴别食品中反式脂肪的应用场景。

4.5 展　　望

拉曼光谱无需费力的样品纯化、富集或复杂的衍生化就能实现检测，每种化合物独特的指纹光谱使拉曼检测具有高分辨力，可以为其他类型的分子提供高度诊断性的吸收模式，在脂质异构体的高灵敏度和重复检测方面具有巨大的潜在应用。随着材料进步和现代仪器设备的发展，有望利用 SERS 技术快速解析食品中脂质分子的结构信息，为食品安全提供有力保障。进一步结合适当的化学计量学方法，将成为快速定量测定食用油中脂质异构体的有力工具。此处重点总结一下目前仍然存在的一些难点。

1. 脂质分子结构和化学性质的复杂性

脂质分子，特别是脂肪酸等长链分子，具有复杂的化学结构，包括碳链长度、双键位置、饱和度以及立体构型等多种变化。这些异构体之间的结构差异可能非常细微，导致在 SERS 中表现出相似或重叠的特征峰，增加了区分的难度。因此，准确区分这些异构体需要发展更高灵敏度和更高分辨率的拉曼光谱新策略。

2. 脂质分子的拉曼信号微弱

脂质分子的本征拉曼信号非常微弱，难以被准确检测。尽管 SERS 技术能够显著增强拉曼信号，但通常情况下脂质分子与贵金属表面亲和力不强，而且难以进入热点区域。纳米颗粒的形状、大小、分布以及基底材料的性质等都会影响到 SERS 增强的效果。对于脂质分子异构体细微的结构差异，更需要高灵敏度的 SERS 信号才能准确区分。准确、特异性增强待测脂质分子的 SERS 信号成为提高检测灵敏度和准确性的关键。

3. 光谱解析的复杂性

脂质分子异构体的拉曼光谱可能存在重叠或相似的特征峰，这使得光谱解析变得复杂。为了准确区分异构体，需要对光谱进行精细的分析和处理，包括背景扣除、特征峰识别、峰位和峰强度的精确测量等。同时，还需要结合其他分析手段，如化学计量学方法、机器学习算法等，来提高光谱解析的准确性和可靠性。

4. 样品前处理的复杂性

食品中脂质分子通常含有复杂的基质，这些基质可能会产生强烈的荧光背景或其他干扰信号，掩盖了目标分子的拉曼信号。因此脂质样品往往需要进行复杂的前处理，如提取、纯化、富集等步骤，以消除干扰物质和提高检测灵敏度。然而，这些前处理步骤可能会引入新的误差或损失部分脂质分子，从而影响检测结果的准确性。因此，开发简单、快速、无损的样品前处理方法对于拉曼检测脂质分子异构体至关重要。

5. 仪器设备的限制

拉曼光谱仪的灵敏度和分辨率等性能指标对检测结果有重要影响。然而，高性能的拉曼光谱仪往往价格昂贵且操作复杂，这限制了其在一些实验室或现场检测中的应用。因此，开发成本低、操作简便、性能稳定的拉曼光谱仪对于推广拉曼检测脂质分子异构体的应用具有重要意义。

为了解决上述难点，需要不断优化拉曼及 SERS 检测方法，开发具有高灵敏度和高稳定性的 SERS 基底，以增强信号强度和降低背景干扰；利用先进的数据解析技术，如多变量统计分析和机器学习，提高异构体的区分能力；优化样品制备和处理方法，开发新的样品前处理方法和仪器设备，确保样品与 SERS 基底的良好接触和信号增强；或结合其他分析技术（如质谱、气相色谱、液相色谱、红外、NMR 等），提供补充信息，增强对异构体的识别和解析能力。通过上述策略，可以提高拉曼和 SERS 技术在脂质分子异构体分析中的应用效果，提高检测结果的准确性和可靠性，推动其在食品科学和化学分析领域的广泛应用。

参 考 文 献

[1] CAO H R, LIU Q, LIU Y, et al. Progress in triacylglycerol isomer detection in milk lipids [J]. Food Chem X, 2024, 101433.

[2] ZHANG L M, WU S M, JIN X Y. Fatty acid stable carbon isotope ratios combined with oxidation kinetics for characterization and authentication of walnut oils [J]. J Agric Food Chem, 2021, 69(23): 6701-6709.

[3] KOCH E, WIEBEL M, HOPMANN C, et al. Rapid quantification of fatty acids in plant oils and biological samples by LC-MS [J]. Anal Bioanal Chem, 2021, 413(21): 5439-5451.

[4] HATZAKIS E, KOIDIS A, BOSKOU D, et al. Determination of phospholipids in olive oil by ^{31}P NMR spectroscopy [J]. J Agric Food Chem, 2008, 56(15): 6232-6240.

[5] BERARDINELLI A, RAGNI L, BENDINI A, et al. Rapid screening of fatty acid alkyl esters in olive oils by time domain reflectometry [J]. J Agric Food Chem, 2013, 61(46): 10919-10924.

[6] HAN X L, GROSS R W. Global analyses of cellular lipidomes directly from crude extracts of biological samples by ESI mass spectrometry: A bridge to lipidomics [J]. J Lipid Res, 2003, 44(6): 1071-1079.

[7] WU B F, WEI F, XU S L, et al. Mass spectrometry-based lipidomics as a powerful platform in

foodomics research [J]. Trends Food Sci Tech, 2021, 107: 358-376.

[8] CHOI Y, PARK J Y, CHANG P S. Integral stereoselectivity of lipase based on the chromatographic resolution of enantiomeric/regioisomeric diacylglycerols [J]. J Agric Chem, 2021, 69(1): 325-331.

[9] KOZLOV O, HORÁKOVÁ E, RADEMACHEROVÁ S, et al. Direct chiral supercritical fluid chromatography-mass spectrometry analysis of monoacylglycerol and diacylglycerol isomers for the study of lipase-catalyzed hydrolysis of triacylglycerols [J]. Anal Chem, 2023, 95(11): 5109-5016.

[10] SALAS J J, BOOTELLO M A, MARTÍNEZ-FORCE E, et al. Production of stearate-rich butters by solvent fractionation of high stearic-high oleic sunflower oil [J]. Food Chem, 2011, 124(2): 450-458.

[11] GARCÉS R, MARTÍNEZ-FORCE E, VENEGAS-CALERÓN M, et al. A GC/MS method for the rapid determination of disaturated triacylglycerol positional isomers [J]. Food Chem, 2023, 409: 135291.

[12] GORSKA A, SALGARELLA N, CALAMINICI R, et al. Impact of column temperature on triacylglycerol regioisomers separation in silver ion liquid chromatography using heptane-based mobile phases [J]. J Chromatogr A, 2023, 1702: 464095.

[13] NAGAI T, MIZOBE H, OTAKE I, et al. Enantiomeric separation of asymmetric triacylglycerol by recycle high-performance liquid chromatography with chiral column [J]. J Chromatogr A, 2011, 1218(20): 2880-2886.

[14] CACCIOLA F, DONATO P, SCIARRONE D, et al. Comprehensive liquid chromatography and other liquid-based comprehensive techniques coupled to mass spectrometry in food analysis [J]. Anal Chem, 2017, 89(1): 414-429.

[15] ZHANG X H, WEI W, TAO G J, et al. Triacylglycerol regioisomers containing palmitic acid analyzed by ultra-performance supercritical fluid chromatography and quadrupole time-of-flight mass spectrometry: Comparison of standard curve calibration and calculation equation [J]. Food Chem, 2022, 391: 133280.

[16] KIRSCHBAUM C, SAIED E M, GREIS K, et al. Resolving sphingolipid isomers using cryogenic infrared spectroscopy [J]. Angew Chem Int Edit, 2020, 59(32): 13638-13642.

[17] KIRSCHBAUM C, GREIS K, MUCHA E, et al. Unravelling the structural complexity of glycolipids with cryogenic infrared spectroscopy [J]. Nat Commun, 2021, 12(1): 1201.

[18] KIRSCHBAUM C, GREIS K, POLEWSKI L, et al. Unveiling glycerolipid fragmentation by cryogenic infrared spectroscopy [J]. J Am Chem Soc, 2021, 143(36): 14827-14834.

[19] MASUDA K, ABE K, MURANO Y. A practical method for analysis of triacylglycerol isomers using supercritical fluid chromatography [J]. J Am Oil Chem Soc, 2021, 98(1): 21-29.

[20] ZHANG X H, WEI W, TAO G J, et al. Identification and quantification of triacylglycerols using ultraperformance supercritical fluid chromatography and quadrupole time-of-flight mass spectrometry: Comparison of human milk, infant formula, other mammalian milk, and plant oil [J]. J Agric Food Chem, 2021, 69(32): 8991-9003.

[21] KILDAHL-ANDERSEN G, GJERLAUG-ENGER E, RISE F, et al. Quantification of fatty acids

and their regioisomeric distribution in triacylglycerols from porcine and bovine sources using ^{13}C NMR spectroscopy [J]. Lipids, 2021, 56(1): 111-122.

[22] CZAMARA K, MAJZNER K, PACIA M Z, et al. Raman spectroscopy of lipids: a review [J]. J Raman Spectrosc, 2015, 46(1): 4-20.

[23] TAN E X, LEONG S X, LIEW W A, et al. Forward-predictive SERS-based chemical taxonomy for untargeted structural elucidation of epimeric cerebrosides [J]. Nat Commun, 2024, 15(1): 2582.

[24] MELCHIORRE M, TORREGGIANI A, CHATGILIALOGLU C, et al. Lipid markers of "Geometrical" radical stress: Synthesis of monotrans cholesteryl ester isomers and detection in human plasma [J]. J Am Chem Soc, 2011, 133(38): 15184-15190.

[25] MELCHIORRE M, FERRERI C, TINTI A, et al. A promising Raman spectroscopy technique for the investigation of *trans* and *cis* cholesteryl ester isomers in biological samples [J]. Appl Spectrosc, 2015, 69(5): 613-622.

[26] NUMATA Y, KOBAYASHI H, OONAMI N, et al. Simultaneous determination of oleic and elaidic acids in their mixed solution by Raman spectroscopy [J]. J Mol Struct, 2019, 1185: 200-204.

[27] MEURENS M, BAETEN V, YAN S H, et al. Determination of the conjugated linoleic acids in cow's milk fat by Fourier transform Raman spectroscopy [J]. J Agric Food Chem, 2005, 53(15): 5831-5835.

[28] STEFANOV I, BAETEN V, ABBAS O, et al. Determining milk isolated and conjugated-unsaturated fatty acids using Fourier transform Raman spectroscopy [J]. J Agric Food Chem, 2011, 59(24): 12771-12783.

[29] DU S S, SU M K, WANG C, et al. Pinpointing alkane chain length, saturation, and double bond regio- and stereoisomers by liquid interfacial plasmonic enhanced Raman spectroscopy [J]. Anal Chem, 2022, 94(6): 2891-900.

[30] BAILEY G F, HORVAT R J. Raman spectroscopic analysis of thecis/trans isomer composition of edible vegetable oils [J]. J Am Oil Chem Soc, 1972, 49(8): 494-498.

[31] WENG Y M, WENG R H, TZENG C Y, et al. Structural analysis of triacylglycerols and edible oils by near-infrared Fourier transform Raman spectroscopy [J]. Appl Spectrosc, 2003, 57(4): 413-418.

[32] GONG W C, SHI R Y, CHEN M, et al. Quantification and monitoring the heat-induced formation of trans fatty acids in edible oils by Raman spectroscopy [J]. J Food Meas Charact, 2019, 13(3): 2203-2210.

[33] NAGPAL T, YADAV V, KHARE S K, et al. Monitoring the lipid oxidation and fatty acid profile of oil using algorithm-assisted surface-enhanced Raman spectroscopy [J]. Food Chem, 2023, 428: 136746.

[34] GAO F, BEN-AMOTZ D, ZHOU S M, et al. Comparison and chemical structure-related basis of species discrimination of animal fats by Raman spectroscopy using near-infrared and visible excitation lasers [J]. LWT-Food Sci Technol, 2020, 134: 110105.

[35] SILVEIRA F L, SILVEIRA L, VILLAVERDE A B, et al. Use of dispersive Raman

spectroscopy in the determination of unsaturated fat in commercial edible oil- and fat-containing industrialized foods [J]. Instrum Sci Technol, 2010, 38(1): 107-23.

[36] MUIK B, LENDL B, MOLINA-DÍAZ A, et al. Direct monitoring of lipid oxidation in edible oils by Fourier transform Raman spectroscopy [J]. Chem Phys Lipids, 2005, 134(2): 173-82.

[37] ZHENG W L, WANG X D, CAO W J, et al. E-configuration structures of EPA and DHA derived from and their significant inhibitive effects on growth of human cancer cell lines [J]. Prostag Leukotr Ess, 2017, 117: 47-53.

第5章

食用油种类与产地的拉曼光谱分析

不同种类的食用油在脂肪酸组成上展现出显著的差异性，这些差异直接关联到食用油的营养价值及健康作用。例如，橄榄油因富含单不饱和脂肪酸，对降低血液中低密度脂蛋白胆固醇水平、维护心血管健康具有积极作用[1]。相反，棕榈油等含有较高的饱和脂肪酸，长期过量摄入可能对血脂水平产生不利影响[2]。因此，消费者在选择食用油时，需充分了解其种类及脂肪酸构成，以便根据个人健康状况和需求做出个性化选择。同时，产地信息在评估食用油品质与安全性方面同样扮演着重要角色。不同产地的环境管理标准、农药使用情况、水源质量等因素均可能对食用油的品质产生深远影响。优质产地的食用油，得益于得天独厚的气候、土壤等自然条件，往往具备更高的品质和独特的营养价值[3]。

面对市场上种类繁多、产地各异的食用油产品，消费者以及管理部门如何准确鉴别其种类与产地是一个现实挑战。现代分析技术如红外光谱法、气相色谱法以及核磁共振法等已被广泛采纳，用于食用油种类与产地的精确鉴别。例如，Du等[4]将近红外光谱与化学计量学相结合，对山茶油掺杂玉米油、菜籽油和葵花籽油进行了分析，通过对不同谱图进行预处理，定性鉴别的准确率高达96.7%。此外，Monfreda等[5]研究了橄榄油中脂肪酸甲酯的变化，利用氢火焰检测器和化学计量学方法，成功辨别了混有不同比例葵花油的橄榄油，甚至能区分浓度相差仅5%的样品。

拉曼光谱技术作为一种先进的分子光谱分析技术，以其独特的非接触式、无损检测以及高灵敏度等特点，在食用油种类与产地区分中展现出巨大的应用潜力[6-9]。拉曼光谱技术通过测量样品中分子的振动信息，可以获取到食用油中各种成分的化学指纹。这些指纹信息具有高度的特异性和稳定性，能够准确反映食用油的种类和产地特征。与传统的化学分析方法相比，拉曼光谱技术无须对样品进行预处理，操作简便且快速，适用于大规模样品的快速筛选和分类。在食用油品质控制和溯源方面，拉曼光谱技术能够提供有力的技术支撑。通过建立食用油种类和产地的特征数据库，可以实现对未知样品的快速鉴别和分类。同时，拉曼光谱技术还可以用于监测食用油在加工、储存和运输过程中的品质变化，及时发现潜在的安全隐患，保障食用油的品质和安全[10-12]。

当前，拉曼光谱技术已经用于食用油种类与产地的鉴别，有望发展成为食用油品质控制和质量监管的新手段。本书第 3 章已经初步开展了拉曼光谱对食用油品质如油脂氧化以及脂肪酸分析研究的介绍，这些指标常被用来区分食用油的种类与产地，本章将系统梳理食用油种类与产地的拉曼光谱研究进展，分析其技术优势与挑战。

5.1 食用油种类的拉曼光谱分析

2.1 节介绍了食用油基本成分和种类差异。简言之，食用油主要是由甘油三酯（>95%）和一些次要成分（如固醇、维生素 E、叶绿素等）组成的复杂混合物[13]。不同食用油种类其主要成分和次要成分会有明显差异。4.4 节介绍了拉曼光谱鉴别脂肪酸和甘油三酯异构体等研究，在评估食用油中甘油酯的不饱和度、多态性或分子异构方面，拉曼光谱具有独特优势。

拉曼光谱的谱带数目、频率位移、谱带强度都与这些分子的独特振动和转动相关联，在 800~1800 cm^{-1} 和 2750~3100 cm^{-1} 波数范围产生特征拉曼峰，相关代表性的官能团信息如表 5.1 所示。

表 5.1　食用油中主要拉曼峰的归属

波数/cm^{-1}	基团	振动类型
868	—(CH$_2$)$_n$—	C—C 伸缩振动
960	*tans* RHC=CHR	C=C 弯曲振动
1008	HC—CH$_3$	CH$_3$ 弯曲振动
1082	—(CH$_2$)$_n$—	C—C 伸缩振动
1150	—(CH$_2$)$_n$—	C—C 伸缩振动
1265	*cis* RHC=CHR	=C—H 弯曲振动
1300	—CH$_2$	C—H 弯曲振动
1440	—CH$_2$	C—H 弯曲振动
1525	RHC=CHR	C=C 伸缩振动
1660	*cis* RHC=CHR	C=C 伸缩振动
1760	RC=OOR	C=O 伸缩振动
2850	—CH$_2$	C—H 对称伸缩振动

第 5 章 食用油种类与产地的拉曼光谱分析

续表

波数/cm^{-1}	基团	振动类型
2897	—CH$_3$	C—H 对称伸缩振动
2924	—CH$_2$	C—H 不对称伸缩振动
3005	cis RHC=CHR	=C—H 对称伸缩振动

3.2 节介绍了拉曼光谱分析脂肪酸不饱和度，这也可以用来区分食用油种类。不饱和度代表脂肪酸链中双键的数目，其中，1660 cm^{-1} 归属于 C=C 伸缩振动、1440 cm^{-1} 归属于 C—H 弯曲振动，它们的峰面积（A）、强度和位移是评价不饱和度的有效指标。Berghian-Grosan 等[14]收集了葵花籽油、芝麻油、麻油、核桃油和亚麻籽油共 5 种食用油的拉曼光谱，证明光谱中峰面积之比 A_{1656}/A_{1440} 是区分食用油种类的关键，其中 A_{1440} 代表食用油的饱和脂肪酸含量，而 A_{1656} 是食用油中不饱和脂肪酸的特征[15]。如图 5.1 所示，A_{1656}/A_{1440} 小于 0.3 时代表油中含有高饱和脂肪酸（葵花籽油和芝麻油的饱和脂肪酸约为 13% 和 17%）。A_{1656}/A_{1440} 高于 0.3 时，表示食用油中含有低饱和脂肪酸（麻油、核桃油和亚麻籽油的饱和脂肪酸约为 10%）。因此这种不饱和度的差异可以用来直观区分食用油种类。除统计

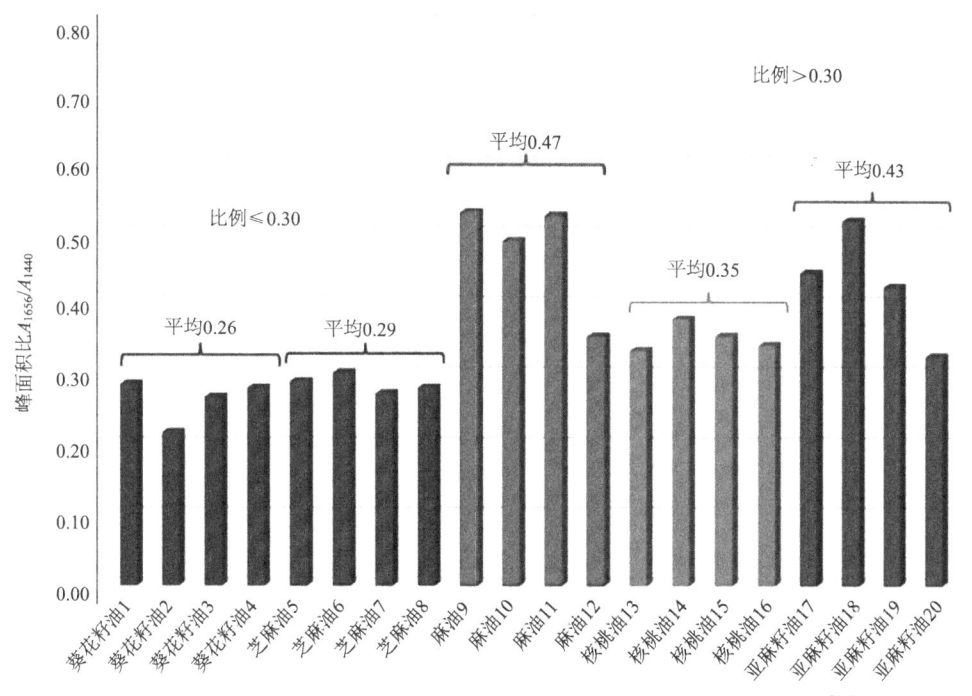

图 5.1　五种食用油的 A_{1656}/A_{1440} 比例，其中每种食用油包含四个样品[14]

1440 cm^{-1} 与 1656 cm^{-1} 处峰值，1266 cm^{-1}（═CH—H）与 1300 cm^{-1}（—CH$_2$）也分别代表食用油的不饱和度与饱和度。Zhao 等[16]收集了来自不同品牌的十种商业食用油的拉曼光谱，然后用 I_{1266}/I_{1300} 来表示每种油的不饱和度，其中椰子油、橄榄油、菜籽油和大豆油的 I_{1266}/I_{1300} 值分别为 0.30、0.60、0.84 和 1.0。I_{1266}/I_{1300} 的增加反映了 C18：3n3（亚麻酸）的高含量，体现出不同种类食用油中的成分差异。

为了提高油脂分子检测的灵敏度和稳定性，作者所在课题组[10]开发了液相界面 SERS 测量方法，利用三维等离子体纳米阵列结合 PCA 方法，使用便携式拉曼仪器实现了食用油成分的定量分析。如图 5.2（a）所示，在食用油样品表面无须

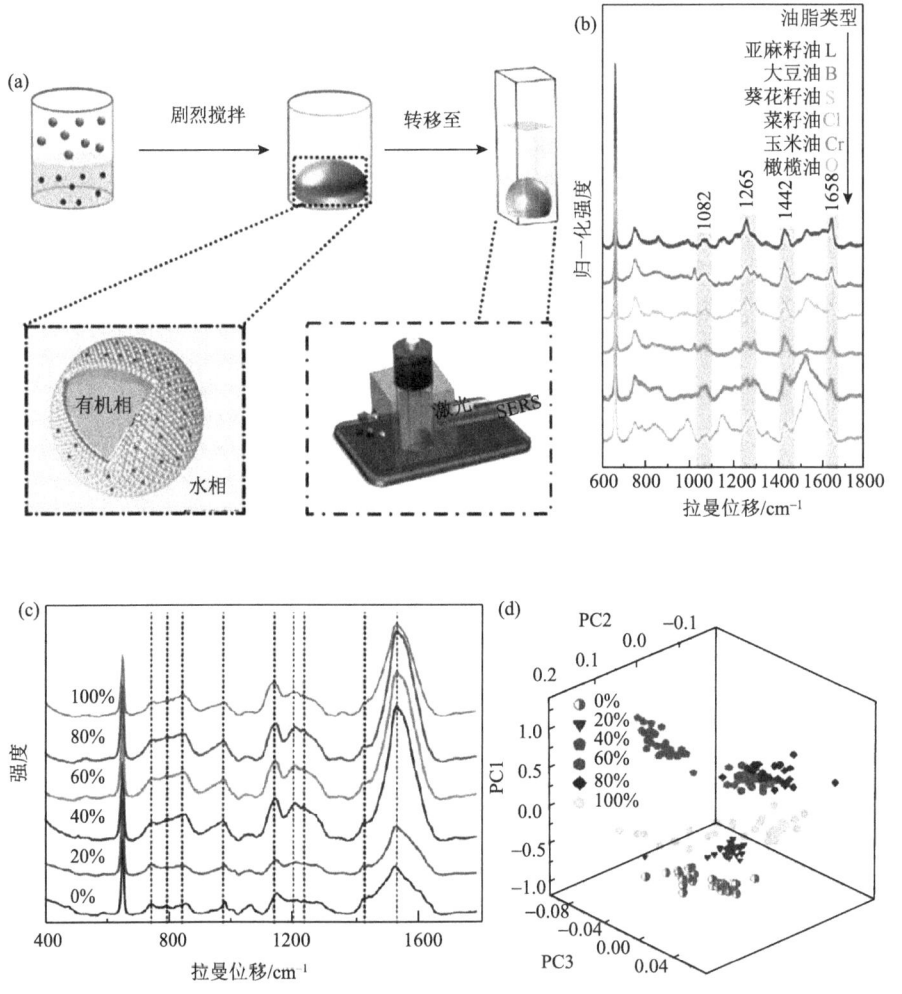

图 5.2 （a）食用油界面三维等离子体纳米阵列自组装；（b）六种不同食用油样品的代表性 SERS；分别含有不同比例地沟油的大豆油的 SERS（c）及相应的 3D-PCA 图（d）[10, 12]

任何其他促进剂或表面活性剂处理,即可直接实现三维等离子体纳米阵列自组装包覆,并最终被定位到油/水界面上。这种三维等离子体纳米阵列可以被转移到任何玻璃容器中,或者采用比色皿进行直接拉曼光谱测量,可以有效区分六种食用油产品的类型(橄榄油、玉米油、菜籽油、大豆油、葵花籽油和亚麻籽油)。

如图 5.2(b)所示,所有食用油的拉曼特征峰主要集中在 $800 \sim 2000 \ cm^{-1}$ 的范围内,峰位大致相同,主要区别在于不饱和脂肪酸含量[17],差异最大的峰位于 $1658 \ cm^{-1}$ 处,反映了不饱和双键(C═C)的差异。随着不饱和双键数量的增加,位于 $1658 \ cm^{-1}$ 处的特征峰变得更窄且更明显。而归属于═C—H 的 $1265 \ cm^{-1}$ 则反映了不饱和键中碳原子的差异。这两个特征峰共同反映了食用油的不饱和程度,可以作为鉴别不同食用油品种的依据。其中,亚麻籽油具有最多的不饱和双键比例(包括油酸、亚油酸、亚麻酸的总和)。相较于传统拉曼光谱,这种油/水界面上的 SERS 强度显著提高,能够更灵敏地反映食用油的结构特征。

在此基础上,为了进一步区分食用油中是否掺杂了地沟油,作者所在课题组[12]将地沟油按比例加入普通大豆油中进行 SERS 测量[图 5.2(c)]。每个样品采集了 30 张光谱,并运用 PCA 算法实现了自动分类。如图 5.2(d)所示,结果表明 PCA 辅助的三维纳米组装 SERS 技术可以成为检测地沟油掺假的绝佳方法。因此,液相界面 SERS 技术在食用油质量鉴定及区分应用中具有巨大的潜在用途。

除了关注不同食用油中不饱和度的异同外,类胡萝卜素作为橄榄油中的天然抗氧化剂会被游离脂肪酸降解[18],因此也可成为区别油脂种类的指标。Qiu 等[19]在特级初榨橄榄油样品中观察到 $1155 \ cm^{-1}$ 和 $1525 \ cm^{-1}$ 两种振动模式,而在低质量的果渣橄榄油样品中,这两种模式无法被检测到。这两种模式的峰强度随特级初榨橄榄油样品中游离脂肪酸含量而变化,$1155 \ cm^{-1}$ 特征峰可以归因于类胡萝卜素的 C—C 拉伸振动,$1525 \ cm^{-1}$ 特征峰可以归因于类胡萝卜素的 C═C 拉伸[20]。因此 $1155 \ cm^{-1}$ 和 $1525 \ cm^{-1}$ 两处拉曼特征峰的强度和位移对于分析不同质量的橄榄油具有重要价值。

在油脂鉴别分析领域,化学计量学方法辅助拉曼光谱数据处理的综合应用显著提升了分析效能,为油脂品质的精准判断提供了强有力的技术支持[21]。该方法通过系统地采集已知类别食用油的拉曼光谱数据,经过精心设计的预处理流程,提取出关键性的特征向量,并以此为基础构建出训练样本库,进而利用先进的数学算法优化出最佳的分析模型。在模型建立后,对待测食用油样本进行拉曼光谱信息采集,经历相同的预处理和特征提取步骤后,依据这些特征向量与训练样本库中数学模型的比对,可以实现对食用油样本的类别预测和掺假鉴别。这一方法不仅可以实现对油脂类别的无损快速判断,还可以提高检测、鉴定的准确性和可靠性。关于人工智能算法助力拉曼光谱分析的讨论将在第 8 章深入展开,接下来仅介绍与本节内容密切相关的几个典型案例。

Jin 等[22]研究发现 PCA 对废弃食用油和五种常用食用油的拉曼光谱区分至关重要。当将废弃食用油以 10%和 20%的比例添加到大豆油或橄榄油中时，PCA 可以有效分离掺假油和纯食用油，并且 969 cm^{-1} 和 1302 cm^{-1} 处的相对拉曼强度对应着食用油热处理过程中不饱和双键的转变，这种变化有利于区分大豆油或橄榄油中掺杂的废弃食用油。

类似地，酥油、榨橄榄油和其他油混合物也可以得到很好的区分[23]。Portarena 等[18]结合拉曼光谱和 PLS 方法，开发了预测橄榄油的脂肪酸相对含量的模型，并且通过拉曼光谱的线性判别分析可以有效区分橄榄油的四个不同成熟阶段，正确率高达 94.4%。为了区分特级、初级、低级初榨橄榄油，Ríos-Reina 小组[24]结合 PLS 分别对荧光光谱与拉曼光谱技术进行了比较，结果在三元模型中荧光光谱的准确率（78.6%）高于拉曼光谱（66.03%），但拉曼光谱技术可以在相同时间内分析更多的样品，因此在实际应用当中可以结合多种分析方法来提高橄榄油区分效率。

除了食用油的种类，Kwofie 等[25]还针对不同年份以及不同品牌的 15 种食用油拉曼光谱，通过结合遗传算法来进行有效识别。Zhao 等[16]将九种监督机器学习（ML）算法集成到拉曼光谱数据处理协议中，实现了快速区分不同品牌的十种商业食用油。与 PCA 方法相比，这种 ML 算法可以提供更清晰的油品分类以及更高准确率（96.7%）。Temiz 等[26]则将 PCA 分类和 PLS 相融合，对实验室生产的冷榨油及其商业替代品进行了拉曼光谱分析，所建立的预测模型具有高灵敏度和特异性，实现了对多种类型的商业食用油的区分。

5.2　食用油产地的拉曼光谱分析

随着全球化和贸易的不断发展，食用油来源日益多样化，不同产地的食用油在市场上广泛流通。中国地域辽阔，食用油种类丰富多样，且地域分布特征明显。根据北京马上赢信息科技有限公司公开的数据调研，2024 年第二季度中国食用油呈现出显著的地域分布特点（表 5.2）。全国范围内，菜籽油占据领先地位，尤其在陕西、贵州、四川等中西部地区，其市场份额远超其他油种，陕西省内菜籽油市场份额占比高达 83.18%。这一分布特点与地区气候、种植习惯及消费者偏好紧密相关。相比之下，玉米油在江西省的市场份额最高，达到 36.66%；葵花籽油在上海的市场份额较为突出，为 30.64%；大豆油则在东北地区，尤其是黑龙江省，展现出显著的市场份额优势，占比高达 85.14%。这些地域分布差异不仅反映了各地饮食习惯的不同，也体现了油料作物种植情况的差异。同时，在东南、华北地区，大豆油、调和油与花生油的市场竞争较为激烈，其中花生油在山东、广东、广西、北京的占比高于 40%，显示出这些地区对花生油的偏好。

表 5.2　中国省域食用油种类及市场份额

省份	TOP1 油种	市场份额
安徽	调和油	29.39%
北京	花生油	42.05%
福建	调和油	33.85%
广东	花生油	45.98%
广西	花生油	68.22%
贵州	菜籽油	77.03%
河北	花生油	29.56%
河南	大豆油	35.75%
黑龙江	大豆油	85.14%
湖北	菜籽油	39.15%
湖南	菜籽油	59.56%
吉林	大豆油	49.84%
江苏	大豆油	21.72%
江西	玉米油	36.66%
辽宁	大豆油	35.88%
山东	花生油	50.02%
山西	调和油	24.00%
陕西	菜籽油	83.18%
上海	葵花籽油	30.64%
四川	菜籽油	68.05%
天津	花生油	36.99%
云南	菜籽油	59.96%
浙江	调和油	26.27%
重庆	菜籽油	59.53%

然而，由于地理、气候、土壤等自然条件的差异，不同产地的食用油在化学组成和物理性质上存在显著差异。这些差异不仅影响食用油的营养价值，还可能影响其储存稳定性、加工性能和安全性。因此，对不同产地食用油的快速、准确鉴别具有重要意义。举例来说，我国花生种植历史悠久，种植面积广泛，尤其以山东、河南等地为主要产区。不同产地的花生油因其气候、土壤、水源等自然条件的差异，导致其品质特性有所不同。区分产地，有助于推动花生油产业的标准化生产，提高整个行业的品质水平。

为了提高溯源模型的稳定性和可靠性，有必要分析产地、品种及其相互作用对花生油拉曼光谱的综合影响，以选择与产地密切相关且受品种影响较小的光谱测量方案。Zhu 等[27]采集了来自不同省份和同一省份不同城市的 159 个花生油样品的拉曼光谱图，采用多种化学计量学分析技术对所得数据进行处理。结果表明，基于全光谱的样品总体识别率高于90%。生产原产地、品种及其相互作用对花生油的拉曼光谱影响显著，选择1400～1500 cm^{-1}和1600～1700 cm^{-1}作为产地特征光谱，受品种影响较小并且可以将检测时间缩短至3min。但是不同的地理因素（如地质、气候和农业实践）如何影响不同产区之间花生油拉曼光谱的差异尚不清楚，需要进一步研究。

橄榄油是另一个研究较为深入的例子，其油酸含量高达60%～80%，同时还含有亚油酸、棕榈酸、硬脂酸等多种脂肪酸。橄榄油还含有维生素A、B、D、E、K等多种维生素以及抗氧化物等有益成分。这些成分使得橄榄油具有调节血脂、保护心血管、预防癌症等多种健康益处[28]。西班牙是橄榄油全球第一大生产国，安达卢西亚地区占全国橄榄油产量的80%[29]。特级初榨橄榄油（EVOO）源自橄榄树的果实，通过物理方法提取而成。气候、土壤条件、农业实践以及当地橄榄品种的差异均会影响EVOO的组成和营养成分，也就是说其质量和商业价值在很大程度上取决于地理来源。鉴于此，欧盟已制定相关规定[30]，即来自公认高质量橄榄油生产区的商品，可在标签上标注受保护的原产地名称（PDO）或受保护的地理标志（PGI），使消费者能够购买到真正具有地域特色的优质产品。然而，验证橄榄油的真实性和追溯其来源是一项颇具挑战性的任务。

Portarena等[31, 32]通过结合使用同位素比质谱法（IRMS）测量了橄榄油中$^{13}C/^{12}C$和$^{18}O/^{16}O$数据，已经能够提供关于橄榄油地理来源的信息。但是水循环对植物组织中的碳和氧同位素组成有显著影响，这一影响受到地理位置的蒸发量、光合作用等能力的调节。因此，在气候参数相似，特别是降水量周期相近的地区，这种方法可能难以区分橄榄油样品[33]。RRS技术能够激发类胡萝卜素分子的共振振动模式，从而允许对类胡萝卜素含量进行量化比较[34]。类胡萝卜素含量不仅可能受气候参数（如光照、距海距离、温度和降水量）的影响，还可能受到遗传因素的调节，这主要与橄榄品种有关[35]。因此，类胡萝卜素含量被视为一个潜在的地理追踪指标。为了验证这一点，Portarena小组[36]从意大利海岸线具有相似气候和地理特征的PDO生产区域选取了多种橄榄油样本，并使用IRMS和RRS方法分别分析了这些样本的同位素组成和类胡萝卜素含量。然而，仅直接使用这两个参数进行地理区分并不理想。意外的是，他们将IRMS和RRS的输出数据整合到多变量统计方法中，成功构建了一个预测模型，该模型能够正确分类82%的橄榄油样本。这一结果表明多分析技术融合先进算法，可以有效提高橄榄油地理来源识别准确性。

Sánchez-López等[29]利用傅里叶变换拉曼光谱结合化学计量方法，预测了脂肪酸含量，同时根据收获年份、橄榄品种以及地理产地等多个因素，对不同的EVOO进行了分类，取得了优异的区分准确度。Fort等[37]使用多变量方法来验证来自两个地理上相邻的EVOO的地理来源，采用荧光和傅里叶变换拉曼两种光谱技术获得光谱数据，结合PCA和PLS方法融合起到了一定的区分效果。但是所提出的策略需要使用不止一种仪器，并需要更多的样本量才可以保证可接受的准确度，因此该方法仍然需要进一步优化。

Kontzedaki 等[38]选取了来自希腊三个不同地区（克里特岛、伯罗奔尼撒半岛和莱斯沃斯岛）的橄榄油样本，在紫外至近红外的光谱范围内扫描这些样本，同时结合可见光谱与拉曼光谱技术，采用 ML 方法，成功实现了对不同希腊地理区域样本的明确分类（图 5.3）。

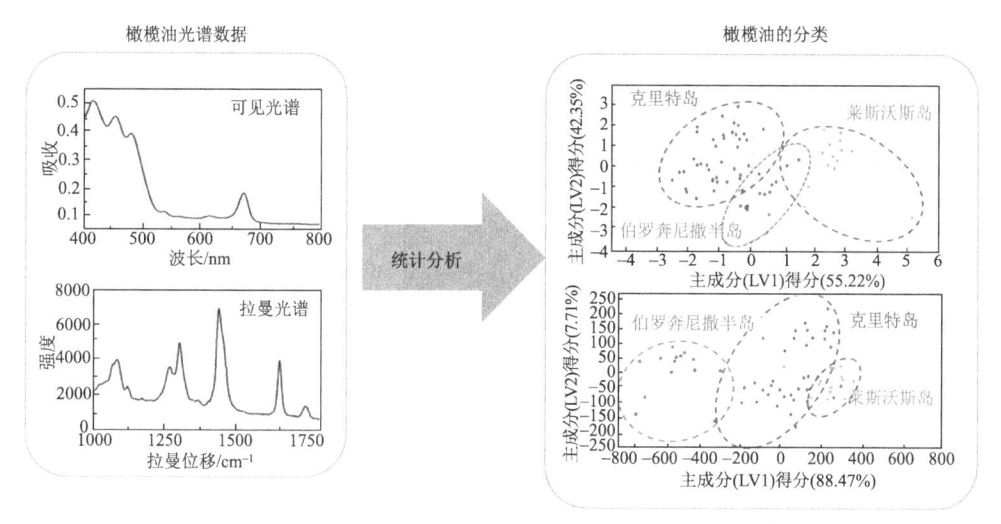

图 5.3　不同地区橄榄油的可见光谱与拉曼光谱鉴别[38]

5.3　食用油生产及加工的拉曼光谱分析

食用油种类与产地的拉曼光谱研究，为生产加工过程中的质量控制提供了至关重要的科学依据。详尽分析不同种类和产地的食用油品质，有利于制定原料来源、精炼、脱色、脱臭、成品油储存等各个环节的管理措施，优化加工工艺。例如，精炼过程也会改变油脂的氧化程度，破坏不饱和脂肪酸结构。储存过程中，食用油也可能会受到光照、温度等因素的影响而发生变质。通过分析食用油拉曼光谱的变化，可以评估其生产、加工及储存等过程中的品质稳定性，及时跟踪品质变化。3.1 节已经总结了脂质氧化的拉曼光谱分析，本节仅列举与食用油生产加工及使用过程中脂质氧化分析相关的几个例子。

5.3.1　品质稳定性跟踪分析

食用油的氧化稳定性很大程度上受其成分的影响，特别是甘油三酯中单不饱和脂肪酸和多不饱和脂肪酸的含量[39]，不饱和度越高，油越容易受到加热促进的氧化降解。Wang 等[40]使用拉曼光谱结合 PLS 和随机森林模型（RF）跟踪和分析了热氧化过程中坚果油品质变化。结果表明，脂肪酸官能团的特征峰强度随脂肪酸组成而变化。随着氧化时间的延长，氧气攻击脂质，然后发生自由基反应，导致整个光谱强度呈下降趋势。Nagpal 等[41]利用拉曼光谱和 SERS 结合 PCA 算法研究了不同油炸周期的食用油，光谱分析清晰跟踪了脂质氧化产物的形成。为了进一步对数据进行定量分析，他们选择了人工神经网络（ANN）方法作为化学计量工具，并建立评估化学参数的回归模型。该方法可以区分小于 2% 的反式脂肪，准确率为 97%。

作者所在课题组[11]利用油水界面 SERS 技术在 3min 内实现了直接分析食用油的过氧化值。在分析过程中，I_{1265}/I_{1436} 与过氧化值之间具有很好的相关性，可用于过氧化值的定量检测。该方法测得的过氧化值与国家标准方法的相对偏差小于 10%，显示出其在食用油过氧化值超灵敏和快速分析方面的优势。为了提高该方法现场实时分析的能力，使用 PCA 分类算法实现了 SERS 信号的自动识别和分类（图 5.4）。PCA 数据图清晰表明食用油氧化过程中其 SERS 信号发生了明显的变化，揭示了氧化产物与光谱特征之间的关联机制。

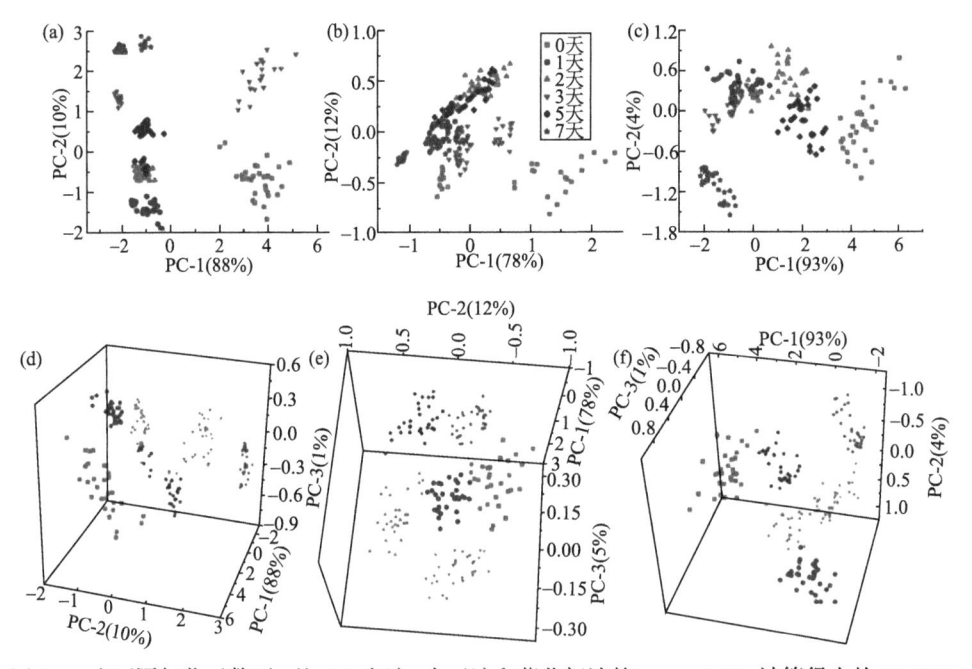

图 5.4　在不同氧化天数下，基于玉米油、大豆油和葵花籽油的 PML-SERS 计算得出的 2D-PCA（a~c）分数和 3D-PCA 分数（d~f）[11]

Zade 等[42]利用拉曼光谱和化学计量法，对七种常用食用油（菜籽油、玉米油、煎炸油、芝麻油、大豆油、橄榄油和葵花籽油）的热稳定性进行了深入研究。通过监测这些油在受控加热过程中的光谱变化，他们揭示了不同油类之间独特的热降解模式。与橄榄油相比，富含多不饱和脂肪酸的油（如大豆油）表现出热降解现象。

芝麻油和商用煎炸油则表现出优异的耐热性。这种方法能够可靠地比较不同油类的热稳定性，从而为优化高温食品加工过程并保持产品质量提供有力支持。因此，通过分析食用油中脂肪酸和氧化产物的振动模式变化，可以预测其保质期和储存条件。

5.3.2 不饱和度快速分析

碘值（IV）法是测定食用油不饱和度的传统理化分析方法之一，其核心在于通过量化 100g 油所能吸收的碘的质量（g）来准确评估油脂的不饱和度。国家标准《动植物油脂 碘值的测定》（GB/T 5532—2022）明确规定了使用韦式试剂即 Wijs 碘法，作为标准的化学测定手段。但是，Wijs 碘法的测定过程相对烦琐，需要较长的滴定反应时间和复杂的操作步骤，为了突破这一局限，科研人员考察了拉曼光谱技术在油脂 IV 快速鉴定上的应用潜力。Dyminska 等[43]建立了 13 种食用油的拉曼光谱与其 IV 在宽范围（84.6~212.1）内的线性关系，但值得注意的是，当尝试将此模型应用于 IV 差异较小的窄范围（小于 10）时，该模型的稳定性和准确性仍然存在挑战。因此，构建适用于窄 IV 范围的快速预测模型，对于精确评估相似油脂的不饱和程度显得尤为重要。

Pulassery 等[44]提出了一种基于手持式拉曼光谱仪的快速检测 IV 的方法。他们使用 785 nm 激发源的手持设备对椰子油、葵花籽油和故意掺假的混合物进行了拉曼光谱研究，并将获得的数据与 GC-MS 结果一起进行对比分析，成功从已识别的拉曼光谱带的强度推导出了 IV 的特定方程，分析判别时间不超过 2min。Carmona 等[45]发现 C—H 及 C=C 键中的拉伸振动的拉曼带的位置和强度与脂肪酸烃链的不饱和程度密切相关，并且这些信号的强度与油的不饱和度及 IV 之间呈现出线性相关性，因此这些结果能够有效反映油脂的不饱和程度。

从原料油品质的基础评估，到精炼过程中抗氧化物质损耗与杂质清除的实时监测，再到成品油品质检测中脂肪酸组成、过氧化值、IV 等核心指标的快速测定，拉曼光谱技术展现出其高效、准确且非破坏性的优势。它不仅可以为压榨、浸出等预处理工艺提供科学指引，还能帮助及时调整精炼工艺，确保产品品质的稳定性。此外，拉曼光谱技术在脱色与脱臭步骤中的实时监测能力以及鉴别掺杂与掺假行为的能力，可以进一步提升食用油的营养与安全品质。因此，拉曼光谱技术在食用油加工领域的应用潜力巨大，将持续推动食用油品质的提升与食品安全的保障。

5.4 展　　望

拉曼光谱技术作为一种高效的光谱分析手段，在食用油检测领域的应用正逐步展现无与伦比的潜力，尤其是在食用油种类辨识、产地追溯以及品质评估方面，其独特优势日益凸显。随着科学技术的不断进步，拉曼光谱技术在食用油检测领域的深化应用前景广阔，预示着一场技术革新与产业升级的浪潮。拉曼光谱技术在食用油检测中的深化应用在未来可以体现在以下几个重点方向。

1. 食用油成分的深度剖析与种类精准界定

拉曼光谱技术凭借其非破坏性、高灵敏度的特点，不仅能够迅速区分各类食用油，更能在分子层面实现对食用油成分的深度解析。通过精确捕捉食用油样本中特定化学键的振动信息，结合先进的化学计量学算法，可以实现对脂肪酸类型、甘油酯分布、抗氧化剂含量等关键成分的精准定量分析。这种从微观到宏观的全面分析能力，为食用油品质的精细化评估提供了科学依据，有助于构建更加精准、系统的食用油分类体系，满足市场对高品质食用油日益增长的需求。

2. 食用油产地追溯与掺假行为的智能识别

食用油的产地直接关联到风味、营养价值及市场定位，而拉曼光谱技术则为解决产地追溯难题提供了解决方案。通过建立全球范围内不同产地食用油的拉曼光谱特征数据库，结合机器学习算法，可以实现食用油产地的快速、准确识别，有效打击假冒产地行为，维护消费者权益。此外，针对食用油掺假问题，拉曼光谱技术能够识别出微量的异物成分，开发基于该技术的智能掺假检测系统，将极大提升检测效率与准确性，为食用油市场的公平竞争与健康发展保驾护航。

3. 食用油品质的动态监测与综合评估体系构建

在食用油的生产、储存及加工链条中，品质监控是确保产品安全与提升市场竞争力的关键环节。拉曼光谱技术凭借其实时在线监测能力，为实现食用油品质的动态管理提供了可能。通过集成自动化控制系统，能够实时监测生产过程中脂肪酸氧化程度、稳定性指标（如过氧化值）、不饱和度、碘值以及脂质异构体比例等关键品质参数，及时预警潜在的质量问题，确保每一批次食用油均符合高标准要求。同时，拉曼光谱技术还能为食用油品质的综合评估提供多维度数据支撑，助力企业优化生产工艺，提升产品整体品质，从而在激烈的市场竞争中占据先机，推动整个食用油行业的可持续发展。

参 考 文 献

[1] WANG P S, KUO C H, YANG H C, et al. Postprandial metabolomics response to various cooking oils in humans [J]. J Agric Food Chem, 2018, 66(19): 4977-4984.

[2] VOON P T, LEE S T, NG T K W, et al. Intake of palm olein and lipid status in healthy adults: A

meta-analysis [J]. Adv Nutr, 2019, 10(4): 647-659.

[3] BIMBO F, ROSELLI L, CARLUCCI D, et al. Consumer misuse of country-of-origin label: Insights from the Italian extra-virgin olive oil market [J]. Nutrients, 2020, 12(7): 2150.

[4] DU Q W, ZHU M T, SHI T, et al. Adulteration detection of corn oil, rapeseed oil and sunflower oil in camellia oil by diffuse reflectance near-infrared spectroscopy and chemometrics [J]. Food Control, 2021, 121: 107577.

[5] MONFREDA M, GOBBI L, GRIPPA A. Blends of olive oil and seeds oils: Characterisation and olive oil quantification using fatty acids composition and chemometric tools. Part II [J]. Food Chem, 2014, 145: 584-592.

[6] DING Z X, GAO H, WANG C, et al. Acoustic levitation synthesis of ultrahigh-density spherical nucleic acid architectures for specific sers analysis [J]. Angew Chem Int Edit, 2024, 63(20): e202317463.

[7] QU C, GENG Y C, DING Z X, et al. Spatiotemporal sers profiling of bacterial quorum sensing by hierarchical hydrophobic plasmonic arrays in agar medium [J]. Anal Chem, 2024, 96(6): 2396-2405.

[8] TIAN L, SU M K, YU F F, et al. Liquid-state quantitative sers analyzer on self-ordered metal liquid-like plasmonic arrays [J]. Nat Commun, 2018, 9(1): 3642.

[9] DING Z X, WANG C, SONG X, et al. Strong π-metal interaction enables liquid interfacial nanoarray−molecule co-assembly for Raman sensing of ultratrace fentanyl doped in heroin, ketamine, morphine, and real urine [J]. ACS Appl Mater Interf, 2023, 15(9): 12570-12579.

[10] DU S S, SU M K, JIANG Y F, et al. Direct discrimination of edible oil type, oxidation, and adulteration by liquid interfacial surface-enhanced Raman spectroscopy [J]. ACS Sens, 2019, 4(7): 1798-1805.

[11] JIANG Y F, SU M K, YU T, et al. Quantitative determination of peroxide value of edible oil by algorithm-assisted liquid interfacial surface enhanced Raman spectroscopy [J]. Food Chem, 2021, 344: 128709.

[12] SU M K, JIANG Q, GUO J H, et al. Quality alert from direct discrimination of polycyclic aromatic hydrocarbons in edible oil by liquid-interfacial surface-enhanced Raman spectroscopy [J]. LWT-Food Sci Technol, 2021, 143: 111143.

[13] TIAN M K, BAI Y C, TIAN H Y, et al. The chemical composition and health-promoting benefits of vegetable oils—a review [J]. Molecules, 2023, 28(17): 6393.

[14] BERGHIAN-GROSAN C, MAGDAS D A. Novel insights into the vegetable oils discrimination revealed by Raman spectroscopic studies [J]. J Mol Struct, 2021, 1246: 131211.

[15] BERGHIAN-GROSAN C, MAGDAS D A. Raman spectroscopy and machine-learning for edible oils evaluation [J]. Talanta, 2020, 218: 121176.

[16] ZHAO H F, ZHAN Y L, XU Z, et al. The application of machine-learning and Raman spectroscopy for the rapid detection of edible oils type and adulteration [J]. Food Chem, 2022, 373: 131471.

[17] ZHOU X J, DAI L K, LI S. Fast discrimination of edible vegetable oil based on Raman spectroscopy [J]. Spectrosc Spect Anal, 2012, 32(7): 1829-1833.

[18] PORTARENA S, ANSELMI C, ZADRA C, et al. Cultivar discrimination, fatty acid profile and carotenoid characterization of monovarietal olive oils by Raman spectroscopy at a single glance [J]. Food Control, 2019, 96: 137-145.

[19] QIU J, HOU H Y, YANG I S, et al. Raman spectroscopy analysis of free fatty acid in olive oil [J]. Appl Sci-Basel, 2019, 9(21): 4510.

[20] MACERNIS M, SULSKUS J, MALICKAJA S, et al. Resonance Raman spectra and electronic transitions in carotenoids: a density functional theory study [J]. J Phys Chem A, 2014, 118(10): 1817-1825.

[21] WINDARSIH A, LESTARI L A, ERWANTO Y, et al. Application of Raman spectroscopy and chemometrics for quality controls of fats and oils: A review [J]. Food Rev Int, 2023, 39(7): 3906-3925.

[22] JIN H Q, LI H, YIN Z K, et al. Application of Raman spectroscopy in the rapid detection of waste cooking oil [J]. Food Chem, 2021, 362: 130191.

[23] ALI H, NAWAZ H, SALEEM M, et al. Qualitative analysis of desi ghee, edible oils, and spreads using Raman spectroscopy [J]. J Raman Spectrosc, 2016, 47(6): 706-711.

[24] RÍOS-REINA R, SALATTI-DORADO J A, ORTIZ-ROMERO C, et al. A comparative study of fluorescence and Raman spectroscopy for discrimination of virgin olive oil categories: Chemometric approaches and evaluation against other techniques [J]. Food Control, 2024, 158: 110250.

[25] KWOFIE F, LAVINE B K, OTTAWAY J, et al. Incorporating brand variability into classification of edible oils by Raman spectroscopy [J]. J Chemometr, 2020, 34(7): e3173.

[26] TEMIZ H T, VELIOGLU S D, GUNER K G, et al. The use of Raman spectroscopy and chemometrics for the discrimination of lab-produced, commercial, and adulterated cold-pressed oils [J]. LWT-Food Sci Technol, 2021, 146: 111479.

[27] ZHU P F, YANG Q L, ZHAO H Y. Identification of peanut oil origins based on Raman spectroscopy combined with multivariate data analysis methods [J]. J Integr Agr, 2022, 21(9): 2777-2785.

[28] CHRISTOPOULOU N M, MAMOULAKI V, MITSIAKOU A, et al. Screening method for the visual discrimination of olive oil from other vegetable oils by a multispecies DNA sensor [J]. Anal Chem, 2024, 96(4): 1803-1811.

[29] SÁNCHEZ-LÓPEZ E, SÁNCHEZ-RODRÍGUEZ M I, MARINAS A, et al. Chemometric study of Andalusian extra virgin olive oils Raman spectra: Qualitative and quantitative information [J]. Talanta, 2016, 156: 180-190.

[30] WOODCOCK T, DOWNEY G, O'DONNELL C P. Confirmation of declared provenance of European extra virgin olive oil samples by NIR spectroscopy [J]. J Agric Food Chem, 2008, 56(23): 11520-11525.

[31] PORTARENA S, FARINELLI D, LAUTERI M, et al. Stable isotope and fatty acid compositions of monovarietal olive oils: Implications of ripening stage and climate effects as determinants in traceability studies [J]. Food Control, 2015, 57: 129-135.

[32] PORTARENA S, GAVRICHKOVA O, LAUTERI M, et al. Authentication and traceability of

Italian extra-virgin olive oils by means of stable isotopes techniques [J]. Food Chem, 2014, 164: 12-16.

[33] LONGINELLI A, SELMO E. Isotopic composition of precipitation in Italy: A first overall map [J]. J Hydrol, 2003, 270(1-2): 75-88.

[34] EL-ABASSY R M, DONFACK P, MATERNY A. Rapid determination of free fatty acid in extra virgin olive oil by Raman spectroscopy and multivariate analysis [J]. J Am Oil Chem Soc, 2009, 86(6): 507-511.

[35] GIUFFRIDA D, SALVO F, SALVO A, et al. Pigments composition in monovarietal virgin olive oils from various sicilian olive varieties [J]. Food Chem, 2007, 101(2): 833-837.

[36] PORTARENA S, BALDACCHINI C, BRUGNOLI E. Geographical discrimination of extra-virgin olive oils from the Italian coasts by combining stable isotope data and carotenoid content within a multivariate analysis [J]. Food Chem, 2017, 215: 1-6.

[37] FORT A, RUISÁNCHEZ I, CALLAO M P. Chemometric strategies for authenticating extra virgin olive oils from two geographically adjacent Catalan protected designations of origin [J]. Microchem J, 2021, 169: 106611.

[38] KONTZEDAKI R, ORFANAKIS E, SOFRA-KARANTI G, et al. Verifying thegeographical origin and authenticity of greek olive oils by means of optical spectroscopy and multivariate analysis [J]. Molecules, 2020, 25(18): 4180.

[39] MAJCHRZAK T, LUBINSKA M, RÓZANSKA A, et al. Thermal degradation assessment of canola and olive oil using ultra-fast gas chromatography coupled with chemometrics [J]. Monatsh Chem, 2017, 148(9): 1625-1630.

[40] WANG C, SUN Y Y, ZHOU Y Y, et al. Dynamic monitoring oxidation process of nut oils through Raman technology combined with PLSR and RF-PLSR model [J]. LWT-Food Sci Technol, 2021, 146: 111290.

[41] NAGPAL T, YADAV V, KHARE S K, et al. Monitoring the lipid oxidation and fatty acid profile of oil using algorithm-assisted surface-enhanced Raman spectroscopy [J]. Food Chem, 2023, 428: 136746 .

[42] ZADE S V, FOROOGHI E, RANJBAR M, et al. Unveiling the oxidative degradation profiles of vegetable oils under thermal stress via Raman spectroscopy and machine learning methods [J]. Microchem J, 2024, 204: 111028.

[43] DYMINSKA L, CALIK M, ALBEGAR A M M, et al. Quantitative determination of the iodine values of unsaturated plant oils using infrared and Raman spectroscopy methods [J]. Int J Food Prop, 2017, 20(9): 2003-2015.

[44] PULASSERY S, ABRAHAM B, AJIKUMAR N, et al. Rapid iodine value estimation using a handheld Raman spectrometer for on-site, reagent-free authentication of edible oils [J]. ACS Omega, 2022, 7(11): 9164-9171.

[45] CARMONA M A, LAFONT F, JIMÉNEZ-SANCHIDRIÁN C, et al. Raman spectroscopy study of edible oils and determination of the oxidative stability at frying temperatures [J]. Eur J Lipid Sci Tech, 2014, 116(11): 1451-1456.

第6章

食用油典型危害物的拉曼光谱分析

　　食用油生产、加工、储存和使用过程中，可能会产生多种潜在的有害物质，这些物质对人体健康构成威胁。食用油中的危害物可以大致分为三大类：生物类、物理类和化学类。

　　生物类危害物主要来源于油料作物的种植、收获和加工过程。真菌毒素是食用油中典型的生物类危害，如黄曲霉毒素和玉米赤霉烯酮，其中黄曲霉毒素具有强烈的致癌性和肝毒性，长期摄入可能导致肝癌等严重疾病；玉米赤霉烯酮亦具有较高的生殖毒性、神经毒性和致癌性。这些毒素主要存在于霉变的油料作物中，如花生、玉米等。通过加工提炼过程，这些毒素可能会进入食用油中。

　　物理类危害物在食用油中相对较少见，主要包括储存和运输过程中可能引入的杂质，如尘埃、金属碎片等。这些杂质虽然不直接产生化学反应或生物毒性，但可能影响食用油的纯度和口感，甚至在某些情况下对人体健康造成物理性损伤（如消化道划伤）。在正规生产和加工的食用油中，这类危害物通常会被严格控制和去除。本章后续不做物理类危害物的相关探讨。

　　化学类危害物是食用油中最为复杂和多样的一类。本章主要围绕拉曼光谱分析技术做以下几类的相关讨论。①多环芳烃：易于累积在油料作物中，并且易在生产加工过程引入；是危险的有机化合物，具有致畸性、致癌性和致突变性。②增塑剂：主要来源于塑料包装材料的迁移和加工过程的污染，可通过呼吸道、消化道和皮肤等途径进入人体，并在体内累积；长期摄入含有增塑剂的食用油会对人体健康产生不良影响。③微/纳米塑料：主要来源于塑料包装材料、加工过程的污染以及环境污染；虽然目前关于微/纳米塑料对人体健康的直接影响还存在争议，但已有研究表明，这些塑料颗粒可能对人体健康造成潜在威胁。④全氟和多氟烷基物质：主要来源于食用油原料污染或加工过程引入的污染，具有高度的稳定性和生物累积性，能在人体内长期存在并积累；其暴露可能导致肝脏损害、免疫系统失调、内分泌代谢功能障碍、影响生殖发育，并增加患肾癌及睾丸癌的风险。⑤多氯联苯：被列为典型的持久性有机污染物，该类强疏水性化合物污染食用油的可能性非常高，可以通过食物、水和空气进入人体，并在脂肪组织中积累；具有显著的毒性、生物蓄积性、环境持久性和长距离迁移性。⑥农药残留：在油料作物种植过程中可能使用的农药若未能彻底去除，农药残留会存在于食用油中。这些农药残留对人体健康构成威胁，可能导致多种健康问题。⑦重金属污染：食用油在加工和储存过程中可能受到重金属污染，如铅、镉和汞。这些重金属对人体有毒性，长期摄入会严重危害人体健康。

6.1 真菌毒素

6.1.1 真菌毒素的来源及危害

食用油可从多种植物中提取，包括橄榄、向日葵、玉米、米糠、椰子、花生、菜籽、油茶籽和芝麻等。这些原料在生产或储存过程中可能被真菌毒素等有害物质污染。真菌毒素是一种有毒的有机化合物，是由某些类型的真菌（通常是青霉属、曲霉属、镰刀菌属和链格孢属等）在适宜的湿度和温度条件下产生的天然次生代谢物，摄入微量浓度的真菌毒素可能导致各种不良反应，如致癌性、致畸性、诱变性、肝毒性、肾毒性、免疫毒性和生殖毒性等[1]。迄今为止，已鉴定出 400 多种真菌毒素，最常见的真菌毒素有 AF、ZON、DON、OTA、伏马菌素和曲霉素。其中，AF 是一组由曲霉产生的天然真菌毒素，会导致严重的肝损伤、癌症甚至死亡[2]。AF 暴露与儿童发育障碍的风险增加有关，如脊柱裂、认知和语言技能下降以及免疫反应减弱，导致对感染的易感性增加[3]。AF 中最重要的类型包括 AFB1、AFB2 以及 AFG1 和 AFG2，AFB1 型已被世界卫生组织和国际癌症研究机构列为 I 类致癌化合物[4]。另外，玉米在生长和储藏过程中易受真菌感染，其中 ZON 是一种天然存在于玉米中的非甾体雌性真菌毒素，由镰刀菌菌株产生。由于其具有较高的生殖毒性、神经毒性和致癌性，被国际癌症研究机构列为Ⅲ类致癌物[5]。下面将主要针对这两种真菌毒素展开相关的拉曼光谱分析探讨。

6.1.2 真菌毒素的拉曼光谱分析

检测食品中的真菌毒素至关重要。液相色谱法、薄层色谱法和酶联免疫吸附测定法等传统方法虽然可靠，但存在局限性，如成本高、劳动密集且耗时。SERS 技术作为一种快速灵敏的检测方法，具有操作简便、光谱指纹信息丰富、灵敏度高、不受水干扰等优点，非常适合用于对食用油中真菌毒素进行实时、无损的超痕量分析。

Zheng 等[6]制备了一种具有均匀和高密度热点的基于氧化石墨烯的三维金纳

米膜作为膜型 SERS 基底，通过聚乙烯亚胺介导的静电吸附将致密的金纳米粒子接枝到纳米薄膜表面，成功地将二维纳米薄膜转化为三维纳米结构，并大面积产生高效的 SERS 热点（图 6.1）。聚乙烯亚胺涂层的厚度可以精确控制在 0.5nm，从而在内部薄膜和外部组装的金纳米粒子之间形成稳定的内置纳米间隙以容纳拉曼报告分子。与传统的球形标签相比，薄膜型 SERS 标签在免疫测定法中表现出显著优势，包括更大的比表面积、优异的 SERS 性能、更好的稳定性和在复杂样品中的分散性。实现了同时定量检测 AFB1、ZON 和伏马菌素 B1，LOD 分别为 0.529 pg/mL、0.745 pg/mL 和 5.90 pg/mL，检测时间短至 20min，对实际样品检测具有较高的准确性。

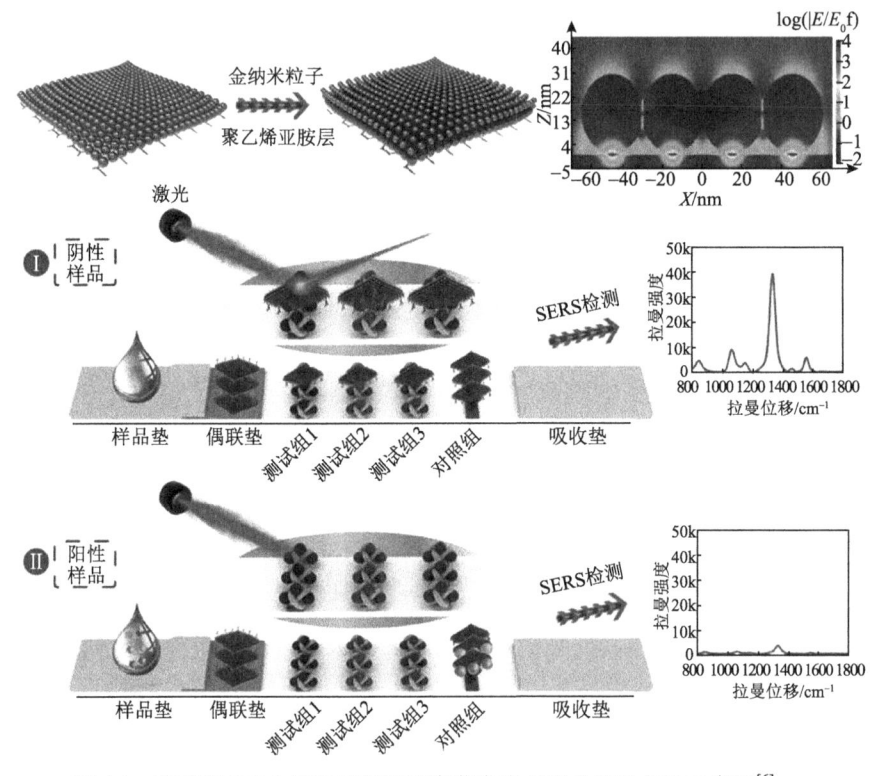

图 6.1 薄膜型 SERS 纳米标签用于真菌毒素多重检测的方法示意图[6]

Gabbitas 等[7]建立了一种使用无标签 SERS 同时检测玉米中三种常见真菌毒素（AFB1、ZON 和 OTA）的快速方法。每种真菌毒素的化学指纹图谱都具有独特的拉曼光谱特征，可以进行清晰区分。AFB1、ZON 和 OTA 在玉米上的检出限分别为 10 ppb、20 ppb 和 100 ppb。再基于已知浓度的 SERS，采用多变量统计分析方法分别预测三种真菌毒素在 1.5 ppm 范围内的浓度，相关系数分别为 0.74、0.89

和 0.72。每个样品的采样时间小于 30min。无标签 SERS 和多变量分析是玉米中真菌毒素快速、同时检测的一种有前景的方法，并可推广到其他类型的真菌毒素和作物中。

然而多种真菌毒素如 AF 和 ZON 的拉曼信号相对较弱，这导致在拉曼光谱分析中，其特征峰强度较低、信噪比较差以及波形差异较大。这些特性增加了直接从拉曼光谱中准确识别 AF 的难度。因此通常结合化学计量学或者建立学习模型来提高光谱数据的处理效率、降低噪声干扰、提取有用的特征信息以及构建高精度的预测模型。

Adade 等[8]利用金纳米粒子和一种快速、简单、廉价、有效、稳固和安全的样品制备技术，结合化学计量学，开发了一种快速定量检测棕榈油中 AFB1 的方法（图 6.2）。该研究应用了各种变量选择算法（如连续投影算法、自举收缩算法、蚁群算法、遗传算法）来提高 PLS 在预测棕榈油样本中 AFB1 的性能。最终自举收缩-偏最小二乘法产生了最有利的结果，校准相关系数为 0.9929，交叉校准均方根误差为 0.204 ng/g，验证集标准偏差与预测集标准偏差的比值为 3.93。该方法具有较高的准确度、灵敏度和特异性，LOD 为 0.00092 ng/g。这些结果强调了联合使用高效提取技术、SERS 检测方法和化学计量学在检测棕榈油中 AFB1 的潜力。

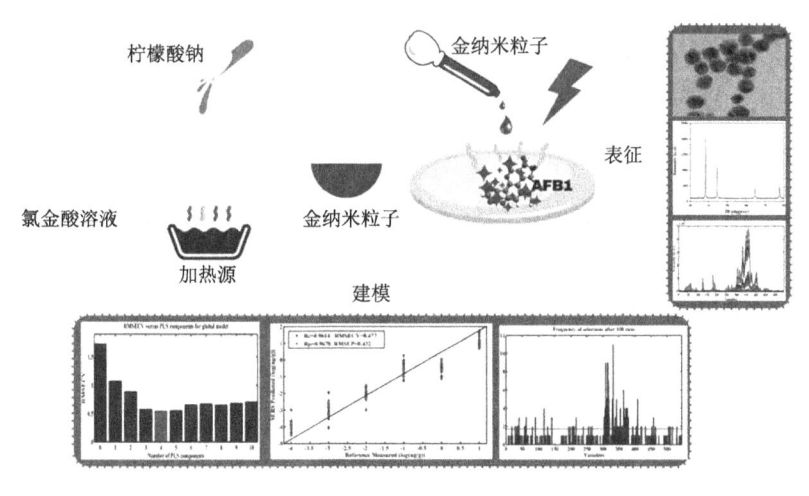

图 6.2 SERS 方法结合化学计量学检测 AFB1 示意图[8]

Zhu 等[9]采用 SERS 和深度学习模型相结合用于量化玉米油中的 ZON 含量。首先，具有高增强因子和出色重现性的金纳米棒基底确保了 SERS 的采集。采用谱数据增强策略解决训练样本数量有限的问题，以提高回归模型的泛化能力。为了比较每个模型的预测性能，将偏最小二乘回归、随机森林回归、高斯渐进回归、一维卷积神经网络和二维卷积神经网络 5 种回归模型分别应用于原始和预处理的增强 SERS。预测结果表明，深度学习回归模型，即一维卷积神经网络和二维卷积神经网络模型，性能优于其他回归模型，LOD 分别为 $6.81×10^{-4}$ ppm 和 $7.24×10^{-4}$ ppm。该方法为玉米油中 ZON 含量的检测提供了一种超灵敏、有效的方法。

综上所述，这些算法的应用提高检测的效率和准确性。在食用油真菌毒素的拉曼检测中适当结合算法可以快速、高精度地检测食用油的安全性。

6.2　多环芳烃

6.2.1　多环芳烃的来源及危害

PAHs 是一组具有两个或多个芳香环的有机污染物，是煤、石油、木材和烟草等有机物不完全燃烧产生的副产物[10]，在环境中分布广泛且在不同基质中可以持久性累积[11]。目前，大量研究表明，PAHs 广泛分布于土壤[12]和水体[13]中，而且很容易被生物体摄入并传播到食物链中，甚至参与人体血液和胎盘的代谢[14]。

PAHs 是危险的有机化合物，具有强的致癌、致畸和致突变性[15]。据报道，长期接触 PAHs 可能导致自身免疫性疾病，如类风湿性关节炎和骨质疏松症等[16]。虽然天然植物油和生油籽不含 PAHs，但 PAHs 具备强亲脂性，导致食用油非常容易受其污染。含有 PAHs 的油脂将加剧其在肠道中的吸收[17]，并且食用油与 PAHs 的协同作用会诱导更大的细胞毒性[18]，从而极大地威胁人类健康。食用油中 PAHs 的来源主要包括以下几个方面（图 6.3）[19]。

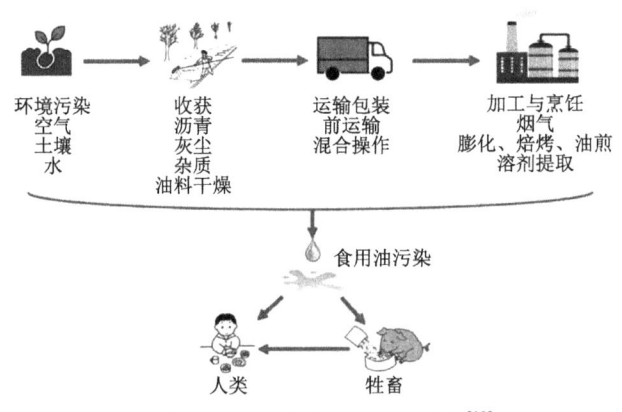

图 6.3　食用油中 PAHs 的来源[19]

1. 油料作物的生长环境

焦炭、沥青、石油在化工生产中的广泛使用以及机动车尾气的大量排放，导致环境（包括空气、土壤和水等）受到不同程度 PAHs 的污染。PAHs 通过大气沉降、土壤运移、污水灌溉等方式直接或间接进入油料植物，并且这种污染可以迁移到最终产品中。

2. 油籽原料的收获、包装、储存和运输过程

根据人工和机械收割的比较，油籽污染的主要来源是暴露在联合收割机的柴油废气中[20]。不同的包装材料对食用油中 PAHs 也有影响。有研究表明 PAHs 污染的回收聚乙烯（如塑料瓶）可能是一个重要的食用油污染源[20]。Šcimko 等[21]的研究报告称，食用油中 PAHs 的含量与用于油脂包装的聚乙烯薄膜的储存时间的平方根成正比。在食用油储存过程中，由于会发生分解、脂肪氧化和异构化等许多不良反应，也会形成 PAHs。Zhao 等[22]研究了在 25℃和 4℃下储存 270 天的食用油中 PAHs 的含量变化。结果表明，低温储藏对 PAHs 及其生成有较好的抑制作用。在运输过程中，储油设备如果没有完全清洗干净，可能引入 PAHs 物质。而用矿物油处理过的黄麻袋储存和运输油菜籽亦会导致 PAHs 逐渐增加，然后迁移到相应的油品中，研究报道的 PAHs 含量高达 194 mg/kg[23]。因此，运输或混合操作含有 PAHs 的材料也会产生不同形式的污染。

3. 油脂的加工过程

在原料干燥、坯片膨化、种子焙烧等前处理过程中，如果温度过高或停留时间过长，由于脂肪、蛋白质、胆固醇和碳水化合物等有机成分的热解，不可避免地会产生 PAHs。由于浸出油时浸出溶剂被回收利用，且 PAHs 易溶于有机溶剂，如果浸出溶剂中 PAHs 含量较高，会直接造成油品污染。此外，生产设备上含有微量润滑油的材料接触可能会在制油和提油步骤中造成 PAHs 的转移和污染。

4. 油脂的使用过程

在高温煎炸过程中，食用油中的不饱和键在高温的影响下变成饱和键，同时油脂会发生水解、热氧化、热聚合、热裂解、异构化等复杂的化学反应，能生成多种对人体有害的化学物质（包括 PAHs）。长时间高温使用会引起更多的化学反应，包括环化反应或加速油脂的氧化酸败，并且食用油在循环使用过程中，由于反复加热和接触空气，这些反应会更加剧烈，促使 PAHs 的进一步形成。

PAHs 污染已成为威胁民众健康的重要因素，因此采取有效举措控制及监测食用油中的 PAHs 刻不容缓。在控制食用油 PAHs 污染方面，可以采取的主要措施包括：改善油料作物的生长环境，选择合适的区域进行种植，减少生长环境带来的污染；尽可能缩小油料在机械收割、运输、加工等过程中与污染源接触，并优化油脂加工工艺，对油料作物的干燥与加工方式、加工时间与温度进行完善，减少

加工过程带来的污染；控制食用油浸提溶剂中的 PAHs 含量；筛选新型安全浸提溶剂；改进食用油的包装材料，选择合适包材和储藏方式，降低因迁移而导致的污染。

在分析监测方面，目前主要检测方法包括气相色谱-质谱联用法[24]、荧光光谱法[25]、电化学法[26]以及常规拉曼方法[27]等。这些方法虽然灵敏度高，但是样品前处理步骤复杂、操作烦琐、需在实验室条件下进行。鉴于上面提到的 SERS 技术的特性及优势，亦适合用于对食用油中 PAHs 进行实时、无损的超痕量分析。

6.2.2 多环芳烃的拉曼光谱分析

SERS 增强效应很大程度上依赖于目标分子在贵金属表面有效吸附，如何使非吸附分子足够接近贵金属表面是 SERS 分析的关键。作者所在课题组[28]采用柠檬酸根稳定的金纳米粒子与氯仿剧烈混合的方式，在氯仿-水界面自组装形成了液相界面等离子体纳米阵列，发现这种不互溶的液相界面等离子阵列能克服分子进入纳米间隙的问题。因此利用该平台对 PAHs 文库中的四种典型分子 BaP、芘、蒽和菲进行了研究。双相可及"热点"和有机相提供的疏水环境是成功检测四种常见 PAHs 的两个重要因素，LOD 均可至 10 ppb（图 6.4，以 BaP 为例），其他多环

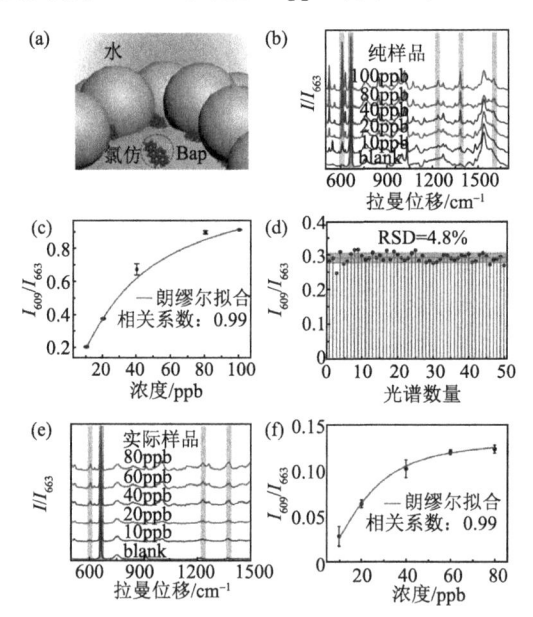

图 6.4 液相界面等离子体纳米阵列平台对超痕量 BaP 的 SERS 检测。(a) 液相界面纳米阵列与 BaP 分子共组装示意图；(b) 含 BaP 的纯样品的 SRES 图；(c) I_{609}/I_{663} 与 BaP 浓度关系的拟合曲线；(d) 测量 50 次 15 ppb BaP 的 I_{609}/I_{663} 值的再现性；(e) 含 BaP 的实际样品的 SERS；(f) 实际样品中 I_{609}/I_{663} 值与 BaP 的浓度的关系拟合曲线[28]

芳烃包括芘、蒽和菲，通过这一方法产生了类似的结果。其中，0.1 ppm BaP 在液相界面 SERS 信号强度是传统固体基底上 10 ppm 的 10 倍，即提高了 3 个数量级（图 6.5）。其机理在于 PAHs 分子并不是通过吸附作用，而是通过有机溶剂形成的疏水环境来填充纳米间隙，从而产生巨大的 SERS 增强效应，而固定纳米间隙的空间位阻极大地阻止了待测分子的进入（图 6.6）。

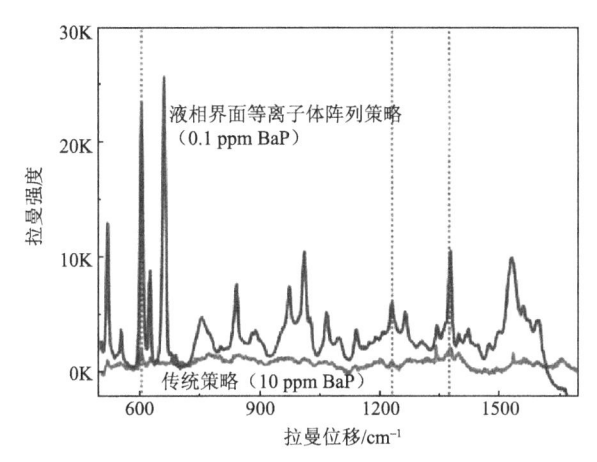

图 6.5 传统固相基底上 10 ppm BaP 的 SERS 和液相界面纳米阵列上 0.1 ppm BaP 的 SERS，纵虚线为 BaP 的特征峰[28]

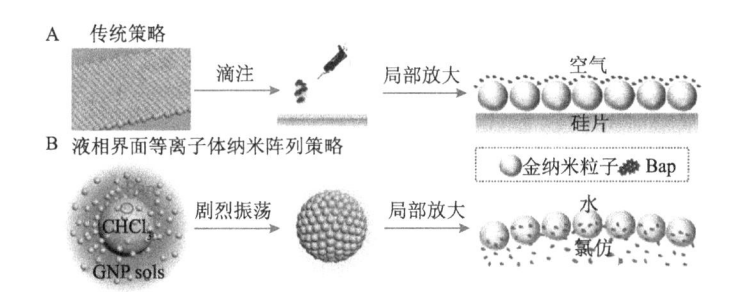

图 6.6 传统固相基底与液相界面等离子体纳米阵列构建策略示意图[28]

如前所述，液相界面等离子体纳米阵列平台被有效地用于食用油中 PAHs 的单一分析物检测。接着使用两种常见的 PAHs 进一步研究了该平台的多重检测能力，将 100 ppb 的 BaP 和芘加标到玉米油样品中［图 6.7（a）］。分别使用单组分 100 ppb 的 BaP 和 100 ppb 的芘作为参考。609 cm^{-1}、1235 cm^{-1} 和 1376 cm^{-1} 处的峰分配给 BaP，而 590 cm^{-1}、1060 cm^{-1}、1400 cm^{-1} 和 1615 cm^{-1} 处的峰分配给芘，表明该平台具有良好的多重检测能力。多重检测的峰强度明显低于单一分析物检测的峰强度［图 6.7（b）］，这可能归因于受限纳米间隙中分子的竞争。然后检查该平台分析不同食用油中 PAHs 的普遍性［图 6.7（c~e）］。将 100 ppb

水平的芘加标到三种不同的食用油中，包括菜籽油、大豆油和玉米油。所有样品均可在 584 cm^{-1}、1237 cm^{-1}、1400 cm^{-1} 和 1615 cm^{-1} 处产生清晰的指纹峰。该平台也用于猪油中 BaP 的测定 [图 6.7（f）]。值得注意的是，此时的有机相是 1,2-二氯乙烷，它也可以在 649 cm^{-1} 处产生稳定的特征峰，可以作为内标校正光谱信号。在植物油和猪油中成功检测到 PAHs，表明液相界面 SERS 分析策略具有良好的通用性和实际应用价值。

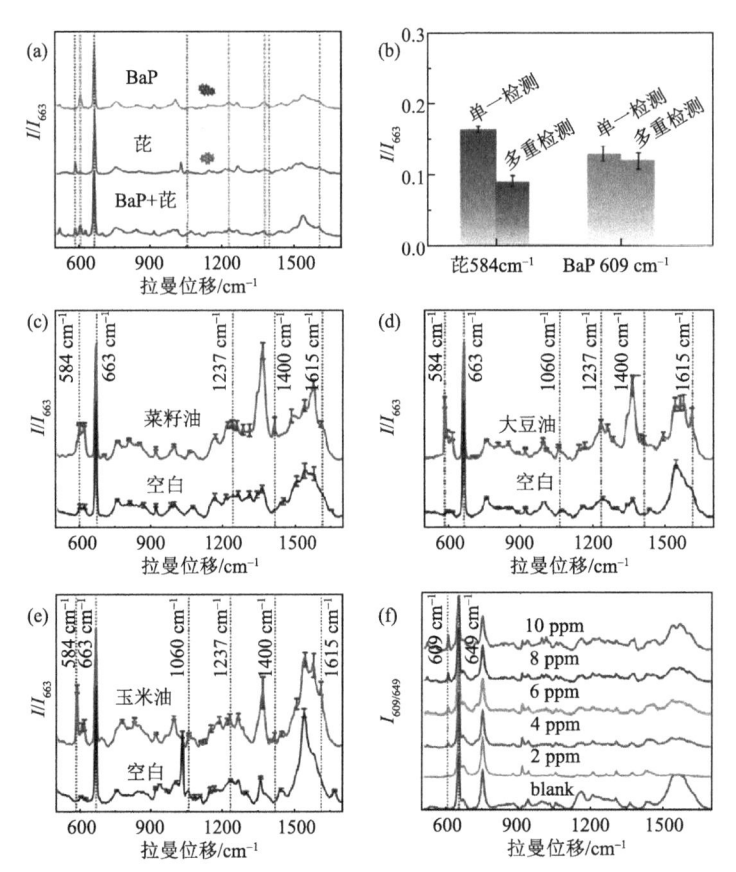

图 6.7 （a）100 ppb BaP、100 ppb 芘及其混合物在真实样品中的 SERS；（b）BaP 及芘的相对 SERS 强度比较；液相界面等离子体纳米阵列平台检测不同食用油中芘：（c）菜籽油、（d）大豆油、（e）玉米油；（f）猪油中 BaP 的 SERS 定量分析，其中油相为 1,2-二氯乙烷[28]

进一步，我们建立了一种无须样品前处理的液相界面的 SERS 技术，将食用油溶于油相，在其表面直接组装液相界面纳米阵列，可在 3min 内实现对食用油中超痕量 PAHs 的快速直接检测（图 6.8）[29]。食用油和氯仿可混溶形成有机相，当加入金纳米粒子并剧烈振荡时，金纳米粒子到达水-有机界面并形成三维纳米组装体。对于 6 种植物油中 BaP 的最低检测浓度小于 10 ppb，符合我国国家标准的要求。该策略还实现了食用油油炸过程中双 PAHs 的同步检测和 BaP 含量变化的监测。此外，从特色小吃街采集的炒油样品中可以快速鉴定出 4 种常见的 PAHs。后续可以考虑优化组装系统以提高液体界面 SERS 的检测效果，提高检测通量以满足食用油行业大样品检测的要求，并选择其他低毒有机试剂以满足绿色化学的要求。

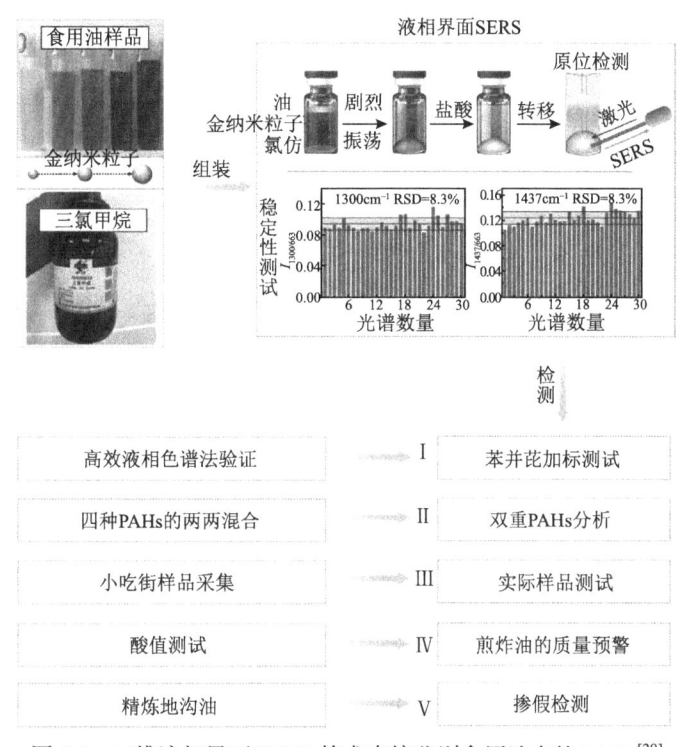

图 6.8 三维液相界面 SERS 技术直接鉴别食用油中的 PAHs[29]

接着，为进一步拓展 SERS 技术在 PAHs 检测中的应用，我们开发了高通量的 SERS 检测平台。结合微孔板内液相界面纳米阵列快速自组装方法，发展了一种原位高通量 SERS 检测器。在这里，使用丙酮同时作为良好的溶剂、提取剂和诱导剂，$1H,1H,2H,2H$-全氟癸硫醇（PFDT）分子辅助诱导金纳米粒子快速迁移到两相界面并自组装成单层、致密、均匀的等离子体阵列。丙酮的三重作用可以避免其他分子的引入，减少不必要的信号干扰。PFDT 分子作为一种硫醇分子，可以功能化用于自组装的金纳米粒子，使其表面接触角从 81°急剧增加到 132°，将金纳米粒子从亲水转换为疏水，大大降低吸附势垒，5s 内实现快速高效自组装。紧密堆积的组装阵列有效克服了传统基底的不均匀性，相对标准偏差仅 10%。同时，PFDT 又可通过疏水相互作用捕获 PAHs 进入"热点"结构中，具有良好的检测灵敏度。与微孔板结合的 SERS 传感器，可以确保不同浓度和种类 PAHs 的同时制备和测定，并且具有原位检测性能，能够避免转移膜造成的损失。在 PCA 算法的辅助下，该传感器可以精准识别和区分不同类别的 PAHs，并且能够在无须任何前处理的条件下即可轻松测定食用油中的 PAHs，检测限可达 10^{-8} mol/L。对于复杂的环境水和土壤基质，操作工艺也相对简单。所开发的 SERS 传感平台期望为复杂基质中各种 PAHs 的原位高灵敏快速测定开辟新途径。

6.3 增塑剂

6.3.1 增塑剂的来源及危害

增塑剂是在工业生产上被广泛使用的高分子材料助剂，又称塑化剂，主要用于塑料制品的加工，以增强高分子塑料制品的性能。其中，邻苯二甲酸酯（phthalate esters, PAEs）占所有增塑剂的 80%以上，而 PAEs 中常见的又包括邻苯二甲酸二酯、邻苯二甲酸二（2-乙基己基）酯、邻苯二甲酸二异壬酯等。PAEs 的来源主要包括以下几个方面。

1. 油脂原料的污染

PAEs 广泛存在于土壤、水和空气中，并通过食物链对人类健康构成重大威胁。生活和工业废水的排放可能是 PAEs 潜在的主要来源。Chen 等[30]收集了长江三角洲地区城市的饮用水源样本，并测定了六种 PAEs 的含量，水中 PAEs 的总浓度为 2.65～39.31g/L，耕作方式和人类活动是农业土壤 PAEs 污染的主要原因。Li 等[31]调查了山东半岛 36 个蔬菜地膜覆盖区不同土层 108 个样品中 16 种 PAEs 的含量。所有样品中均检出 PAEs。此外，植物如蔬菜、大豆和大米谷物对 PAEs 有一定的富集作用，因此容易在农作物中积累。

2. 油脂生产过程的污染

PAEs 在油脂生产初期的迁移被认为是其污染油脂的重要原因，如用于收集和储存油籽的塑料袋和编织袋。此外，在油籽、油籽壳和油籽皮的前处理过程中，会将细粉和塑料袋或编织袋的断丝混入粉碎的油籽中。在生产过程中这些杂质中的 PAEs 会迁移到植物油中。这种现象在食用油生产中很普遍，特别是从植物种子中提取的植物油，如山茶籽油、紫苏油、月见草油、大豆油、芝麻油、花生油等[32]。另外，无论是油脂加工、油脂精炼、不同加工方法的选择，还是加工助剂的添加，每一步骤都存在引入 PAEs 污染的风险。

3. 油脂储藏过程的迁移

PAEs 和塑料是通过弱分子间相互作用（氢键、范德瓦耳斯力等）连接在一起的，因此 PAEs 容易发生迁移。O'brien 等[33]研究了聚丙烯中 5 种常见 PAEs 向橄榄油的迁移，结果表明，PAEs 在 121℃时的迁移量明显高于 70℃时的迁移量，约为 10 倍。70 ℃条件下 2h 的迁移量与 40℃条件下 10 天的迁移量相当，说明温度的升高有助于 PAEs 从包装材料向食品迁移。

PAEs 是分子结构类似于激素的污染物。它们可通过皮肤接触、呼吸道和消化系统进入人体，对人体造成伤害[33, 34]。研究表明，长期摄入超过安全剂量的 PAEs 可对肝脏、肾脏、肺、心脏、生殖等多组织系统产生毒害[35, 36]，其中男性生殖系统损害最为明显，长时间接触会导致男性生殖畸形和睾丸癌[37]。毒理学研究也证实了 PAEs 的致畸和致癌作用[38, 39]以及能够引起神经系统和呼吸系统疾病[40, 41]。

PAEs 增塑剂的溶出及其对人体的危害正是科学界争论的一个热点问题，为预防发生潜在的食品质量安全事故，需采取适当措施控制食用油中的 PAEs。具体措施包括：广泛深入地进行塑料包装类食品质量安全风险信息收集与分析工作，进行危害识别，找出影响此类食品安全的风险因子；进一步完善标准，重点关注增塑剂溶出、危害识别及危害暴露的相关研究；加强食品包装材料生产企业的市场准入工作。在食品包装材料生产企业的生产过程中，严把企业条件审查关，严控食品包装材料添加剂使用情况，严查企业无证生产食品包装材料的行为，加大对食品包装材料生产经营活动的监督力度；不断探索可用于食品包装材料添加剂的新型材料。鼓励各科研机构及生产厂商寻找更优质、更安全的替代产品，以更好地保障人民健康。

在检测技术方面，最广泛使用的增塑剂检测方法包括比色法、气相色谱和液相色谱。虽然比色法具有可视化好、检测速度快等优点，但存在灵敏度低、准确度差、检测范围窄、易受干扰等缺点[42]。与这些传统的检测方法相比，SERS 技术避免了复杂的样品前处理过程。使用光纤探头可以直接检测样品，能够实现快速、无损的定性与定量分析。因此，SERS 技术是一种很有前途的痕量增塑剂检测方法。

6.3.2 增塑剂的拉曼光谱分析

与制造有序阵列的传统方法相比，液-液界面自组装技术可以对纳米颗粒进行受控组装生成高度有序的热点分布，具有优异的可控性和均匀性。基于此，Xue 等[43]设计了一种基于三角银纳米板阵列自组装的高密度有序 SERS 基底，用于邻苯二甲酸二酯的检测。如图 6.9 所示，将食用油样品作为有机相添加到已烷中，邻苯二甲酸二酯参与了三角银纳米板阵列的自组装过程，并在阵列上加载。已烷完全挥发后，将含有邻苯二甲酸二酯的阵列膜直接用作 SERS 测量的底物。由于三角银纳米板有序排列和尖角效应，该阵列具有可重复性和高活性的 SERS 效应，具备足够多和足够均匀的热点，实现了食用油中邻苯二甲酸二酯的检测，检测限可低至 10^{-7} mol/L。

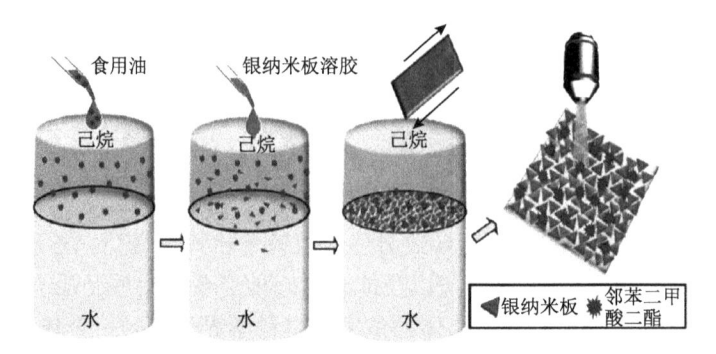

图 6.9　三角银纳米板阵列自组装 SERS 基底检测食用油中邻苯二甲酸二酯示意图[43]

后续 Lu 等[44]又提出了一种纳米银溶胶协同的二维银板用作 SERS 基底检测食用油中 PAEs 的方法，并且提出以 PAEs 的水解物邻苯二甲酸氢钾作为检测目标物具有更强的 SERS 信号（图 6.10）。该研究在进行 SERS 检测之前将疏水性 PAEs 增塑剂分子水解成亲水性邻苯二甲酸氢钾分子，提高了分析物分子和贵金属纳米颗粒之间的亲和力。同时，优化了 pH 值、干燥时间和水解产物干扰等检测条件。接着构建了邻苯二甲酸氢钾定量分析的工作曲线，其最低检出限为 10^{-9} mol/L。最后用 5 个食用油样品进一步支持了检测准确性。

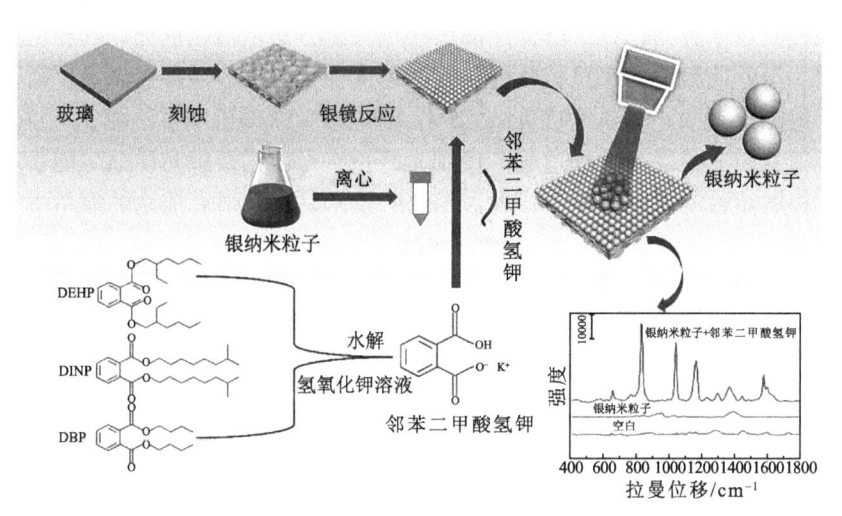

图 6.10　基于纳米银溶胶和二维银板的 SERS 基底检测食用油中增塑剂，包括邻苯二甲酸二(2-乙基己基)酯（DEHP）、邻苯二甲酸二异壬酯（DINP）和邻苯二甲酸二丁酯（DBP）[44]

增塑剂具有迁移性，这意味着它们可以从塑料中逐渐析出并迁移到环境中。这种迁移过程可能导致塑料的性能下降，并促进微塑料的形成。增塑剂和微塑料之间存在密切的联系。因此，下节探讨微/纳米塑料的来源、危害以及拉曼光谱分析。

6.4 微/纳米塑料

6.4.1 微/纳米塑料的来源及危害

近几十年来，塑料生产的急剧增加和广泛使用导致了塑料碎片的全球积累，造成了越来越多的环境问题。在光氧化、高温、生物降解和机械磨损的作用下，塑料碎片被分解成各种粒径的微纳粒子，其中粒径在 1 μm～5 mm 的被归类为微塑料；粒径小于 1 μm 的被归类为纳米塑料[45]。食用油的生产、加工、储存、运输和包装等各个环节都离不开塑料制品的使用，塑料颗粒在原料生产、包装运输、不适当消费等过程中造成的污染也不容忽视。其来源途径与 6.3 节讨论的增塑剂类似，本节不再展开讨论。

微/纳米塑料在淡水、海水、土壤、食物和大气中广泛暴露，对生态、水生生物和人类造成全方位的潜在危害。由于塑料制品的难降解、持久性等特性，其潜在有害影响正日益受到关注。有研究报道，纳米塑料比微塑料具有更大毒性，因为它们的比表面积更大，这促进了塑料中化学物质的释放，包括添加剂、残留的低聚物和塑料聚合物本身的降解产物，并且更大的比表面积为环境中的污染物提供了更丰富的吸附位点，特别是高疏水性使塑料成为输送各种持久性污染物[46]、有毒微生物[47]和重金属[48]的有效载体。此外，较小的体积使它们更容易穿透生物屏障，进入细胞并在生物体中积累。许多研究指出了纳米塑料暴露与食物链的潜在负面影响及其与人类健康的关系[49,50]。接触纳米塑料会导致活性氧的过量产生，激活上游和下游途径，同时能量分布和储存也会被破坏。它可以引起鱼类和水生无脊椎动物的行为和生殖变化，甚至导致死亡[51]。近年来，关于微/纳米塑料污染食品的报道越来越多，引起了人们的广泛关注[52]。当前，微/纳米塑料的检测研究方兴未艾。

6.4.2 微/纳米塑料的拉曼光谱分析

科研人员已经开发了许多检测和定量环境中微/纳米塑料的新方法，既关注宏观方面，如来源、迁移和环境丰度，也关注微观方面，如材料、尺寸或形态。透射电子显微镜和扫描电子显微镜通常用于视觉识别，并提供微塑料的形态信息，但不能提供化学信息。傅里叶变换红外光谱在识别微塑料方面有显著的优势，利用分子的特征振动作为可检测的特征来获得目标样品的详细化学信息。然而，傅里叶变换红外光谱的分辨率较低，限制了其在痕量纳米塑料分析中的应用。与其相比，拉曼光谱技术可以检测亚微米塑料甚至纳米塑料（低至 100 nm）。

生态系统中大多数微/纳米塑料的成分组成包括了聚乙烯（polyethylene, PE）、聚丙烯（polypropylene, PP）、聚苯乙烯（polystyrene, PS）、聚氯乙烯（polyvinyl chloride, PVC）、聚对苯二甲酸乙二醇酯（polyethylene terephthalate, PET）和聚甲基丙烯酸甲酯（polymethyl methacrylate, PMMA）等。这些颗粒具有不同的大小、形态和添加剂（如增塑剂）。虽然通过制备高性能 SERS 基底可以实现塑料颗粒的弱拉曼信号的放大，但是微/纳米塑料颗粒成分或组成的精确识别和区分仍然具有挑战性。

上述常见聚合物的拉曼光谱如图 6.11 所示，不同塑料化学键的拉曼振动可以指导组分归属于未知样品[53]。以 C—C 为主链的塑料，如 PE 和 PP，结构更简单，拉曼峰主要由 C—C、C—H 拉伸和弯曲振动引起。PS 的拉曼光谱峰主要是苯环上由于支链被苯取代而发生的环呼吸（1004 cm^{-1}）和 C—H 摇摆（1033 cm^{-1}）。PVC 可以通过 C—Cl 拉伸（633 cm^{-1}、691 cm^{-1}）来区分。各种主链上带有杂原子的塑料，包括 PET，主要由 C—C 和 C—O—O—C 连接，以 C—O 拉伸为主要特征，并根据不同支链的振动进一步表征。

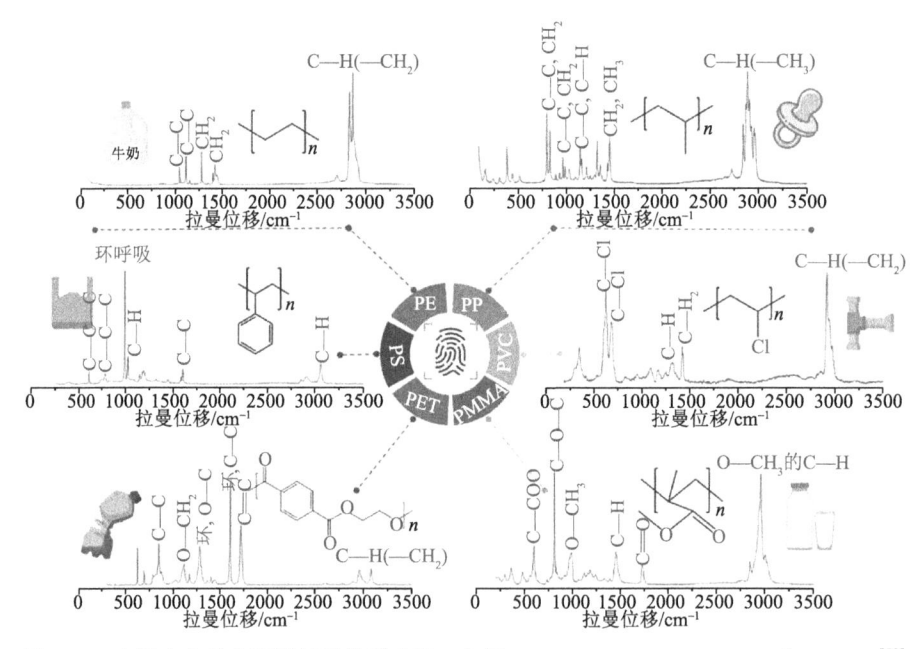

图 6.11 市场上几种主要塑料的拉曼光谱，包括 PE、PP、PS、PVC、PET 和 PMMA[53]

虽然 SERS 是快速分析纳米塑料丰富分子指纹图谱的有力工具，但纳米塑料的疏水性导致其与贵金属纳米粒子的表面亲和力较差，在等离子体热点富集的难度很大。近年来，多孔金属有机框架（metal-organic framework, MOF）由于比表面积大、设计容量大等特点，被认为是纳米塑料的理想吸附剂。作者所在课题组[54]开发了一种 MOF 外壳封装的等离子体金纳米星，兼具强力吸附、富集和检测三位一体的能力，实现了纳米塑料的高灵敏检测。金纳米星作为核引起 MOF 的多次成核生长，产生结构丰富的表面，增加了 PS 纳米塑料与 MOF 相互作用位点的数量，对纳米塑料的吸附和富集产生了"孔隙填充"效应。MOF 层的外壳不可避免地隔离了纳米塑料与金纳米星的直接接触，虽然一定程度上削弱了 SERS 增强，但有限元方法模拟结果表明，MOF 层的介电常数可以有效调节电磁场穿透的深度，仍然可以产生具有良好表面可达性的固有丰富热点。实验结果表明，MOF 封装的金纳米星可以通过静电和 π-π 相互作用吸附和富集不同尺寸大小的 PS 纳米塑料，具有良好的 SERS 增强效果。通过控制金纳米星的锐度和 MOF 壳厚度，该材料表现出优异的 PS 吸附、富集和传感能力，富集能力达到 13.03 mg/g，突破了在复杂介质中高效捕获纳米塑料的瓶颈。为了验证该材料在实际体系中作为 SERS 传感器的可行性，将 PS 纳米塑料分别分散在自来水、湖水和瓶装水中，进行进一步的 SERS 分析。如图 6.12（a）所示，当浓度低至 1 ppm 时，自来水中 PS 的指纹峰在 997 cm^{-1} 处仍能被识别出来。尽管在实际的水生湖泊环境中存在无机盐、有机物甚至微量细菌，但湖泊和瓶装水中 PS 纳米塑料的检测限均可达 10 ppm［图 6.12（b、c）］。

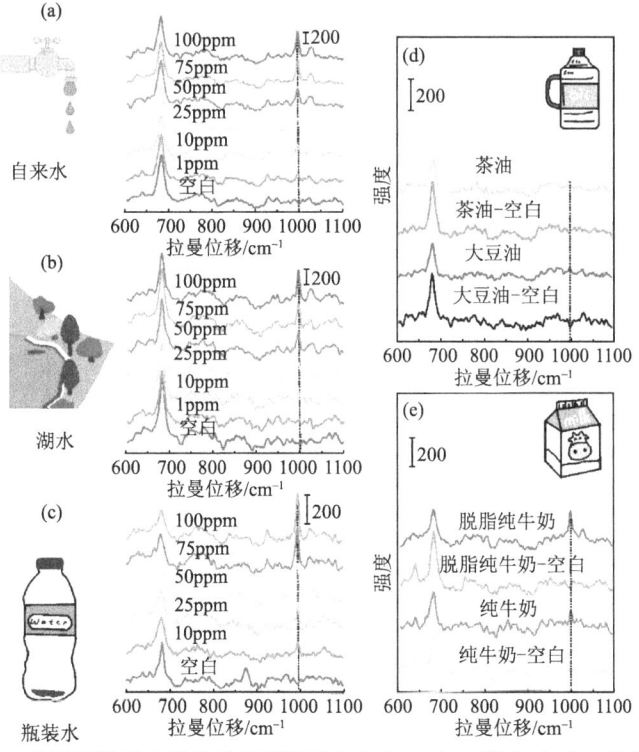

图 6.12　MOF 壳层封装的金纳米星分别用于自来水（a）、湖水（b）、瓶装水（c）、食用油（d）和牛奶（e）中 50 nm PS 纳米塑料的直接 SERS 分析[54]

针对食用油和牛奶这类在塑料容器中灌装、包装和储存的食品，相关研究已经证实在这些产品中存在塑料颗粒，但针对这两种复杂基质检测纳米塑料的报道并不多。我们在大豆油、茶油、纯牛奶和脱脂纯牛奶等样品中分别定量添加 500 ppm 粒径 50nm 的 PS 纳米颗粒，使用上述 MOF 壳层包封金纳米星策略开展 SERS 测量［图 6.12（d、e）］。如图所示，食用油和牛奶的存在确实导致峰值强度严重下降，因为食用油和牛奶中的蛋白质和脂肪会严重干扰分析，但 PS 在 997 cm^{-1} 处的特征峰仍然被清楚地区分出来。结果表明，该材料对复杂介质中纳米塑料的直接检测具有可靠性和实用性。此外，我们对纳米塑料样品开展了亚甲基蓝和生物毒素等化学污染物的协同定量负载，同时进行多重 SERS 分析，结果表明亚甲基蓝和生物毒素的检测限分别为 5.6 ppb 和 1.69 ppb。因此，我们设计的 SERS 传感器实现了实际复杂基质中纳米塑料的检测。

另外，我们进一步利用油水界面开展了纳米塑料颗粒和等离子体纳米阵列共组装及 SERS 分析研究。基于液相界面 SERS 方法，我们课题组已经实现了多种物质的可靠区分和鉴定，包括农药残留[55]、毒品、PAHs 等[56]。我们发现纳米塑料和金纳米粒子可以共组装成致密均匀的液相界面纳米阵列，从而实现食用油中痕量纳米塑料的快速灵敏检测[57]（图 6.13）。实际样品中的纳米塑料浓度低、缓慢扩散、表面疏水且缺乏功能基团，这些因素限制了其与等离子体纳米粒子结合的概率。而不混溶油水两相的乳化过程将纳米颗粒的扩散动力学加快了几个数量级，提供了均匀和致密的纳米组件。纳米塑料与等离子体纳米粒子可以共同参与液相界面纳米阵列的构建，从而导致纳米塑料在等离子体热点区域进行更快和更密集的结合。在油水界面处的强耦合二维结构表现出协同表面等离子体共振，纳米塑料产生了强烈的 SERS 信号，这种共组装有效实现了纳米塑料的高灵敏度检测。

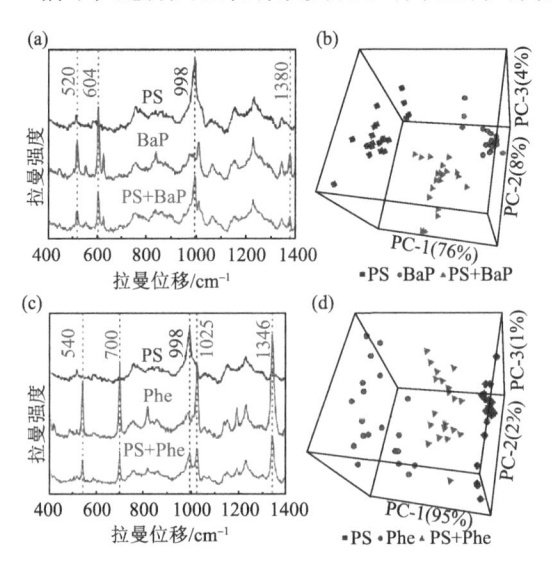

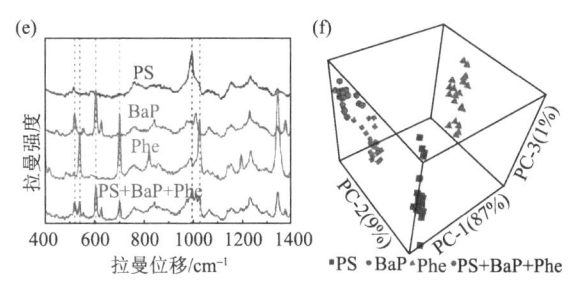

图 6.13 （a、b）单组分和双组分 SERS 和相应的三维 PCA 图；（c、d）单、双组分 SERS 及相应的三维 PCA 图；（e、f）单组分和三组分 SERS 和相应的三维 PCA 图[57]

具体来讲，金纳米粒子在水溶液中无序分散，当纳米塑料加入金纳米粒子溶胶时，纳米塑料吸附了一些金纳米粒子。乙酸乙酯的引入形成了不混溶的两相界面，它们接触的高自由能使两种液体迅速分离，形成具有自修复能力的界面。丙酮的加入降低了金纳米粒子的表面电荷，减弱了金纳米粒子之间的静电相互作用。为了最小化界面能，初始的油-水界面被水-粒子界面和油-粒子界面取代，导致金纳米粒子被限制在液-液界面，形成大规模高密度的纳米阵列。在自组装过程中，纳米塑料位于纳米颗粒的热点位置，无需转移膜即可直接进行 SERS 检测，整个自组装过程仅需 1min。由于油-水不混溶两相界面的独特性，获得了在复杂基质（如水环境和食用油）中检测纳米塑料的理想结果，检测限可达 μg/mL。利用 PCA 算法，实现了水环境中多种纳米塑料成分的区分和鉴定，如 PS、PE 和 PET。塑料的高疏水性使其成为疏水性有机化学品的有效载体，如 PE 和 PS 对氯环己烷、PAHs 和氯化苯具有高吸附率。选择 BaP 和菲作为 PAHs 的代表，在 PS 和 BaP 的混合样品的 SERS 中清晰地观察到单个组分的特征峰，其中 520 cm^{-1}、604 cm^{-1} 和 1380 cm^{-1} 处的峰与 BaP 有关[58]，而 998 cm^{-1} 处拉曼峰归属于 PS 的苯环振动。此外，PS 和菲也可以很好地区分，540 cm^{-1}、700 cm^{-1}、1025 cm^{-1} 和 1346 cm^{-1} 处的峰值归属于菲[58]。当三种组分同时测量时，液相界面纳米阵列平台仍然表现出明显的优势。辅助 PCA 算法的结果显示，前三个 PC 的贡献率分别为 88%、98% 和 97%。以上结果证明了该平台在食用油中污染物鉴定方面具有较好的分析能力。

以上是本课题组对于微/纳米塑料检测过程中 SERS 基底的创新性研究。针对分析方法而言，科研人员一般通过光学显微镜观察可能的塑料颗粒，在激光聚焦后获取拉曼光谱，然后使用人工方法将获取的拉曼光谱与标准拉曼光谱进行比较，以进行组分识别。如需在多种情况下快速实现塑料的化学识别，通常需要借助算法集成。如 Ramanna 等[59]在塑料颗粒光谱库上评估了一个训练好的随机森林模型，该模型将 22 种不同类型的微塑料颗粒的分类准确率从 89% 提高到 93.81%。分析拉曼光谱的其他方法还包括 PCA 和线性判别分析。如 Jin 等[60]使用 PCA-线性判别分析评分图对暴露在环境压力下的微塑料进行了分类，生成的支持向量机分类可以快速识别真实环境样品中的微塑料类型，准确率达到96.75%。因此，算法的结合可以在复杂情况下有效辅助塑料的分析检测。

6.5 全氟和多氟烷基物质

6.5.1 全氟和多氟烷基物质的来源及危害

全氟和多氟烷基物质（per- and polyfluoroalkyl substances, PFASs）是一类在侧基中含有氟原子的人工合成有机化学品，目前已超过9000种，已在工业和消费品中广泛使用超过70年。PFASs存在于复杂的混合物和各种日常用品中，人类接触PFASs的情况很普遍。PFASs尚未有准确的定义，美国环境保护署的定义是"具有至少两个相邻碳原子的化学品，其中一个碳完全氟化，另一个至少部分氟化"；经济合作与发展组织的定义是"包含至少一个完全氟化的甲基或亚甲基碳原子（没有任何H/Cl/Br/I原子与之相连）的氟化物质"。因此，除少数个例外，任何至少具有全氟甲基或全氟亚甲基的化学品都是PFASs。由于碳氟键是最强化学键之一，化学惰性高且耐高温，PFASs在环境中不易降解。在生产和使用过程中，PFASs会迁移到土壤、水和空气中，并持久性留存在环境中。

研究发现，PFASs存在于世界各地的人和动物的血液中，并且以低水平存在于各种食品和环境中。随着时间的推移和反复接触，一些PFAS会在人和动物体内积聚。人类暴露于高浓度的PFASs化合物与许多健康问题（包括肾癌和睾丸癌、甲状腺疾病和高脂血症）的发作之间存在惊人的联系[61]。饮食摄入被认为是人类接触PFASs的主要途径，特别是食用蛋白质含量高的食物，因为它们容易与蛋白质结合。动物来源的食用油通常来自高蛋白来源，如肉和脂肪。植物来源通常是从油料作物中提取的。一些油料作物，如大豆、向日葵和油菜籽，蛋白质含量相对较高（大豆为40%，向日葵和油菜籽为21%）[62]。因此，食用油原料可能受到PFASs的污染。

PFASs污染也可在食用油加工过程中引入[62]。食用油的生产主要包括提取、精制、过滤三个部分。高温会导致含有PFASs的材料分解，将更多的化学物质释放到溶剂中，而溶剂又会溶解在许多有机溶剂中，最终进入产品中。因此，在涉及高温和有机溶剂的提取和精炼过程中，PFASs很容易被引入。PFASs用于生产食用油工业中常用的各种化学品，如表面活性剂和乳化剂。在精炼过程中，通常会在油中加入表面活性剂和乳化剂，以改善其质地、口感和外观。此外，脱酸和脱色都是在较高的温度下进行的，这也可能增加PFASs溶解在食用油产品中的可能性。此外，纸张和塑料中广泛使用PFASs，由于其不亲水和不亲脂的特性，它们现在通常用于包装高脂肪含量和方便食品。包装材料与食品直接接触也会促进PFASs向食品中的迁移[63]。

6.5.2 全氟和多氟烷基物质的拉曼光谱分析

迄今为止,基于SERS检测的探索主要集中在有限的4~5种PFASs化合物上。如Feng等[64]设计了一种三明治结构传感器实现了对全氟辛酸、全氟己酸和全氟丁烷磺酸钾的定量检测（图6.14）。具体来说,采用种子生长法合成金纳米棒,然后在其表面包裹银壳,形成银包金的核-壳纳米棒。在硅片上通过油水自组装制备银包金核-壳纳米棒单层膜,并将其构建为等离子体银纳米粒子/银包金核-壳纳米棒的夹层结构,用于PFASs的SERS检测。优化后的壳层厚度比原始金纳米棒的SERS强度高11.9倍,层间间隙之间电磁场耦合产生的热点比单层信号增强了3.6倍。优异的结构均匀性是实现定量SERS检测的重要前提。

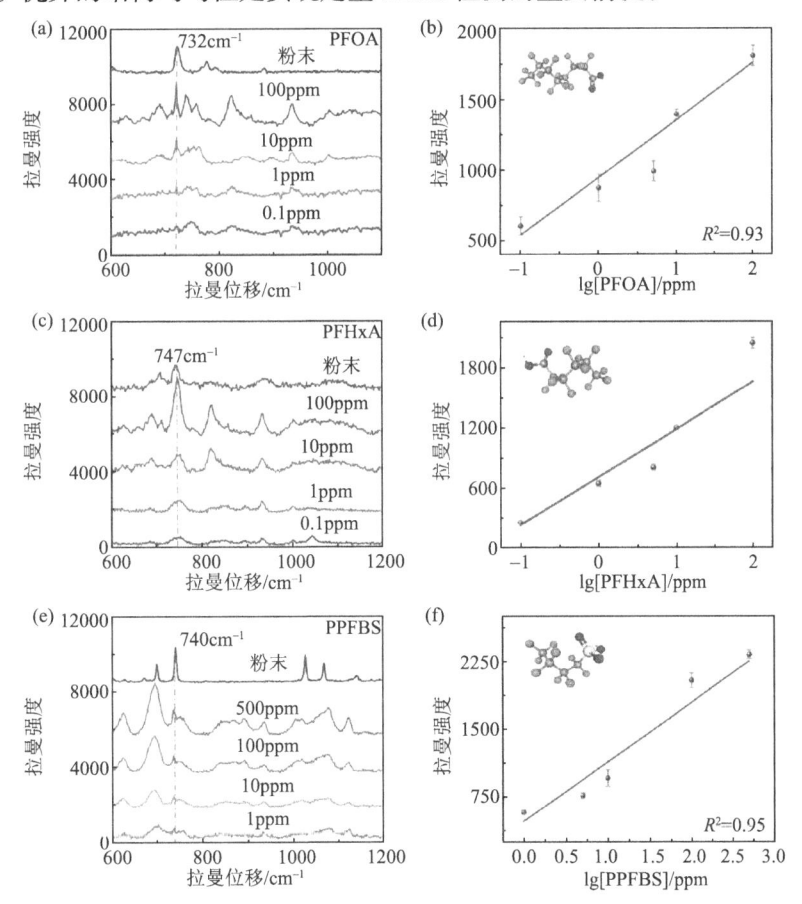

图6.14 不同浓度全氟辛酸（a）、全氟己酸（c）和全氟丁烷磺酸钾（e）对应的三明治结构传感器的SERS及拉曼强度与检测浓度的对应线性关系（b、d、f）[64]

如图 6.14 所示，将不同浓度梯度的 PFASs 溶液与银纳米溶胶按等比例混合后，在银包金核-壳纳米棒单层材料中加入上述混合物，在蒸发过程中形成夹层结构，进行 SERS 传感。其中，全氟辛酸在 732 cm^{-1} 处的特征峰表明是全氟化合物，全氟己酸在 747 cm^{-1} 处的特征峰以及全氟丁烷磺酸钾在 740 cm^{-1} 处的特征峰与之前的报道一致[65]，这些峰位于 735 cm^{-1} 附近，源于 PFASs 独特的 C—F 键（如—CF$_3$、—CF$_2$、—CF）振动。该传感器可以实现 PFASs 的痕量检测，全氟辛酸和全氟己酸的检测浓度低至 0.1 ppm，全氟丁烷磺酸钾的检测浓度低至 1 ppm，实现了 PFASs 的快速定量检测。

拉曼或 SERS 在表征和区分更广泛的 PFASs 化合物方面的潜力仍未得到充分的探索。PFASs 化合物有几十种同分异构体，它们具有相同的化学键类型，但通常表现出不同的原子空间排列，而具有不同碳链长度的 PFASs 化合物可能具有相同的化学键类型。这些细微的结构差异可以在拉曼光谱中产生独特的光谱特征。Chen 等[66]采用密度泛函理论计算了 40 种重要的 PFASs 化合物的拉曼光谱，确定了这些光谱的拉曼峰和振动模式（表 6.1）。对主要化学键（如 C—C、CF$_2$、CF$_3$、O—H）和主要官能团（如—COOH、—SO$_3$H、—C$_2$H$_4$SO$_3$H、—SO$_2$NH$_2$）的拉曼光谱区域进行了识别和比较，分析了异构体、分子链长和不同官能团对 PFASs 拉曼光谱的影响。结果发现，PFOA 同分异构体在 200～800 cm^{-1} 和 1000～1400 cm^{-1} 的波数区域的峰位置略有改变，而 PFOS 在 230～360 cm^{-1}、470～680 cm^{-1} 和 1030～1290 cm^{-1} 区域的光谱特征表现出显著差异。碳链长度可以显著增加拉曼峰的数量，但不同官能团的拉曼峰位置存在显著差异。通过在密度泛函理论计算的拉曼光谱中加入可控噪声，进行光谱数据库的建立，并采用 PCA 和 t 分布随机邻域嵌入两种化学计量方法对这些光谱进行区分。因此，结合拉曼光谱和先进的光谱分析技术，可以区分不同的 PFASs 化合物和相应的异构体，以期表征和区分更广泛的 PFASs 化合物。

表 6.1　40 种 PFASs 的光谱指纹特征[66]

	CF$_3$，CF$_2$/cm^{-1}	C—C/cm^{-1}	O—H/cm^{-1}	官能团 光谱区域	官能团 结构式
PFBA	250～750	920～1300	3650	全谱	COOH/O—H
PFPeA	270～750	890～1290	3651	全谱	COOH/O—H
PFHxA	260～750	870～1280	3651	全谱	COOH/O—H
PFHpA	260～750	820～1290	3651	全谱	COOH/O—H
PFOA	240～750	850～1280	3651	全谱	COOH/O—H
PFNA	240～750	890～1280	3651	全谱	COOH/O—H

续表

	CF$_3$，CF$_2$/cm^{-1}	C—C/cm^{-1}	O—H/cm^{-1}	官能团 光谱区域	结构式
PFDA	260~750	870~1280	3651	全谱	COOH/O—H
PFUnA	260~750	860~1280	3651	全谱	COOH/O—H
PFDoA	260~750	830~1280	3651	全谱	COOH/O—H
PFTrDA	260~750	830~1280	3651	全谱	COOH/O—H
PFTeDA	260~750	820~1280	3651	全谱	COOH/O—H
PFBS	200~790	830~1240	3545	全谱	SO$_3$H/O—H
PFPeS	200~690	740~1240	3550	全谱	SO$_3$H/O—H
PFHxS	200~690	740~1240	3546	全谱	SO$_3$H/O—H
PFHpS	200~690	730~1240	3550	全谱	SO$_3$H/O—H
PFOS	230~690	780~1250	3545	全谱	SO$_3$H/O—H
PFNS	230~690	780~1250	3545	全谱	SO$_3$H/O—H
PFDS	200~710	740~1260	3546	全谱	SO$_3$H/O—H
PFDoS	200~690	740~1270	3546	全谱	SO$_3$H/O—H
4:2FTS	150~760	450~1290	3584	150~1200cm^{-1}	SO$_3$H/O—H
6:2FTS	170~780	440~1300	3584	150~1200cm^{-1}	SO$_3$H/O—H
8:2FTS	180~710	450~1300	3584	150~1200cm^{-1}	SO$_3$H/O—H
PFOSA	120~1150	470~1280	3501；3676(NH$_2$)	全谱	SO$_2$NH$_2$
NMeFOSA	160~1140	430~1280	3610(NH)	全谱	SO$_2$NHCH$_3$
NEtFOSA	90~1170	530~1300	3482(NH)	全谱	SO$_2$NHCH$_2$CH$_3$
NMeFOSAA	150~710	480~1300	3644	全谱	SO$_2$NCH$_3$CH$_2$CO
NEtFOSAA	150~700	510~1290	3639	全谱	SO$_2$NC$_2$H$_5$CH$_2$CO
NMeFOSA	150~710	480~1300	3588	全谱	SO$_2$NCH$_3$C$_2$H$_4$OH
NEtFOSE	110~710	480~1300	3672	全谱	SO$_2$NC$_2$H$_5$C$_2$H$_4$O
HFPO-DA	190~1170	480~1310	3648	全谱	COOH/O—H
ADONA	210~1210	380~1310	3655	全谱	COOH/O—H
PFMPA	160~1160	450~1300	3653	全谱	COOH/O—H
PFMBA	200~1100	410~1310	3650	全谱	COOH/O—H
NFDHA	130~1070	420~1350	3654	全谱	COOH/O—H
9Cl-PF3ONS	120~1080	500~1300	3550	全谱	SO$_3$H/O—H

续表

	CF_3, CF_2/cm^{-1}	C—C/cm^{-1}	O—H/cm^{-1}	官能团	
				光谱区域	结构式
11Cl-PF3OUdS	130~1080	510~1310	3550	全谱	SO$_3$H/O—H
PFEESA	120~1180	470~1350	3551	全谱	SO$_3$H/O—H
3:3FTCA	220~750	220~1290	3646	220~1730cm^{-1}	COOH/O—H
5:3FTCA	220~740	220~1290	3646	220~1730cm^{-1}	COOH/O—H
7:3FTCA	250~690	250~1280	3645	250~1730cm^{-1}	COOH/O—H

6.6 多氯联苯

多氯联苯（polychlorinated biphenyls, PCBs）被列为持久性有机污染物，因为其具有显著毒性、生物蓄积性、环境持久性和长距离迁移性。PCBs 具有疏水性，所以污染食用油的可能性非常高，可以通过食物、水和空气进入人体，并在脂肪组织中积累。根据国际癌症研究机构的报告，PCBs 是致癌物[67]，可分为非二噁英类多氯联苯（包括 PCBs 28、52、101、138、153 和 180）和二噁英类多氯联苯。

高密度热点的基底设计和制备是实现 SERS 灵敏检测的关键。除了金和银纳米颗粒外，目前已成功制备了多种 SERS 基底，包括花状银纳米颗粒[68]、银纳米颗粒分层结构[69]、海胆状金微颗粒[70]和纳米触手等[71]。热点存在于上述纳米结构的间隙中，目标分子的 SERS 信号在很大程度上受热点捕获的控制。与传统的刚性 SERS 衬底相比，柔性 SERS 衬底可以实现热点的动态调整，并且更利于样品采集。Li 等[72]提出了一种简单、低成本制备大面积聚丙烯腈纳米峰柔性薄膜的方法（图 6.15）。将聚丙烯腈溶液浇铸到设计良好的硅模具上，再进行固化和脱模，从而获得一侧由高度有序的纳米峰阵列组成的大规模柔性 PAN 薄膜，接着将高密

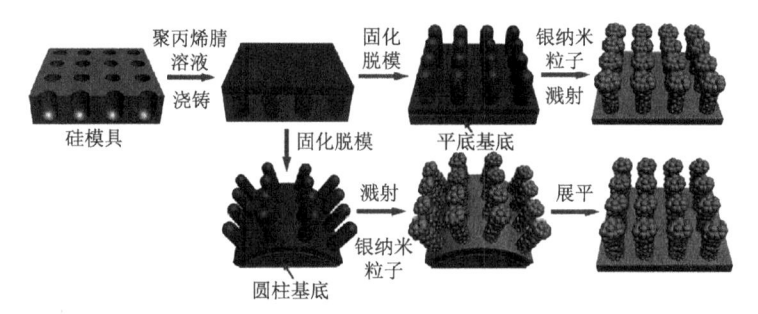

图 6.15 溅射银纳米粒子的聚丙烯腈纳米峰阵列柔性薄膜制备示意图[72]

度的银纳米粒子溅射到每个纳米峰上。通过在凸面一侧对具有纳米峰阵列的柔性膜进行可控弯曲来调整银纳米粒子溅射构型，实现热点的动态调整。最终实现了多氯联苯同系物 PCB-77 的灵敏检测。

除了制备灵敏度高、信号再现性好的 SERS 基底外，增强 SERS 基底对目标分子的捕获能力，特别是对那些不易吸附到裸露 SERS 基底上的分子，也非常重要。Zhu 等[73]尝试用单 6-硫代-β-环糊精修饰银纳米片组装的微半球捕获疏水性 PCBs 分子，实现了 PCB-77 更低的检测限以及区分混合溶液中的 PCB-1 和 PCB-77 两种不同的 PCBs 同系物。除了修饰基底表面外，目标分析物还可以通过加成或取代反应转化为类似物以实现间接测量。Rindzevicius 等[74]开发了一种改进的方法，利用镀金的硅纳米柱基底，通过形成微尺寸的纳米柱簇，将 PCB 分子集中在高电磁场区域内，从而形成热点。为了提高 PCB 的检出限，对 PCB-77 进行了—SH_3 基团的化学修饰。PCB-77 和 PCB-77-SCH_3 的振动模式非常相似，但 PCB-77-SCH_3 的振动强度比 PCB-77 强得多。实验表明，对 PCB-77-SCH_3（10^{-8} mol/L）的检测灵敏度高于 PCB-77（10^{-5} mol/L）。

6.7 农药残留

农药的品种很多，按照用途可以分为杀虫剂、杀菌剂、除草剂、植物生长调节剂等；按照化学结构，主要有有机氯、有机磷、有机氮、有机硫、氨基甲酸酯、拟除虫菊酯等。农业生产、水资源和空气中存在的农药残留问题引起了人们的广泛关注，对能够在现场快速检测和识别食品中各种有害化学物质的可靠而有力的方法需求急剧增加。SERS 已被广泛应用于各种情况下农药的原位检测[75, 76]。

近年来，聚二甲基硅氧烷作为 SERS 活性基底受到了广泛关注[77]。其优势在于可以很容易地切割成不同形状和尺寸并弯曲地包裹以适应各种柔性、弯曲或非平面表面。另外，聚二甲基硅氧烷在 2905 cm^{-1} 处的拉曼特征峰可以作为内标来消除环境因素的影响，进行可靠的定量分析。Ma 等[78]报道了一种基于聚二甲基硅氧烷薄膜的新型柔性透明 SERS 基底，可用于各种条件下的农药现场检测。通过种子介导生长和磁控溅射涂层两个步骤，成功地在聚二甲基硅氧烷薄膜表面修饰了具有垂直取向的银纳米粒子修饰的金纳米线。由于聚合物基体的柔韧性，机械拉伸策略提高了该薄膜的 SERS 活性，显示出 6.74×10^6 的增强因子。此外，该 SERS 基底可用于多种条件下的痕量农药分析，有效实现了大气中 2-萘乙醇（检测限 10^{-9} mol/L）、番茄表面甲基对硫磷（检测限 10^{-6} mg/mL）以及大豆油中甲基对硫磷（检测限 10^{-5} mg/mL）的检测。特别是，以聚二甲基硅氧烷的本征 SERS 峰为内标，显著纠正了三次检测中较差的线性关系，保证了定量分析。总的来说，基于聚二甲基硅氧烷的薄膜可以用于在气体、固体和液体条件下对农药进行原位SERS检测，具有高效多相监测的优势。

啶虫脒是一种类似于尼古丁的神经活性杀虫剂。因其高渗透性和低疏水性而成为应用最广泛的新烟碱类，广泛用于多种作物，如棉花、玉米、水果、水稻、大豆、蔬菜和小麦等。基于成熟的 SERS 技术和用于食品质量和安全监测的化学计量算法，Chen 等[79]探索了 SERS 传感器和随机蛙跳算法快速检测棕榈油中啶虫脒的可行性。采用连续投影算法-偏最小二乘法、随机蛙跳-偏最小二乘法和非信息变量剔除-偏最小二乘法对数据进行标准正态变量预处理后，建立了啶虫脒预测的定量模型，随机蛙跳-偏最小二乘法模型的校正集相关系数、预测集相关系数、交叉验证均方根误差、预测均方根误差分别为 0.990、0.989、5.17 和 6.95，回收率为 93.89%～108.32%。

毒死蜱是一种非系统性广谱杀虫剂和杀螨剂，也是油料作物的理想杀虫剂。对玉米、大豆、花生等经济作物的病虫害有一定的防治作用，被广泛用于提高各种经济作物的产量。然而，由于其广泛的使用和持久性，它在环境中积累，并可能迁移到目标植物体内，影响其生理代谢和作物品质。这很容易导致毒死蜱在玉米、大豆等油料作物的后续加工中过量残留，从而影响食用油的安全性。Xue 等[80]提出了一种基于长短期记忆网络和卷积神经网络的拉曼光谱定量检测玉米油中毒死蜱残留量的新方法。研究发现长短期记忆网络-卷积神经网络模型与各自单独模型相比，具有更好的泛化性能。该模型的预测均方根误差为 12.3 mg/kg，决定系数为 0.90，相对预测偏差为 3.2。基于长短期记忆网络-卷积神经网络模型结构的深度学习网络无须预处理即可实现拉曼光谱的特征自学习和多元模型定标。因此，SERS 传感器与算法结合在食用油危害物快检领域潜力巨大。

6.8 重 金 属

蔬菜、禽类、鱼类中已发现了微量的重金属，如汞、铅、锌、镍、镉等。持续暴露于低剂量的重金属会在骨骼、神经系统、消化系统、心血管系统或肾脏中积累，与蛋白质、维生素、核酸和激素形成稳定的金属配合物，导致病理变化和高健康风险[81]。橄榄油、葵花籽油、菜籽油和玉米油是研究最多的食用油，对重金属的研究主要集中在铁、铜、镉和铅上。在食用油生产和加工领域，镉可能源于油脂提取过程中使用的有机溶剂，除高毒性外，镉具有长的半衰期，可沿着食物链在生物体内积累。长时间接触可能对健康造成的影响包括肾、肺、骨、胃和前列腺毒性问题，还可能导致代谢综合征和癌症。食用油中的铅可因环境污染、精炼过程、运输过程中的转移或包装过程而存在[82]。此外，铅在体内积累可以改变细胞代谢,是对人类健康产生各种有害影响的前兆[83]。高暴露于铜可引起神经退行性疾病,如肝豆状核变性[84]。目前缺乏针对食用油中铁的具体国际立法,铁被认为是氧化过程的加速器。过度接触铁(如微量和长时间接触),也会对人类健康造成不利风险[85]。

目前,针对重金属离子使用最多的分析技术是电感耦合等离子体原子发射光谱法、火焰原子吸收光谱法和电感耦合质谱法等。虽然精度较高,但都不能满足快速在线检测的要求。在金纳米粒子上功能化的茜素表现出强大的 SERS 效应,可通过多种方式用于重金属传感检测。

Dasary 等[86]将高拉曼活性染料茜素在等离子体金表面进行功能化,作为拉曼报告分子,然后将 pH 为 8.5 的 3-巯基丙酸、2,6-吡啶二羧酸固定在纳米颗粒表面,对二价镉离子进行选择性配位。添加镉离子后,金纳米粒子为茜素染料提供了良好的热点,使拉曼信号增强,最终实现镉的高灵敏检测。Jiang 等[87]提出了一种基于适体调节金纳米等离子体的简易 SERS 策略,用于分析痕量镉。金纳米粒子纳米酶加速了氯金酸-过氧化氢的氧化还原反应,形成更多的金纳米粒子,维多利亚蓝 B 作为拉曼报告分子,在 1614 cm^{-1} 处产生强烈的 SERS 信号。在适体存在的情况下,它吸附在金纳米粒子表面,形成金纳米粒子-适体复合物,抑制纳米酶的催化反应,降低 SERS 强度。当加入镉离子时,它们特异性结合到适体上,形成稳定的 G-四重体结构,并释放纳米酶,使更多的氯金酸被还原为金纳米粒子,同时伴随着 SERS 信号的增加。

Dugandžić 等[88]报道了一种新型的基于 SERS 的分子传感器,用于铜离子的检测和定量。通过甲硫基的硫原子,利用合成的二聚胺基配体锚定在等离子体金纳米粒子上,实现了传感。配体与二价铜离子的配位作用会引发吡啶环呼吸振动模式相关光谱特征的变化,根据变化实现了铜的检测。近年来,为了获得更可靠、更准确的结果,有报道将 SERS 与比色法、荧光法、微萃取法等其他技术相结合,用于重金属离子的检测。这些技术的结合可以相互补充,使检测结果更具说服力。例如,Zhang 等基于葡萄糖酸盐离子和 2-萘乙醇功能化的金-银核壳纳米颗粒展示了一种测定铅离子的比色法和 SERS 双模式策略。在铅离子存在下,吸附的葡萄糖酸盐离子与铅离子络合,诱导产生聚集体,导致 2-萘乙醇的颜色和 SERS 强度发生变化。比色法和 SERS 法的检测限分别降至 0.252 μmol/L 和 0.185 pmol/L。

6.9 展　　望

总的来说,食品危害物是一个造成食品安全问题的主要原因,并已引起全球的关注。发展痕量食品危害物的快检手段成为保障食品安全的出路之一。SERS

技术具有前处理简单、操作简便、检测时间短、灵敏度高等优点，可以实现对食品中痕量化学危害的分子识别及定量分析检测，近年来在食品安全检测领域的相关研究呈上升趋势，具有良好的应用前景。

SERS 强度受多种因素的影响，而食品复杂体系中非目标组分对被分析物拉曼散射信号也会造成干扰。如何获得高重复性、高稳定性、高灵敏度的 SERS 基底还是一个亟须解决的难题。近年来，液体 SERS 的灵活性、可变形性、通用性和自愈合性使其发展迅速，在检测分析领域开辟了新的篇章。但是由于其发展时间较短，相关理论并未被系统建立。有些液态 SERS 分析手段仍需转移基底到固态支撑板上进行测量。因此，研究如何获得简单可靠、选择性高、原位的液态 SERS 检测，提高分析样本检测通量，是非常必要的。实现对一些具有代表性的痕量食品危害物的快检，对促进我国食品行业的健康有序发展，保证人民舌尖上的安全，具有非常重要的意义。

参 考 文 献

[1] QINGWEN H, WENBO G, XIUYING Z, et al. Universal screening of 200 mycotoxins and their variations in stored cereals in Shanghai, China by UHPLC-Q-TOF MS [J]. Food Chem, 2022, 387: 132869.

[2] GONG Y Y, WATSON S, ROUTLEDGE M N. Aflatoxin exposure and associated human health effects, a review of epidemiological studies [J]. Food Saf (Tokyo), 2016, 4(1): 14-27.

[3] MAHFUZ M, HOSSAIN M S, ALAM M A, et al. Chronic aflatoxin exposure and cognitive and language development in young children of Bangladesh: A longitudinal study [J]. Toxins, 2022, 14(12): 855.

[4] POORMOHAMMADI A, BASHIRIAN S, MOEINI E S M, et al. Monitoring of aflatoxins in edible vegetable oils consumed in Western Iran in Iran: a risk assessment study [J]. Int J Environ An Ch, 2023, 103(17): 5399-5409.

[5] XIYA Z, EREMIN S A, KAI W, et al. Fluorescence polarization immunoassay based on a new monoclonal antibody for the detection of the zearalenone class of mycotoxins in maize [J]. J Agric Food Chem, 2017, 65(10): 2240-2247.

[6] ZHENG S, WANG C, LI J, et al. Graphene oxide-based three-dimensional Au nanofilm with high-density and controllable hotspots: A powerful film-type SERS tag for immunochromatographic analysis of multiple mycotoxins in complex samples [J]. Chem Eng J, 2022, 448: 137760.

[7] GABBITAS A, AHLBORN G, ALLEN K, et al. Advancing mycotoxin detection: Multivariate rapid analysis on corn using surface enhanced Raman spectroscopy (SERS) [J]. Toxins, 2023, 15(10): 610.

[8] ADADE S Y S S, LIN H, JOHNSON N A N, et al. Quantitative SERS detection of aflatoxin B1

in edible crude palm oil using QuEChERS combined with chemometrics [J]. J Food Compos Anal, 2024, 125: 105841.

[9] ZHU J J, JIANG X, RONG Y W, et al. Label-free detection of trace level zearalenone in corn oil by surface-enhanced Raman spectroscopy (SERS) coupled with deep learning models [J]. Food Chem, 2023, 414: 135705.

[10] XIE W, WANG G, YU E, et al. Residue character of polycyclic aromatic hydrocarbons in river aquatic organisms coupled with geographic distribution, feeding behavior, and human edible risk [J]. Sci Total Environ, 2023, 895: 164814.

[11] SAKSHI S K, SINGH S K, HARITASH A K. Bacterial degradation of mixed-PAHs and expression of PAH-catabolic genes [J]. World J Microb Biot, 2023, 39(2): 47.

[12] LI D, SU P, TANG M, et al. Biochar alters the persistence of PAHs in soils by affecting soil physicochemical properties and microbial diversity: A meta-analysis [J]. Ecotox Environ Safe, 2023, 266: 115589.

[13] NA M, ZHAO Y, SU R, et al. Residues, potential source and ecological risk assessment of polycyclic aromatic hydrocarbons (PAHs) in surface water of the East Liao River, Jilin Province, China [J]. Sci Total Environ, 2023, 886: 163977.

[14] ZHANG X, LI X, JING Y, et al. Transplacental transfer of polycyclic aromatic hydrocarbons in paired samples of maternal serum, umbilical cord serum, and placenta in Shanghai, China [J]. Environ Pollut, 2017, 222: 267-275.

[15] GONG X, LIAO X, LI Y, et al. Sensitive detection of polycyclic aromatic hydrocarbons with gold colloid coupled chloride ion SERS sensor [J]. Analyst, 2019, 144(22): 6698-6705.

[16] YE Q, XI X, FAN D, et al. Polycyclic aromatic hydrocarbons in bone homeostasis [J]. Biomed Pharmacother, 2022, 146: 112547.

[17] HOSSAIN M A, SALEHUDDIN S M. Polycyclic aromatic hydrocarbons (PAHs) in edible oils by gas chromatography coupled with mass spectroscopy [J]. Arab J Chem, 2012, 5(3): 391-396.

[18] GUOYAN L, WANLI Z, XU Z, et al. Toxicity and oxidative stress of HepG2 and HL-7702 cells induced by PAH4 using oil as a carrier [J]. Food Res Int, 2024, 178: 113988.

[19] JUNMIN J, MIAOMIAO J, YAXIN Z, et al. Polycyclic aromatic hydrocarbons contamination in edible oils: A review [J]. Food Rev Int, 2023, 39(9): 6977-7003.

[20] BERTOZ V, PURCARO G, CONCHIONE C, et al. A review on the occurrence and analytical determination of PAHs in olive oils [J]. Foods, 2021, 10(2): 324.

[21] ŠCIMKO P, KHUNOVA V, ŠCIMON P, et al. Kinetics of sunflower oil contamination with polycyclic aromatic hydrocarbons from contaminated recycled low density polyethylene film [J]. Int J Food Sci Tech, 1995, 30(6): 807-812.

[22] ZHAO X, GONG G, WU S. Effect of storage time and temperature on parent and oxygenated polycyclic aromatic hydrocarbons in crude and refined vegetable oils [J]. Food Chem, 2018, 239: 781-788.

[23] GROB K, BIEDERMANN M, CARAMASCHI A, et al. LC-GC analysis of the aromatics in a mineral oil fraction: Batching oil for jute bags [J]. J High Resol Chromatogr, 1991, 14(1): 33-39.

[24] GAO J, LI X, ZHENG Y, et al. Recent advances in sample preparation and chromatographic/mass spectrometric techniques for detecting polycyclic aromatic hydrocarbons in edible oils: 2010 to present [J]. Foods, 2024, 13(11): 1714.

[25] 杨帆, 雷涛, 杨仁杰. 激光诱导荧光光谱检测土壤中多环芳烃的进展[J]. 分析试验室, 2022, 41(10): 1214-1220.

[26] MUNAWAR H, MANKAR J S, SHARMA M D, et al. Highly selective electrochemical nanofilm sensor for detection of carcinogenic PAHs in environmental samples [J]. Talanta, 2020, 219: 121273.

[27] 陈振楠, 杜晶晶, 史建波. 表面增强拉曼光谱检测环境污染物的研究进展[J]. 化学通报, 2024, 87(9): 1045-1054.

[28] SU M, WANG C, WANG T, et al. Breaking the affinity limit with dual-phase-accessible hotspot for ultrahigh Raman scattering of nonadsorptive molecules [J]. Anal Chem, 2020, 92(10): 6941-6948.

[29] MENGKE S, QIAN J, JINHU G, et al. Quality alert from direct discrimination of polycyclic aromatic hydrocarbons in edible oil by liquid-interfacial surface-enhanced Raman spectroscopy [J]. LWT-Food Sci Technol, 2021, 143: 111143.

[30] CHEN H, MAO W, SHEN Y, et al. Distribution, source, and environmental risk assessment of phthalate esters (PAEs) in water, suspended particulate matter, and sediment of a typical Yangtze River Delta City, China [J]. Environ Sci Pollut R, 2019, 26(24): 24609-24619.

[31] LI K, MA D, WU J, et al. Distribution of phthalate esters in agricultural soil with plastic film mulching in Shandong Peninsula, East China [J]. Chemosphere, 2016, 164: 314-321.

[32] CHEN D S, SHI L K, SONG G X. Distributions of polycyclic aromatic hydrocarbons and phthalic acid esters in gums and soapstocks obtained from soybean oil refinery [J]. J Am Oil Chem Soc, 2019, 96(12): 1315-1326.

[33] O'BRIEN A, COOPER I J F A. Polymer additive migration to foods—A direct comparison of experimental data and values calculated from migration models for polypropylene [J]. Food Addit Contam A, 2001, 18(4): 343-355.

[34] HOPF N B, BERTHET A, VERNEZ D, et al. Skin permeation and metabolism of di(2-ethylhexyl) phthalate (DEHP) [J]. Toxicol Lett, 2014, 224(1): 47-53.

[35] HANIOKA N, ISOBE T, OHKAWARA S, et al. Hydrolysis of di(2-ethylhexyl) phthalate in humans, monkeys, dogs, rats, and mice: An *in vitro* analysis using liver and intestinal microsomes [J]. Toxicol In Vitro, 2019, 54: 237-242.

[36] KAY V R, BLOOM M S, FOSTER W G. Reproductive and developmental effects of phthalate diesters in males [J]. Crit Rev Toxicol, 2014, 44(6): 467-498.

[37] LEHMANN K P, PHILLIPS S, SAR M, et al. Dose-dependent alterations in gene expression and testosterone synthesis in the fetal testes of male rats exposed to di (*n*-butyl) phthalate [J]. Toxicol Sci, 2004, 81(1): 60-68.

[38] BASHA P M, RADHA M J. Gestational di-*n*-butyl phthalate exposure induced developmental and teratogenic anomalies in rats: A multigenerational assessment [J]. Environ Sci Pollut R, 2017, 24(5): 4537-4551.

[39] RASTKARI N, JEDDI M Z, YUNESIAN M, et al. Carcinogenic and non-carcinogenic risk assessment of bis(2-ethylhexyl) phthalate in bottled water [J]. Eur J Cancer, 2014, 50: S237.

[40] NASSAN F L, GUNN J A, HILL M M, et al. High phthalate exposure increased urinary concentrations of quinolinic acid, implicated in the pathogenesis of neurological disorders: Is this a potential missing link? [J]. Environ Res, 2019, 172: 430-436.

[41] LARSEN S T, HANSEN J S, HAMMER M, et al. Effects of mono-2-ethylhexyl phthalate on the respiratory tract in BALB/c mice [J]. Hum Exp Toxicol, 2004, 23(11): 537-545.

[42] XU Z, LUAN L, LI P, et al. Extralong hot-spots sensor for SERS sensitive detection of phthalate plasticizers in biological tear and serum fluids. Anal Bioanal Chem, 2024, 416(19): 4301-4313.

[43] XU S, LI H, GUO M, et al. Liquid-liquid interfacial self-assembled triangular Ag nanoplate-based high-density and ordered SERS-active arrays for the sensitive detection of dibutyl phthalate (DBP) in edible oils [J]. Analyst, 2021, 146(15): 4858-4864.

[44] WANG H, WANG C, HUANG J, et al. Preparation of SERS substrate with 2D silver plate and nano silver sol for plasticizer detection in edible oil [J]. Food Chem, 2023, 409: 135363.

[45] BOONPHOP C, SANONG E, PROMPONG P. Size-independent quantification of nanoplastics in various aqueous media using surfaced-enhanced Raman scattering [J]. J Hazard Mater, 2023, 442: 130046.

[46] BAKIR A, ROWLAND S J, THOMPSON R C. Enhanced desorption of persistent organic pollutants from microplastics under simulated physiological conditions [J]. Environ Pollut, 2014, 185: 16-23.

[47] STENGER K S, WIKMARK O G, BEZUIDENHOUT C C, et al. Microplastics pollution in the ocean: Potential carrier of resistant bacteria and resistance genes [J].Environ Pollut, 2021, 291: 118130.

[48] BRENNECKE D, DUARTE B, PAIVA F, et al. Microplastics as vector for heavy metal contamination from the marine environment [J]. Estuar Coast Shelf S, 2016, 178: 189-195.

[49] SENDRA M, SPARAVENTI E, NOVOA B, et al. An overview of the internalization and effects of microplastics and nanoplastics as pollutants of emerging concern in bivalves [J]. Sci Total Environ, 2021, 753: 142024.

[50] BOUWMEESTER H, HOLLMAN P C H, PETERS R J B. Potential health impact of environmentally released micro- and nanoplastics in the human food production chain: Experiences from nanotoxicology [J]. Environ Sci Technol, 2015, 49(15): 8932-8947.

[51] HAN Y, LIAN F, XIAO Z, et al. Potential toxicity of nanoplastics to fish and aquatic invertebrates: Current understanding, mechanistic interpretation, and meta-analysis [J]. J Hazard Mater, 2022, 427: 127870.

[52] KUMAR R, MANNA C, PADHA S, et al. Micro(nano)plastics pollution and human health: How plastics can induce carcinogenesis to humans? [J]. Chemosphere, 2022, 298: 134267.

[53] XIE L, GONG K, LIU Y, et al. Strategies and challenges of identifying nanoplastics in environment by surface-enhanced Raman spectroscopy [J]. Environ Sci Technol, 2023, 57(1): 25-43.

[54] WANG X, DU S, QU C, et al. Plasmonic nanostar@metal organic frameworks as strong

adsorber, enricher, and sensor for trace nanoplastics via surface-enhanced Raman spectroscopy [J]. Chem Eng J, 2024, 487: 150415.

[55] YU F, SU M, TIAN L, et al. Organic solvent as internal standards for quantitative and high-throughput liquid interfacial SERS analysis in complex media [J]. Anal Chem, 2018, 90(8): 5232-5238.

[56] DING Z, WANG C, SONG X, et al. Strong π-metal interaction enables liquid interfacial nanoarray-molecule co-assembly for Raman sensing of ultratrace fentanyl doped in heroin, ketamine, morphine, and real urine [J]. ACS Appl Mater Interf, 2023, 15(9): 12570-12579.

[57] FANFAN Y, CHENG Q, ZHONGXIANG D, et al. Liquid interfacial coassembly of plasmonic arrays and trace hydrophobic nanoplastics in edible oils for robust identification and classification by surface-enhanced Raman spectroscopy [J]. J Agric Food Chem, 2023, 71(39): 14342-143450.

[58] SU M, JIANG Q, GUO J, et al. Quality alert from direct discrimination of polycyclic aromatic hydrocarbons in edible oil by liquid-interfacial surface-enhanced Raman spectroscopy [J]. LWT-Food Sci Technol, 2021, 143: 111143.

[59] RAMANNA S, MOROZOVSKII D, SWANSON S, et al. Machine learning of polymer types from the spectral signature of Raman spectroscopy microplastics data [Z]. arXiv-CS-Machine Learning, 2023, 3 (1): 44.

[60] JIN N, SONG Y, MA R, et al. Characterization and identification of microplastics using Raman spectroscopy coupled with multivariate analysis [J]. Anal Chim Acta, 2022, 1197: 339519.

[61] SUNDERLAND E M, HU X C, DASSUNCAO C, et al. A review of the pathways of human exposure to poly- and perfluoroalkyl substances (PFASs) and present understanding of health effects [J]. J Expo Sci Env Epid, 2019, 29(2): 131-147.

[62] SZNAJDER-KATARZYNSKA K, SURMA M, WICZKOWSKI W, et al. Determination of perfluoroalkyl substances (PFASs) in fats and oils by QuEChERS/micrO-HPLC-MS/MS [J]. Food Res Int, 2020, 137: 109583.

[63] ZABALETA I, BLANCO-ZUBIAGUIRRE L, NILSU BAHARLI E, et al. Occurrence of per- and polyfluorinated compounds in paper and board packaging materials and migration to food simulants and foodstuffs [J]. Food Chem, 2020, 321: 126746.

[64] FENG Y, DAI J, WANG C, et al. Ag nanoparticle/Au@Ag nanorod sandwich structures for SERS-based detection of perfluoroalkyl substances [J]. ACS Appl Nano Mater, 2023, 6(15): 13974-13983.

[65] ONG T T X, BLANCH E W, JONES O A H. Surface enhanced Raman spectroscopy in environmental analysis, monitoring and assessment [J]. Sci Total Environ, 2020, 720: 137601.

[66] CHEN Y, YANG Y, CUI J, et al. Decoding PFAS contamination via Raman spectroscopy: A combined DFT and machine learning investigation [J]. J Hazard Mater, 2024, 465: 133260.

[67] ZANI C, TONINELLI G, FILISETTI B, et al. Polychlorinated biphenyls and cancer: An epidemiological assessment [J]. J Environ Sci Heal C, 2013, 31(2): 99-144.

[68] LIANG H, LI Z, WANG W, et al. Highly surface-roughened "flower-like" silver nanoparticles for extremely sensitive substrates of surface-enhanced Raman scattering [J]. Adv Mater, 2009,

21(45): 4614-4618.

[69] ZHANG B, XU P, XIE X, et al. Acid-directed synthesis of SERS-active hierarchical assemblies of silver nanostructures [J]. J Mater Chem, 2011, 21(8): 2495-2501.

[70] WANG X, YANG D P, HUANG P, et al. Hierarchically assembled Au microspheres and sea urchin-like architectures: Formation mechanism and SERS study [J]. Nano, 2012, 4(24): 7766-7772.

[71] WANG P, WU L, LU Z, et al. Gecko-inspired nanotentacle surface-enhanced Raman spectroscopy substrate for sampling and reliable detection of pesticide residues in fruits and vegetables [J]. Anal Chem, 2017, 89(4): 2424-2431.

[72] LI Z, MENG G, HUANG Q, et al. Ag nanoparticle-grafted PAN-nanohump array films with 3D high-density hot spots as flexible and reliable SERS substrates [J]. Small, 2015, 11(40): 5452-5459.

[73] ZHU C, MENG G, HUANG Q, et al. Large-scale well-separated Ag nanosheet-assembled micrO—Hemispheres modified with HS-β-CD as effective SERS substrates for trace detection of PCBs [J]. J Mater Chem, 2012, 22(5): 2271-2278.

[74] RINDZEVICIUS T, BARTEN J, VOROBIEV M, et al. Detection of surface-linked polychlorinated biphenyls using surface-enhanced Raman scattering spectroscopy [J]. Vib Spectrosc, 2017, 90: 1-6.

[75] WANG C M, ROY P K, JULURI B K, et al. A SERS tattoo for in situ, ex situ, and multiplexed detection of toxic food additives [J]. Sensor Actuat B-Chem, 2018, 261: 218-225.

[76] LI Q, GONG S, ZHANG H, et al. Tailored necklace-like Ag@ ZIF-8 core/shell heterostructure nanowires for high-performance plasmonic SERS detection [J]. Chem Eng J, 2019, 371: 26-33.

[77] PARK S, LEE J, KO H. Transparent and flexible surface-enhanced Raman scattering (SERS) sensors based on gold nanostar arrays embedded in silicon rubber film [J]. ACS Appl Mater Interf, 2017, 9(50): 44088-44095.

[78] MA Y, DU Y, CHEN Y, et al. Intrinsic Raman signal of polymer matrix induced quantitative multiphase SERS analysis based on stretched PDMS film with anchored Ag nanoparticles/Au nanowires [J]. Chem Eng J, 2020, 381: 122710.

[79] ADADE S Y S S, LIN H, JOHNSON N A N, et al. Rapid quantitative analysis of acetamiprid residue in crude palm oil using SERS coupled with random frog (RF) algorithm [J]. J Food Compos Anal, 2024, 125: 105818.

[80] XUE Y C, JIANG H. Monitoring of chlorpyrifos residues in corn oil based on Raman spectral deep-learning model [J]. Foods, 2023, 12(12): 2402.

[81] DU C, LI Z. Contamination and health risks of heavy metals in the soil of a historical landfill in northern China [J]. Chemosphere, 2023, 313: 137349.

[82] YANG Y, LI H, PENG L, et al. Assessment of Pb and Cd in seed oils and meals and methodology of their extraction [J]. Food Chem, 2016, 197: 482-488.

[83] VALASQUES G S, DOS SANTOS A M P, DE SOUZA V S, et al. Multivariate optimization for the determination of cadmium and lead in crude palm oil by graphite furnace atomic absorption spectrometry after extraction induced by emulsion breaking [J]. Microchem J, 2020, 153:

104401.

[84] VALLIERES C, HOLLAND S L, AVERY S V. Mitochondrial ferredoxin determines vulnerability of cells to copper excess [J]. Cell Chem Biol, 2017, 24(10): 1228-1237.

[85] GHOSH G C, KHAN M J H, CHAKRABORTY T K, et al. Human health risk assessment of elevated and variable iron and manganese intake with arsenic-safe groundwater in Jashore, Bangladesh [J]. Sci Rep-Uk, 2020, 10(1): 5206.

[86] DASARY S S R, JONES Y K, BARNES S L, et al. Alizarin dye based ultrasensitive plasmonic SERS probe for trace level cadmium detection in drinking water [J]. Sensor Actuat B-Chem, 2016, 224: 65-72.

[87] OUYANG H, LING S, LIANG A, et al. A facile aptamer-regulating gold nanoplasmonic SERS detection strategy for trace lead ions [J]. Sensor Actuat B-Chem, 2018, 258: 739-744.

[88] DUGANDŽIĆ V, KUPFER S, JAHN M, et al. A SERS-based molecular sensor for selective detection and quantification of copper(II) ions [J]. Sensor Actuat B-Chem, 2019, 279: 230-237.

第 7 章

食用油真伪和掺假的拉曼光谱分析进展

目前市场上销售的食用油种类繁多，由于食用油的品种、产量和营养价值不同，市售的食用油价格存在很大差异。近年来，食用油掺假问题屡屡曝光，给消费者健康带来巨大风险。食用油中的掺假主要有两种类型：一种是冷榨油与精炼油的混合，用便宜的油代替昂贵的油。一些不法商家为了牟取暴利，将低价的劣质食用油掺杂到高档食用油中，如将大豆油掺兑到橄榄油、棕榈油中，以获取更高的售价。为了提升食用油的色泽和口感，一些不法商家可能还会向冷榨油或精炼油中添加色素和香精，使产品看起来更加诱人，但丧失了食用油原本的天然特性和营养价值[1]。此外，在食用油中添加氧化油也是掺假类型之一。食用油氧化是指在高温、高压或长时间加热条件下，食用油中的 UFA 发生氧化反应，产生了不良氧化物质，使得食用油的品质和营养价值大幅降低。氧化油不仅失去了原有的营养价值，还会产生有害物质，这些劣质油可能是经过多次重复使用、氧化严重的废油，对人体健康极具危害[2]。

虽然食用油具有明显的特征如气味、颜色等，可以用来进行初步的人为区分，但基于这些自然特征的判断过于主观，容易受到影响。为了对食用油的真伪和掺假进行鉴别，一些研究人员开发了传感器来准确地感知油的外部特性。例如，Apetrei 等[3]和 Harzalli 等[4]开发了基于品鉴指纹的电子舌来定性检测食用油掺假，但这些传感器的机械结构复杂，长期使用后会发生钝化，严重影响鉴别效果。除了构建传感器之外，目前食用油真伪和掺假的鉴别方法主要分为两种：化学法和光学法。化学法主要利用气相色谱仪、电感耦合等离子体质谱仪等大型仪器通过检测特定的痕量成分来确定食用油的质量[5, 6]。气相色谱法和电感耦合等离子体质谱法已成功应用于食用植物油中多环芳烃、邻苯二甲酸酯、烷基酚类化合物以及微量元素（如铜、锗、锰等）的检测[7, 8]。化学法具有很高的准确性和灵敏度，但是通常需要复杂的预处理过程和专业的技术人员操作，不适合食用油真伪和掺假的快速现场鉴别。光学检测技术的发展解决了这一问题，一些研究人员使用近红外光谱等光谱方法来识别不同的食用油类型以鉴别油品的真伪和掺假，已被应用于鉴别掺假油茶、鉴别混合油中的地沟油以及对非转基因和转基因食用油进行分类[9, 10]。然而，近红外光谱仅限于近红外波段，缺乏其他波段的一些关键特征，并且灵敏度相对较低，因此在复杂食用油中的鉴别仍然受到限制[11]。

相比于上述分析技术，拉曼光谱具有较大优势，第1章中已经详细阐述，这里不再赘述。本章将结合分析实例，详细介绍拉曼光谱用于食用油真伪和掺假鉴别以及食用油在使用过程中的问题监测。

7.1 食用油真伪鉴别

食用油中存在多种成分，为人体健康提供所必需的物质，而假冒伪劣食用油往往存在关键营养成分含量显著降低或特征性组分缺失的现象。通过对食用油中特异性目标成分的检测可建立科学可靠的食用油真伪鉴别体系。

橄榄油中的天然叶绿素赋予其降低胆固醇、降低血压、预防癌症和抗氧化等益处，因此相比于普通食用油其价格要高出许多，在巨大的利益驱动下，不法商家在廉价橄榄油中添加风味剂和色素用于冒充优质橄榄油。叶绿素在空气中很容易氧化，这也使得橄榄油的生产、储存和运输面临重大挑战[12]。叶绿素铜是用铜离子与叶绿素中的羟基或酮基配位结合形成的稳定的改性物，它具有更好的着色能力和稳定性，被允许作为食品着色剂使用，常在橄榄油中添加以替代天然叶绿素[13]。但是将叶绿素铜添加在橄榄油中会降低其营养价值，让公众对橄榄油安全产生信任危机。Lian等[14]提出了一种利用SERS技术快速检测植物油中添加的叶绿素铜的方法，用于鉴别食用油的真伪。这种新方法不需要对样品进行任何预处理，相对于传统的化学分析方法，测试时间大大缩短。该方法在3种含叶绿素铜的植物油中得到了验证，LOD低至5 ppm。应用该方法对商品植物油进行检测，结果与政府机构报告的鉴定结果一致，鉴定成功率高达21/23。这项新技术操作简单、快速，检测灵敏度高，为食用油的真伪性鉴定提供了新的思路。

除了叶绿素之外，FA也是鉴别食用油真伪的一个主要目标物。FA包括UFA和SFA。UFA主要包括油酸、亚油酸和α-亚麻酸，SFA主要是棕榈酸。UFA和SFA对于人体健康的益处以及相应的检测技术在第4章中已详细介绍，此处不再赘述，本章将重点介绍一些基于FA的检测用于食用油真伪和掺假的鉴别。当植物油掺假或完全假冒时，UFA含量会大大改变。Lv等[15]开发了一种基于SERS的快速鉴定植物油中UFA含量是否符合国家标准的方法。对于市场上销售的各种植物油，UFA含量是其真实性和质量的重要标志。在相同的实验条件下，以1656 cm^{-1}为中心的峰强度（S_{1656}）对SERS分析，发现亚油酸和α-亚麻酸的S_{1656}值分别是油酸的1.5倍和2.2倍。基于这种换算关系，将国家标准中规定的花生油、芝麻油和大豆油的UFA含量换算为油酸的等效总含量。

表7.1列出了这些油对应的国家标准（花生油：GB/T 1534—2017；芝麻油：GB/T 8233—2018；大豆油：GB/T 1535—2017），其中第一列的符号表示FA的种类。具体来说，C16:0表示FA含有16个碳原子，没有C=C键；C18:1表示油酸含有18个碳原子和一个C=C键；C18:2和C18:3分别表示亚油酸和α-亚麻酸。

表7.1 三种植物油FA组成的国家标准及相应GC-MS定量（每100 g）

FA	国家标准 花生油	国家标准 芝麻油	国家标准 大豆油	GC-MS 花生油	GC-MS 芝麻油	GC-MS 大豆油
C16:0	8.0~14.0	7.9~12.0	8.0~13.5	11.6	10.0	12.1
C18:0	1.0~4.5	4.5~6.9	2.0~5.4	3.0	5.8	4.5
C18:1	35.0~69.0	34.4~45.5	17.0~30.0	37.2	37.8	24.0
C18:2	13.0~43.0	36.9~47.9	48.0~59.0	38.8	44.6	50.4
C18:3	ND~0.3	0.2~1.0	4.2~11.0	0.1	0.4	7.5
C20:0	1.0~2.0	0.3~0.7	0.1~0.6	1.6	0.7	0.4
C20:1	0.7~1.7	ND~0.3	ND~0.5	1.4	0.2	0.2
C22:0	1.5~4.5	ND~1.1	ND~0.7	4.0	0.2	0.4
C24:0	0.5~2.5	ND~0.3	ND~0.5	1.9	0.1	0.1
总和	—	—	—	99.6	99.8	99.6

注：ND表示未检出，含量<0.05%。

为了更清楚地描述计算过程，以表7.1中的花生油为例，对于油酸的等效总含量的上限，C=C键的个数要达到最大值，这就要求UFA在许可范围内取最小值。因此，C16:0、C18:0、C20:0、C22:0、C24:0应分别为8.0 g、1.0 g、1.0 g、1.5 g、0.5 g，共12.0 g。同时，C18:3（α-亚麻酸）和C18:2（亚油酸）应分别取最大值0.3 g和43.0 g，则C18:1（油酸）为44.7 g（100-12-0.3-43=44.7）。将质量换算成摩尔数，结合S_{1656}值的比例换算关系，可以计算出国标对应的油酸的等效总含量的上限。而当UFA含量达到最大值时，即C16:0、C18:0、C20:0、C22:0和C24:0分别为14.0 g、4.5 g、2.0 g、4.5 g和2.5 g（共27.5 g），C18:1也达到最大值69.0 g时，则C18:2为3.5 g（100-27.5-69=3.5），即可计算油酸的等效总含量的下限。

其他植物油的实验结果也与花生油类似，表7.2中B列值为A列值与纯油酸的实测S_{1656}值的乘积，代表了国家标准对应的S_{1656}值的许可范围。C列是根据图7.1（a）的结果列出的三种植物油的S_{1656}值。利用纯油酸的S_{1656}值，绘制出三种植物油对应国家标准许可的S_{1656}箱形图，可以实现对不同食用油的鉴别[图7.1（b）]。

表 7.2 国家标准规定的 S_{1656} 的许可范围以及三种某品牌植物油的 S_{1656} 测量值和计算值

油样	A 最大值	A 最小值	B 最大值	B 最小值	C 测量值	GC-MS 计算	ξ /%
花生油	1.09	0.742	1270	865	1165 ± 46	1112	4.77
芝麻油	1.12	0.98	1306	1143	1259 ± 47	1228	2.52
大豆油	1.32	1.053	1539	1228	1392 ± 57	1357	2.58

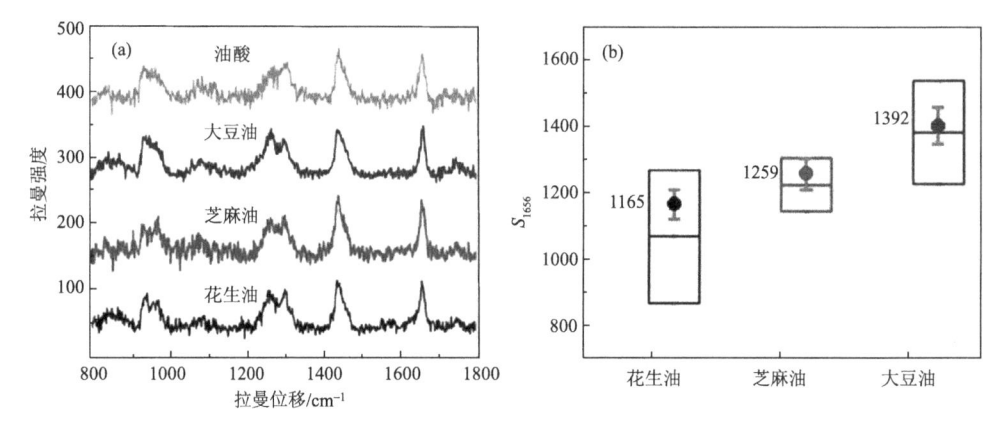

图 7.1 （a）油酸及不同植物油 SERS；（b）油酸等效总含量对应的 S_{1656} 值的箱形图以及不同植物油测得的 S_{1656} 值[15]

图 7.1（b）的上下边分别对应表 7.2 中 A 列和 B 列的值，点对应 C 列的值。由于这三个点都在方框内，因此确认实验中的三种植物油的 UFA 含量均符合国家标准。如果植物油的 S_{1656} 值落在方框外面，其 UFA 含量则不符合。因此，所建立的方法通过对植物油中 UFA 含量进行检测，以实现对食用油真伪性的鉴别，分析结果通过 GC-MS 进行了验证，检测方法具有较高的准确性。

7.2 食用油掺假鉴别

食用油掺假不仅侵犯了消费者权益，还对消费者的健康产生了潜在威胁。因此快速可靠地鉴别食用油的掺假对食用油安全和质量监控领域具有重要意义。本节将结合已发表的研究，根据食用油掺假类别详细论述拉曼光谱在食用油掺假鉴别中的应用。

7.2.1 "以次充好"掺假检测

不同食用油具有不同组成和不同含量的营养成分，因此可依此作为食用油掺假的鉴别工具。例如价格较高的橄榄油中经常掺入葵花籽油、大豆油、玉米油等种子油，而橄榄油中的 FA 等成分可用于检测以鉴别橄榄油中掺入不同类型的植物油，表 7.3 显示了不同食用油的 FA 组成。

表 7.3 食用油的 FA 组成（%）

油品种类	FA 种类			
	硬脂酸（C18:0）	油酸（C18:1）	亚油酸（C18:2）	亚麻酸（C18:3）
橄榄油	0.5~5	55~83	3.5~21	0~1.5
玉米油	2.0~5	19~49	34~62	0~1
棉籽油	26~35	18~24	42~52	0~1
大豆油	0.3~4.1	2.4~23.3	2.6~52.2	3.5~5.6
菜籽油	1.6~2	59.9~62	20~22	9~10
榛子油	1~3	70~82	8~17	0.1
葵花籽油	1~7	14~40	48~74	0.09~0.12

Zhang 等[16]开发了结合化学计量学的拉曼光谱法用于掺假橄榄油的定量检测，在 1000~1800 cm^{-1} 波段用拉曼光谱对 54 份掺杂了大豆油、玉米油和葵花籽油的 EVOO 样品进行了分析。基于 1441 cm^{-1} 处（CH$_2$ 振动）的归一化拉曼，采用外部标准法进行定量分析，并与 SVM 获得的结果进行比较，这种方法最小化了真实数据与建模数据之间的误差，同时减小了模型预测误差的上界，对食用油中 FA 含量的预测精度较高，结合便携式拉曼光谱仪适用于食用油掺假的现场检测。

另一项研究中，Sánchez-López 等[17]利用傅里叶变换-拉曼光谱与化学计量学相结合的方法对 EVOO 进行定性与定量检测。对 412 份橄榄油样本 FA 含量（定量研究）和采收年份进行了分类（定性研究）。由于拉曼光谱的样本数量过大，在这里使用了 PLS 回归模型优化了解释变量与定量相关变量之间的相关性。首先以气相色谱为参比技术，建立了预测橄榄油中 SFA、MUFA 和 PUFA 含量的 PLS 回归模型，MUFA 的拟合和预测误差最小，其次是 SFA 和 PUFA，但三种 FA 回归模型的校准误差都非常接近于 0，这表明 PLS 回归模型用于预测橄榄油中的 FA 含量校准优度较好。而对于其余的定性研究，选择了 307 份不同的橄榄品种、145

份不同的地理来源和 67 份未知原产地的样本。PLS 回归模型对采收年份、橄榄品种、地理来源和未知原产地样品的正确分类的概率分别为 94.3%、84.0%、89.0% 和 86.6%。便携式拉曼系统可以适用于橄榄油的现场质量控制，结合 PLS 回归模型具有较好的预测精确度，为 EVOO 的定量和定性参数的确定提供了许多优势，通过对橄榄油中 FA 的定量以及对橄榄油采收年份、品种和产地的预测，在检测以次充好的掺假橄榄油方面展现出显著应用潜力。

Liu 等[18]建立了一种 PCA 辅助的液相界面增强拉曼光谱的定量策略，可通过便携式拉曼设备直接对食用油品质进行直接定量分析。液相界面增强拉曼阵列对食用油具有敏感的 SERS 响应，辅助 PCA 算法，实现了橄榄油中大豆油掺假的快速区分，结果如图 7.2 所示。一般来说，橄榄油主要由油酸组成，而玉米油则显示出高的亚油酸含量，亚油酸链长与油酸相同，但比油酸多包含一个 C=C 键。在拉曼光谱中，橄榄油和其他植物油在 1267 cm^{-1} 和 1658 cm^{-1} 的 C=C 特征峰上存在较大的强度差异，因此拉曼光谱特征波段强度可作为评价橄榄油品质的重要指标，为橄榄油中掺杂伪油的种类鉴别提供了依据。在这里，通过三维等离子体阵列在油/水界面上直接进行 SERS 分析来鉴别橄榄油的质量。图 7.2（a）显示了添加 0%、20%、40%、60%、80% 和 100%（体积分数）的橄榄油对应的 SERS 图，随着大豆油在橄榄油中所占比例的增加，在 1267 cm^{-1} 和 1658 cm^{-1} 处的特征强度发生了显著变化，其 SERS 信号变得明显清晰，尤其是在 1267 cm^{-1} 处。其中在 1267 cm^{-1} 和 1658 cm^{-1} 处对应于顺式（=C—H）变形和顺式（C=C）双键伸缩振动，并且其谱带强度已被证明与大豆油体积分数的增加高度相关，也就是说，特征峰 1267 cm^{-1} 处的 SERS 强度直接反映出=C—H 的含量，而 1658 cm^{-1} 的特征峰强度则间接反映出—C=C—的含量。

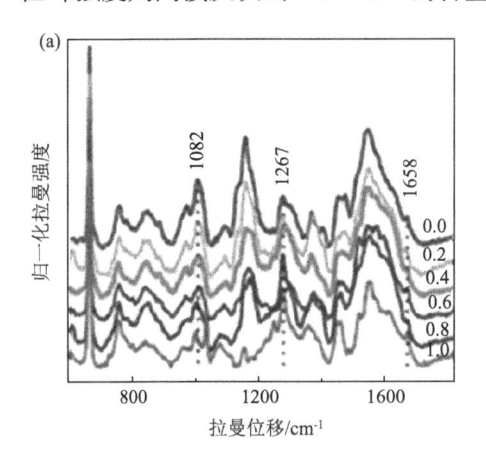

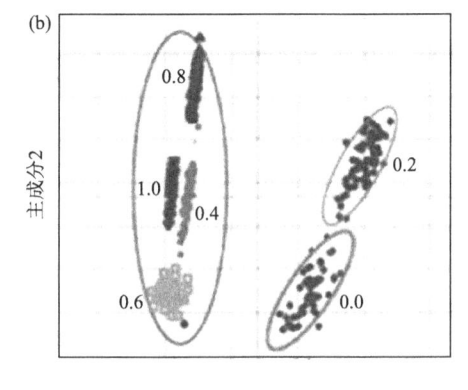

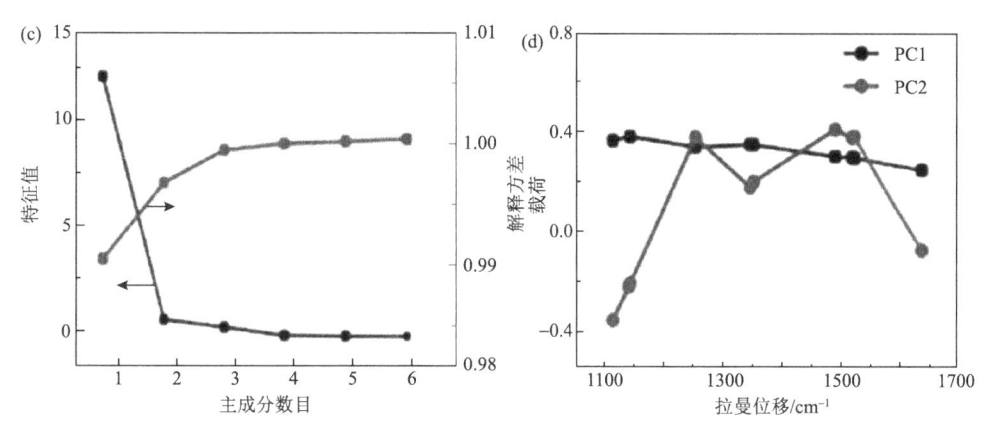

图7.2 （a）添加不同比例大豆油时橄榄油的代表性SERS；（b）PCA得分图；（c）特征值和解释方差图；（d）区分橄榄油与大豆油掺假的载荷图[18]

为了区分不同掺假程度的橄榄油样品，构建了一个二维PCA模型来分离添加了不同含量大豆油的橄榄油样品集。图7.2（b）所示的得分图反映了橄榄油混合物和纯橄榄油之间的差异，两个主成分分别解释了99%和1%的方差[图7.2（c）]。例如，掺杂20%大豆油的橄榄油与纯橄榄油的相似度高于纯大豆油，如高油酸含量，因此在PCA得分图中的簇彼此靠近。当大豆油含量增加时，混合物逐渐接近纯大豆油区域。每个样本在分数图中的位置由被测变量的值决定，这些变量与主成分之间的关系被定义为载荷。其中，变量之间的协方差模式可以在负载图中被观察到[图7.2（d）]。例如，当前负载图表明主成分1负载与拉曼位移变量之间存在正相关关系，即1100~1700 cm^{-1}范围内的特征拉曼带（如1267 cm^{-1}、1440 cm^{-1}、1525 cm^{-1}和1658cm^{-1}处的正负载）解释了主成分1的高分，例如，1525 cm^{-1}的条带可以分配给高度共轭系统（如类胡萝卜素）中的C=C键拉伸振动。此外，主成分2得分主要由1267 cm^{-1}的正的负载和1658 cm^{-1}的负的负载来解释。值得注意的是，虽然只解释了1%的方差，但主成分2直接反映了高水平不饱和化合物在PCA中的重要性。橄榄油中高水平的MUFA（主要是55%~83%的油酸）和大豆油中高水平的PUFA对SERS信号分布的贡献不同，因此成功地在得分图中产生了不同位置的簇。总之，Liu所开发的液相界面增强拉曼策略在PCA的辅助下可以有效地识别橄榄油的掺假问题，该策略避免了复杂且耗时的预处理过程，在成本和实用性方面更具有优势。

乳脂由于其独特的风味以及含有宏量和微量营养素，深受人们喜爱。相比于植物油而言，乳脂的价格要昂贵许多，在巨大利益的驱使下，不法商家在工业生产中通过改进工艺在乳脂中添加廉价植物油制作掺假乳脂。Genis等[19]使用多变量数据分析拉曼光谱法鉴定了白奶酪中乳脂的掺假。首先使用激发波长为785 nm

的拉曼光谱仪在 200~2000 cm^{-1} 波段收集拉曼光谱，根据乳脂和三种掺假油（玉米油、棕榈油、人造黄油）在该波段内的光谱差异，结合 PLS-DA 区分乳脂和掺假油，显示出 100%的敏感性和特异性，该模型具有较好的预测性能。进一步构建 PLS 回归模型用于定量乳脂中掺假油的浓度，该模型具有较高的相关系数，在交叉验证和校正集中具有较低的均方根误差。所开发的方法能够快速准确地鉴别乳脂掺假。除此之外，拉曼光谱也被广泛应用于烘焙食品中的油品掺假检测，Üçüncüoğlu 等[20]通过简单的预处理过程用正己烷从蛋糕中提取相关脂质，使用激发波长为 785 nm 的拉曼光谱仪在 200~2000 cm^{-1} 波段采集拉曼光谱，通过与人造黄油的指纹峰对比，并结合 PCA，可清晰地判定蛋糕中所使用的油品是否为掺假黄油。这种方法大大提高了掺假鉴别效率，填补了烘焙食品中食用油掺假鉴别的空缺。

7.2.2 氧化油掺假检测

食用油氧化过程中主要产生氢过氧化物，进而分解产生醛、酮、酸等小分子，这些物质会严重影响食用油的品质，长期使用掺杂氧化油的食用油对人体健康也会产生巨大影响。3.1 节中已详细论述了油脂氧化的拉曼光谱技术分析，而本章侧重于正常食用油中氧化油掺假的检测。

Liu 等[18]在 80℃ 加热五天的条件下利用液相界面增强拉曼光谱平台对大豆油、玉米油和葵花籽油氧化进行了探究。图 7.3（a~c）显示了三种氧化食用油的 SERS 都发生了显著的变化，在 1082 cm^{-1}、1267 cm^{-1}、1442 cm^{-1} 和 1658 cm^{-1} 处出现非氧化食用油的特征谱带。通常情况下，与 C=C 损失或异构化无关的谱带没有发生变化，主要变化是 1267 cm^{-1} 处归因于顺式双键的峰值强度的减低，这主要是由氧侵蚀以及氧化过程中自由基反应引起的。葵花籽油和玉米油在 1267 cm^{-1} 处的顺式双键峰的强度比大豆油下降得更为明显，这可能与大豆油中生育酚的抗氧化特性有关。为了区分正常食用油和氧化食用油，构建了 PCA 模型，两个主成分就足以区分油脂的氧化［图 7.3（e）］。主成分 1 和主成分 2 分别占总方差的 83%和 14%。前两个主成分的累积贡献率为 97%，清楚地显示了氧化油和正常食用油之间的差异。如图 7.3（d）所示，两种圆圈分别代表正常食用油和氧化油，可以看出三种正常食用油及对应的氧化油彼此分离，并且各组的收敛性较好。此外，图 7.3（f）中主成分 1 的负载表明它的高分与 1267 cm^{-1} 的正的负载正相关。作者推测三种正常食用油由于亚油酸含量不同而相互分离，而氧化油与正常食用油分离的原因应归因于其顺式双键的普遍缺失。相应的主成分 2 的分数主要来自 1082 cm^{-1} 的负的负载。该方法结合 PCA 能够清楚地区分正常食用油和氧化食用油，因此也能进一步鉴别正常食用油中的氧化油掺假。

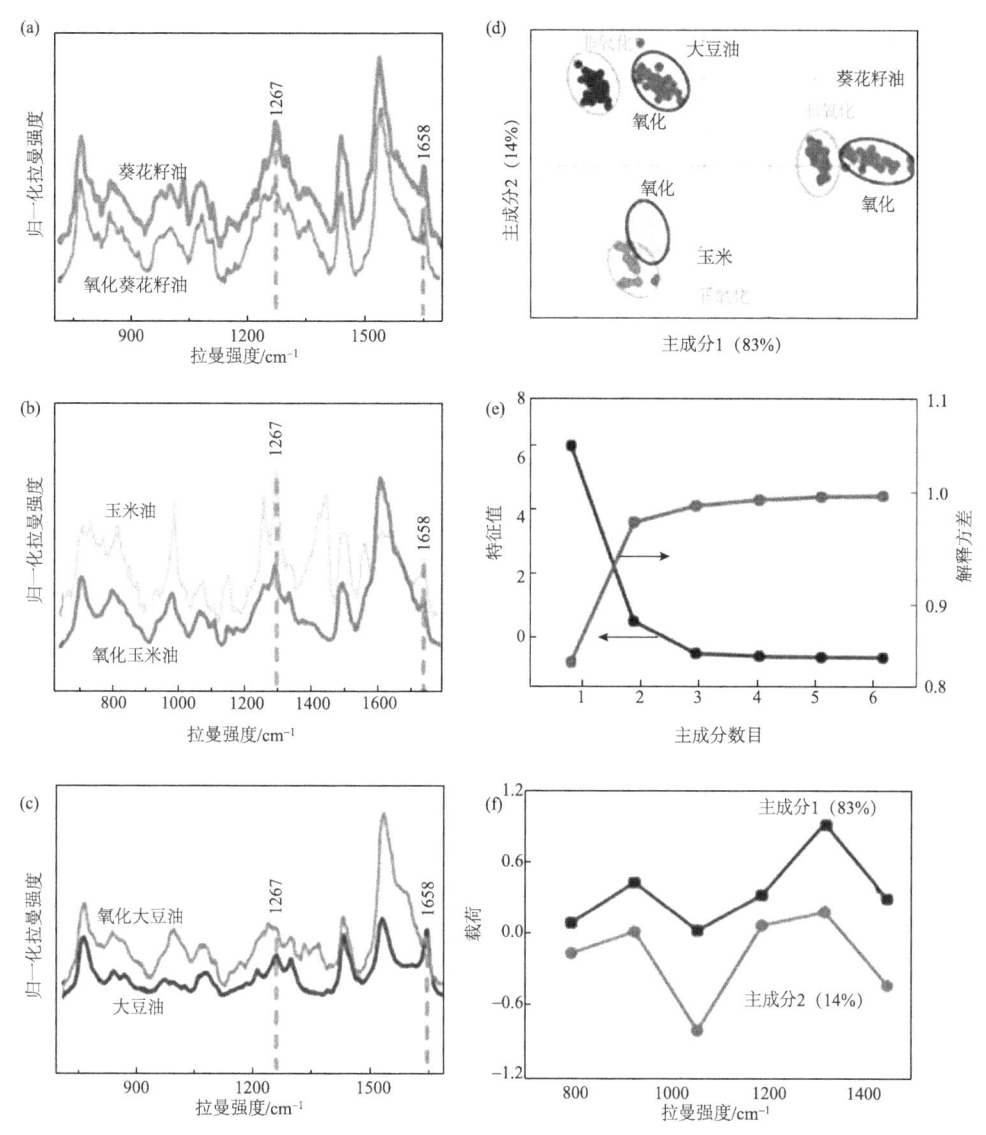

图 7.3 （a~c）三种食用油及其相应氧化态的代表性 SERS；三种食用油的 PCA 评分图（d）、特征值和解释方差图（e）；（f）三种食用油及其氧化态的载荷图[18]

食用油在储存或使用过程中可能会发生氧化变质，而这些品质较差的氧化废油也是食用油掺假的主要方式之一。Li 等[21]将拉曼光谱和化学计量法相结合，对橄榄油中氧化废油的掺假进行了检测和定量。不同比例氧化废油掺杂的橄榄油的拉曼光谱如图 7.4 所示。1746 cm^{-1} 处的谱峰为酯键羰基的伸缩振动峰，1655 cm^{-1} 和 1270 cm^{-1} 处的谱峰为 UFA 顺式 C=C 和顺式 C—H 的振动峰，1441 cm^{-1} 处的峰为亚甲基的剪切振动，1303 cm^{-1} 处的峰为亚甲基的扭转振动，1083 cm^{-1} 和

868 cm^{-1} 的峰是亚甲基链骨架的拉伸振动，970 cm^{-1} 处的峰值与反式 C═C 的弯曲振动有关[22]。这几个特征峰几乎是所有食用植物油拉曼光谱的共同特征。不同样本的拉曼光谱在 1655 cm^{-1}、1270 cm^{-1} 和 970 cm^{-1} 处的相对峰强度差异较大。这三个特征峰都与 UFA 中的 C═C 有关。因此，掺杂不同含量的氧化废油的食用油的拉曼光谱差异是由 UFA 引起的。混合油预处理后的光谱分析表明，700~1800 cm^{-1} 范围内混合油的光谱曲线变化基本一致，8 个特征峰位置略有差异。这些重要的波段都与油脂的组成和 FA 结构有关，而这些结构和成分差异是定量分析橄榄油中氧化废油含量的基础。

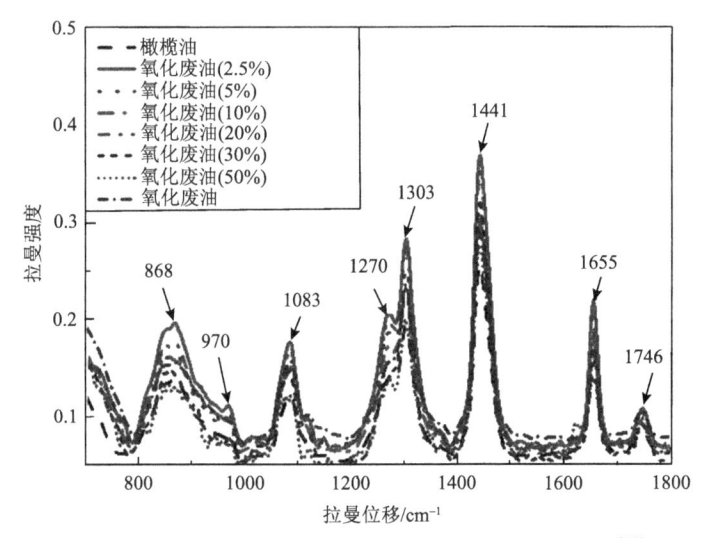

图 7.4　不同比例的氧化废油掺杂的橄榄油的拉曼光谱[21]

协同区间 PLS 是一种筛选特征区域的方法，它是传统区间 PLS 的延伸。在相同的区间划分中，协同区间 PLS 将多个高精度局部模型所在的子区间连接起来，通过最优区间模型（或称为协同子区间法）预测测试样本的质量指标。在去除异常样本之后，建立了协同区间 PLS 分析模型，该模型在同一区间划分中组合了多个子区间，并选择协同区间模型的交叉验证均方根误差作为评价标准，弥补了 PLS 单区间建模的不足。但是，子区间是随机组合的，组合量和计算量都很大。拉曼位移的位置主要集中在 700~1800 cm^{-1} 之间。因此，选择该拉曼位移区间的光谱数据进行建模，将其划分为 10、15、20、25 和 30 个子区间。接下来，将 2、3 和 4 个子区间组合起来，建立了各协同子区间的 PLS 回归模型。通过比较不同协同模型的均方根误差，筛选出最佳子区间组合，利用该子区间组合建立并验证了一个分析掺假油含量的校准模型。如表 7.4 所示，子区间的数量和协同子区间的数量都会影响协同区间 PLS 建模效果。其中，具有 30 个子区间的协同区间 PLS

模型和具有 4 个子区间的协同子区间模型的预测效果最好。均方根误差和相关系数分别为 0.0503 和 0.961。波长范围分别为 1159~1190 cm^{-1}、1264~1295 cm^{-1}、1433~1464 cm^{-1} 和 1627~1658 cm^{-1}。该模型用于预测橄榄油中废食用油的含量，预测集均方根误差为 0.0485，预测集相关系数为 0.982。

表 7.4 PLS 建模的最优结果

部分	最优成分得分	区间数组合	区间数	均方根误差	相关系数	预测集均方根误差	预测集相关系数
10	5	2	[6 8]	0.0924	0.863	0.149	0.597
	7	3	[4 5 6]	0.0848	0.888	0.103	0.854
	3	4	[4 5 6 8]	0.0783	0.906	0.0784	0.915
15	4	2	[9 12]	0.0921	0.865	0.188	0.395
	5	3	[6 7 9]	0.0883	0.878	0.111	0.808
	5	4	[6 7 9 12]	0.0674	0.930	0.100	0.840
20	4	2	[8 9]	0.0924	0.865	0.180	0.749
	4	3	[8 9 12]	0.0835	0.892	0.102	0.833
	4	4	[8 9 12 16]	0.0683	0.928	0.109	0.800
25	5	2	[7 20]	0.107	0.822	0.241	0.0864
	4	3	[12 15 20]	0.0871	0.879	0.167	0.494
	4	4	[10 11 15 20]	0.0649	0.935	0.115	0.772
30	6	2	[14 23]	0.102	0.843	0.0850	0.880
	5	3	[11 17 23]	0.0741	0.909	0.0705	0.937
	4	4	[11 13 18 23]	0.0503	0.961	0.0485	0.982

子区间的数量和协同子区间的数量都会影响协同区间 PLS 建模效果。其中，具有 30 个子区间的协同区间 PLS 模型和具有 4 个子区间的协同子区间模型[11]、[13]、[18]、[23]的预测效果最好。选择该模型预测橄榄油中废食用油的含量，对应的波长范围为 1159~1190 cm^{-1}、1264~1295 cm^{-1}、1433~1464 cm^{-1} 和 1627~1658 cm^{-1}。训练集和预测集的模型效果如图 7.5 所示。所建立的模型可以有效地对橄榄油中掺杂的氧化废油的含量进行准确定量，且无须对样品进行预处理即可获得较好的 LOD，将食用油中氧化废油掺假鉴别的预测精准度大大提高。

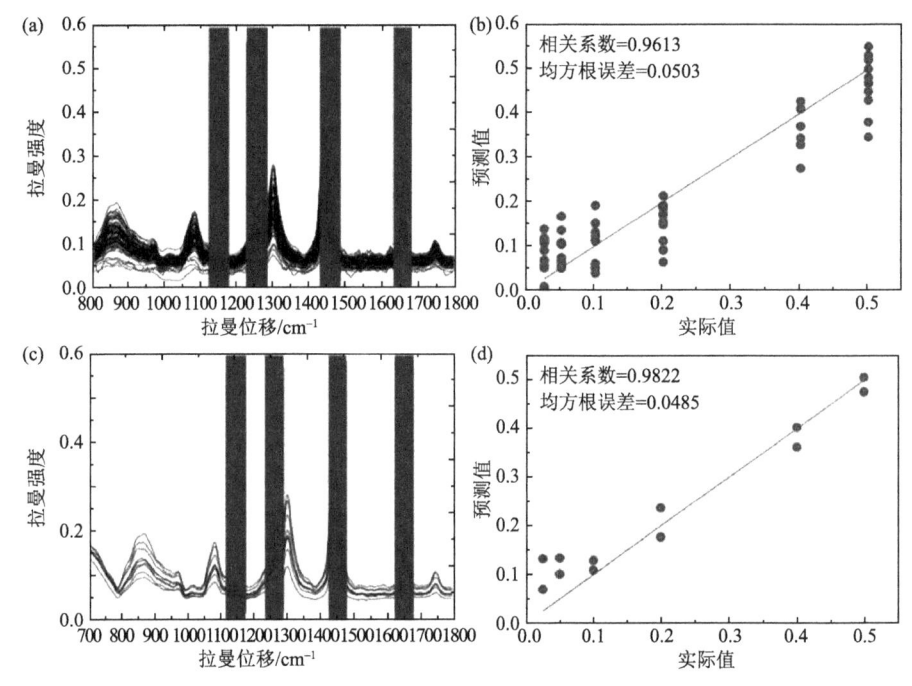

图 7.5　协同区间 PLS 建模训练集（a）和预测集（c）选取的拉曼波段及训练集（b）和预测集（d）模型的结果[21]

7.3　地沟油鉴别

地沟油一般是指用餐厨废弃物、肉类加工废弃物和检验检疫不合格畜禽产品等非食品原料生产、加工的劣质油。2010 年 7 月，国务院办公厅公布了《关于加强地沟油整治和餐厨废弃物管理的意见》（国办发〔2010〕36 号），首次确认了地沟油回收的存在，并明确表示在任何形式的食品中存在均是非法的。近年来，各地区、各有关部门按照上述文件要求，不断加大打击力度、强化源头治理，以餐厨废弃物为原料制售"地沟油"的违法犯罪活动得到遏制。但"地沟油"综合整治长效机制尚未完全建立，制售"地沟油"的违法犯罪问题仍时有发生。地沟油在国内长期存在的原因，一方面是高额的利润回报，另一方面是缺乏准确、有效的地沟油鉴定技术。

地沟油的鉴别可以分为两个大类：一种是无目标整体检测法即非靶向分析，另一种是目标物检测法即靶向分析。无目标物整体检测方法依靠采集油的整体信号，将信号拟合或者建立模型，而信号的分析往往归结于单个指标。而目标物检测方法则通过直接检测单个指标对油品进行鉴别。

7.3.1 无目标检测——非靶向分析

Jin 等[23]采用无目标检测法，收集并比较了地沟油与五种常用的食用植物油的拉曼光谱，建立了可以将地沟油与食用油区分开来的方法，结果如图 7.6 所示。图 7.6（a）显示了每种植物油和地沟油经过基线校正后的拉曼光谱，食用植物油的拉曼峰主要集中在 700~1800 cm^{-1} 范围内，所有样品在 869 cm^{-1}、969 cm^{-1}、1080 cm^{-1}、1269 cm^{-1}、1302 cm^{-1}、1441 cm^{-1}、1657 cm^{-1} 和 1747 cm^{-1} 处显示出特征振动模式。869 cm^{-1} 处的拉曼峰归属于 SFA，在 969 cm^{-1} 处的拉曼峰归属于 FAME，在 1080 cm^{-1} 处的峰为（CH$_2$）$_n$ 基团的 C—C 键振动，1269 cm^{-1} 处的峰为顺式 R—HC=HC—R 的=C—H 变形。1300 cm^{-1} 处的信号为 CH$_2$ 基团的 C—H 弯曲扭转，1441 cm^{-1} 处的信号为 CH$_2$ 基团的 C—H 剪切。1657 cm^{-1} 处的信号表示顺式 RHC=CHR 的 C=C 键变形，1747 cm^{-1} 处的信号表示 RC=OOR 的 C=O 拉伸振动[24]。不同油样的峰位置也表现出细微的差别，1005 cm^{-1}、1156 cm^{-1} 和 1525 cm^{-1} 处的信号来自 β-胡萝卜素，这些谱峰只在橄榄油的光谱中显示。在 1156 cm^{-1} 处的峰被指认为类胡萝卜素的 C=C 键的拉伸振动。1525 cm^{-1} 处的峰被指认为类胡萝卜素等高共轭化合物的 C=C 键的拉伸振动，1005 cm^{-1} 处的峰被指认为 CH$_3$ 变形[25]。不同来源的地沟油 A、B、C、D 的拉曼光谱几乎是相同的，与食用油相比，地沟油的特征峰出现在 1183 cm^{-1} 和 1554 cm^{-1} 处。利用化学计量学的 PCA 对其

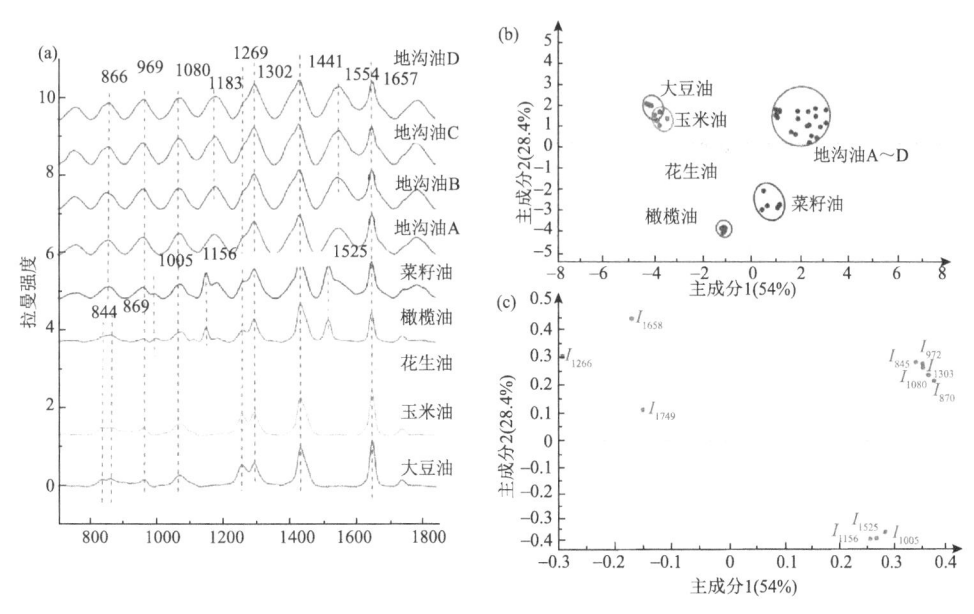

图 7.6 （a）4 批地沟油（a~d）与大豆油、玉米油、花生油、橄榄油、菜籽油等 5 种食用植物油的拉曼光谱；（b）PCA 图；（c）载荷散点图[23]

特征拉曼峰进行分类。将 844 cm^{-1}、869 cm^{-1}、969 cm^{-1}、1005 cm^{-1}、1080 cm^{-1}、1156 cm^{-1}、1269 cm^{-1}、1302 cm^{-1}、1525 cm^{-1}、1657 cm^{-1}、1747 cm^{-1} 等所有特征峰的相对强度作为 PCA 的数据源，分析结果如图 7.6（b）所示。主成分 1 和主成分 2 的贡献率分别为 54% 和 28.4%，其总和达到 82.4%，这表明该 PCA 模型可以反映原始数据的大部分信息。地沟油 A、B、C、D 的数据点紧密分布在图的右上方区域，与五种植物油分离良好。此外，除了大豆油和玉米油样品之间的界限外，每对食用植物油之间都有明确的界限。图 7.6（c）为 PCA 的载荷散点图，其中 869 cm^{-1}、969 cm^{-1}、1302 cm^{-1} 和 1080 cm^{-1} 处的峰是区分地沟油和精选食用油的关键指纹峰。这项工作通过无目标拉曼检测结合 PCA 模型实现了植物油中地沟油掺假的快速鉴别，通过不同食用油与地沟油指纹峰的差异，可以对其进行有效区分。

7.3.2 目标物检测——靶向分析

食用油的常规掺假鉴别主要基于对其成分的检测如 FA、胆固醇等，而这些参数的检测只能判断食用油的质量，不能判断其是否为废弃地沟油。辣椒素是引起辣味的主要化学成分，主要存在于辣椒中，而辣椒是饮食中常用的调料品，辣椒素脂溶性强、稳定性好、沸点高，现在的地沟油的加工工艺很难完全去除这类物质，而接触过辣椒的餐厨废弃油脂几乎难以避免含有这种成分。2012 年，重庆市公安局首次使用色谱-质谱联用技术建立了食用油中微量辣椒素的检测方法，表明辣椒素是一个良好的地沟油特征指示物。到目前为止，辣椒素的鉴别仍然是废弃地沟油的重要外源性特征指标[26]。但色谱-质谱联用法仪器价格昂贵，操作专业性强，样品前处理复杂，不适用于现场快速检测。因此，有必要建立一种简单、快速、灵敏、可靠的地沟油鉴别分析方法。Li 等[27]建立了一种无标签 SERS 检测方法，用于地沟油的识别，结果如图 7.7 所示。辣椒素在 1392 cm^{-1} 处的指纹峰归因于碳链的摆动振动[28]，以纳米银溶胶为 SERS 底物，天然辣椒素在碱性溶液中会解离成香兰素和十烯酸，导致 SERS 信号的变化。在酸性条件下，天然辣椒素的稳定环境被破坏，影响银纳米颗粒的聚集和热点的形成，导致 SERS 信号减弱 [图 7.7（a）]。此外，辣椒素为弱极性分子，在强极性溶剂中溶解度低。二氯甲烷是一种温和极性的溶剂，减少了许多杂质的干扰，对天然辣椒素的提取效率最好 [图 7.7（b）]。因此用碱性二氯甲烷液液萃取法从食用油中提取辣椒素靶分子，然后用硫酸溶液（$V_{硫酸}:V_{水}=1:15$）调至中性，进行定性定量检测。图 7.7（c）和（d）显示了利用该 SERS 底物收集的 50μg/L、100μg/L、500μg/L、1000μg/L、2500 μg/L 加标的 SERS 以及相对应的浓度和 SERS 强度的拟合曲线，该方法检测食用油中的辣椒素 LOD 较低，具有良好的量化辣椒素的能力。该方法可以直接检测地沟油中的辣椒素并对其进行判定，LOD 较低，可以实现地沟油掺假的快速、可靠鉴别。

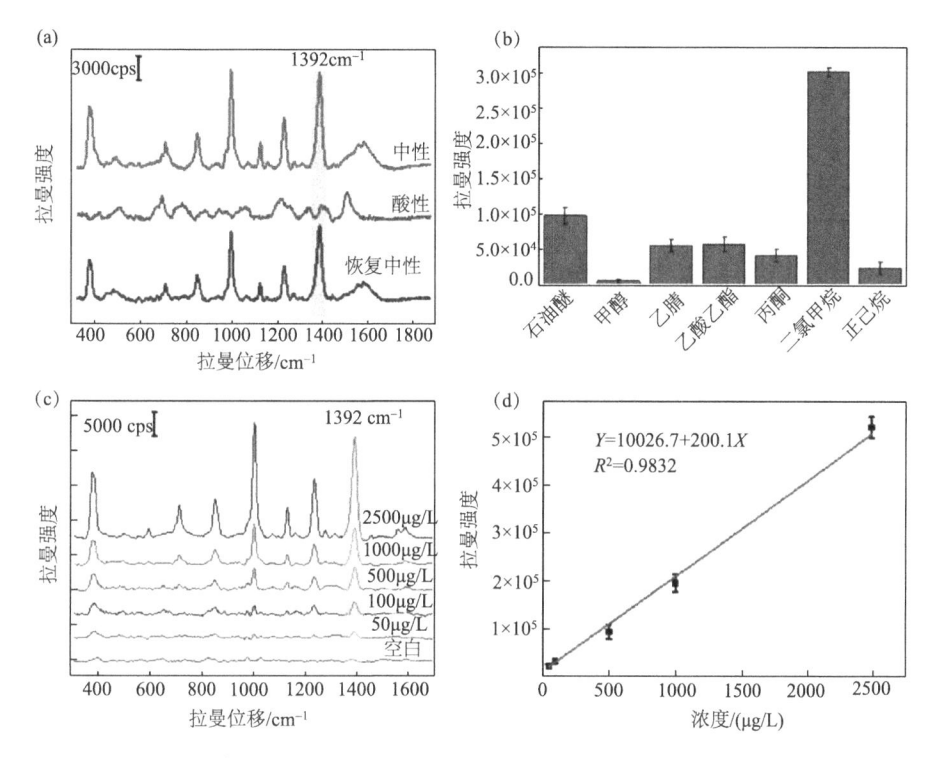

图 7.7 （a）不同 pH 条件下辣椒素的 SERS；（b）不同提取试剂提取辣椒素收集的拉曼光谱在 1392 cm⁻¹ 处的归一化峰强度；（c）不同浓度辣椒素加标采集的 SERS 谱图；（d）SERS 强度与浓度的线性关系[27]

辣椒素的拉曼散射截面较低，其在金属表面的化学和物理吸附存在一些困难。Liu 等[29]基于辣椒素芳香胺重氮化过程的分子衍生物技术，结合表面增强共振拉曼散射技术，并采用磁性 SERS 基底来增强辣椒素衍生物的信号，通过对辣椒素衍生物的高灵敏检测，实现了地沟油的鉴别。所设计的衍生化策略如图 7.8（a）所示，辣椒素与 2,2′-联苯二磺酸衍生化前后及中间产物（重氮盐）的紫外-可见吸收光谱如图 7.8（b）所示，衍生化试剂和中间产物（重氮盐）在可见光范围内没有吸收带，而辣椒素衍生物在约 506 nm 处出现了新的吸收带[图 7.8（b）]。使用激发波长为 532 nm 的激光采集三者的 SERS，结果表明衍生剂和中间产物不会产生背景干扰，而辣椒素衍生物的 SERS 共振峰具有很强的可识别性[图 7.8(c)]。指纹峰位于 1191 cm⁻¹、1361 cm⁻¹、1429 cm⁻¹、1574 cm⁻¹ 和 1606 cm⁻¹，分别被分配给苯酚基团的 υ(C—C)，苯环的 δ(C—H)、ν(N=N)、ν(C=C) 和 υ

（C—N）[30]。将辣椒素衍生物样品与磁性 SERS 基底混合，对分析物进行富集、分离和 SERS 检测。当食用油样品中辣椒素的含量超过 1 μg/L 时，就可以被认定为地沟油，该方法对辣椒素的 LOD 低至 1.0×10^{-8} mol/L，具有快速、高灵敏的现场判别地沟油的潜力。

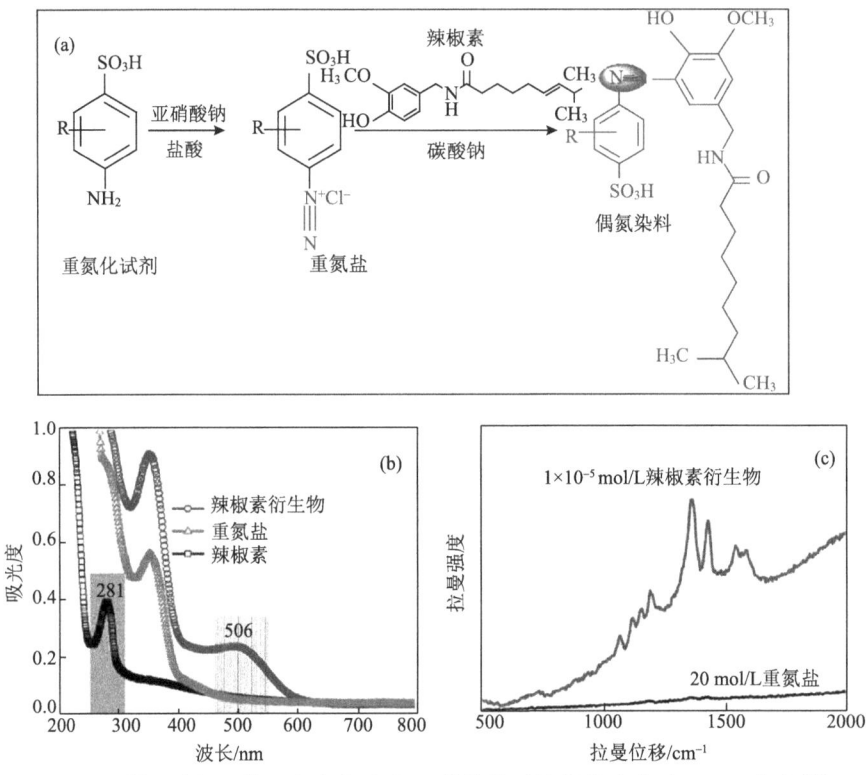

图 7.8　辣椒素衍生化反应路线（a）及其紫外可见光谱（b）和 SERS（c）[29]

7.4　食用油使用过程中的问题监测

7.4.1　食用油煎炸过程中的氧化监测

植物油通常用于烹饪过程，如煎炸、煮沸、微波加热和烘烤等。加热在油脂氧化过程中起着重要作用，食用油的氧化产物会引起油的风味、香气和营养品质的变化[31]。油脂的氧化稳定性取决于其组成，主要与 TGA 中单不饱和链和多不饱和链的含量有关。不饱和程度越高，加热促进氧化降解的程度越高[32]。7.2.2 节详细论述了拉曼光谱用于食用油掺假氧化油的检测，而 3.1 节则侧重于油脂氧化的拉曼光谱分析，本节主要介绍拉曼光谱用于评估食用油在煎炸过程中热稳定性。

Alvarenga 等[33]通过拉曼光谱结合多元方法评估了大豆油、玉米油、葵花籽油、菜籽油、棉籽油、椰子油和橄榄油的热稳定性。图 7.9 显示了各种食用油在加热到 205℃之前和之后的拉曼光谱，可以注意到三种不同变化趋势，它们与拉曼光谱背景的变化（增加、减少或不变）有关。

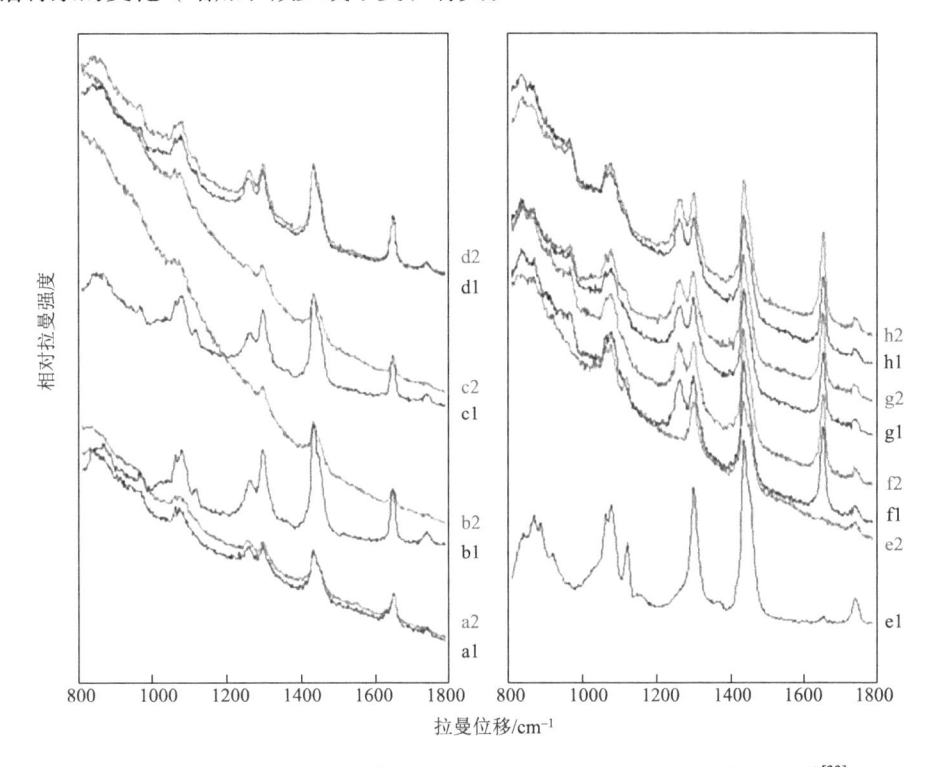

图 7.9 植物油加热前（指数 1）和 205℃加热后（指数 2）的拉曼光谱[33]
（a）棉籽油；（b）EVOO；（c）橄榄油；（d）菜籽油；（e）椰子油；（f）葵花籽油；（g）玉米油；（h）大豆油

不同食用油典型的特征峰如图 7.10 所示，1301 cm^{-1} 和 1439 cm^{-1} 的波段与 C—H 弯曲（分别为扭曲和剪切）有关，表征了 FA 的主要结构。1655 cm^{-1} 处的峰与 C—H 弯曲有关，1745 cm^{-1} 处的峰值与 C═O 拉伸有关[34]。在高温氧化环境中，会发生一些复杂的反应，如不饱和链的分解和聚合过程中二烯的形成，这会导致 1655 cm^{-1} 峰值强度的增加[35]。因此，图 7.10 中不同峰值强度的比值可以用来评估不同食用油高温氧化的降解过程。

表 7.5 给出了不同植物油的一些参数，这些参数与它们在加热过程中的稳定性有关。显然，MUFA 和 PUFA 含量越高，对热降解的敏感性越高。同样，低烟点与低热稳定性有关。

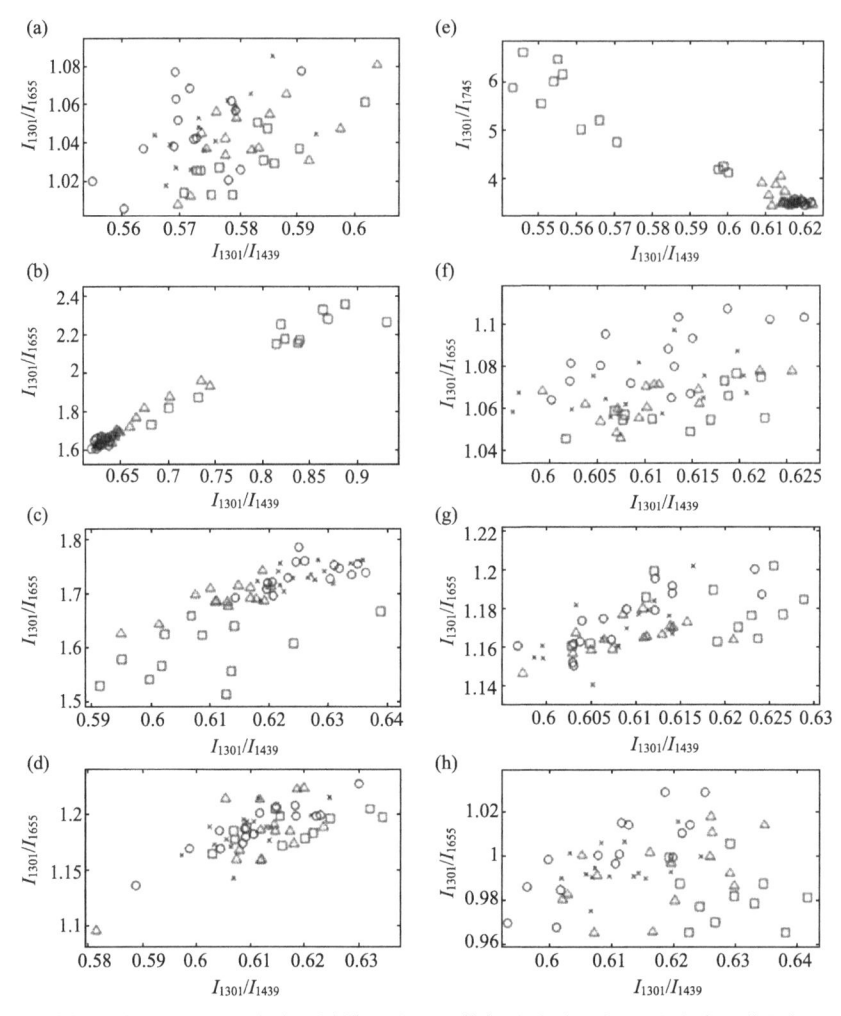

图 7.10 棉籽油（a）、EVOO（b）、橄榄油（c）、菜籽油（d）、椰子油（e）、葵花籽油（f）、玉米油（g）、大豆油（h）在加热过程中主要拉曼峰的峰值强度比[33]

○代表 25~65℃、×代表 75~115℃、△代表 125~165℃、□代表 175~205℃

表 7.5 植物油 SFA、MUFA 和 PUFA 含量及烟点

食用油	SFA/%	MUFA/%	PUFA/%	烟点/℃
椰子油	91	6	3	175
菜籽油	10	58	32	238
EVOO	14	72	14	195
初榨橄榄油	14	75	9	210
棉籽油	27	19	54	230

续表

食用油	SFA/%	MUFA/%	PUFA/%	烟点/℃
大豆油	15	23	62	234
葵花籽油	10	20	70	230
玉米油	13	31	55	230

图 7.10 显示棉籽油和菜籽油加热前后的拉曼光谱没有明显差异，而 EVOO、橄榄油和椰子油的峰值比有明显的变化，对于 EVOO 来说，1301 cm^{-1}/1439 cm^{-1} 和 1301 cm^{-1}/1655 cm^{-1} 的峰值强度比随着温度的升高而升高；而对于橄榄油，则显示了相反的趋势，当温度升高时，1301 cm^{-1}/1439 cm^{-1} 和 1301 cm^{-1}/1655 cm^{-1} 的峰值强度比降低。EVOO 和橄榄油之间的这种差异可能与这两种油的主要降解目标有关，表明可能发生不同的降解过程。由于不同食用油中的组成成分不同，其加热分解路径也不同。椰子油在 1301 cm^{-1}/1439 cm^{-1} 的峰值强度比降低，而在 1301 cm^{-1}/1745 cm^{-1} 的峰值比增加，这可以解释为烷氧基化合物的形成。这些化合物在高温下发生，降低羧酸峰强度[36]。

对于葵花籽油，1301 cm^{-1}/1439 cm^{-1} 的比值没有变化，而 1301 cm^{-1}/1655 cm^{-1} 的比值随着加热而降低。对于玉米油，任何拉曼峰的峰值比都没有显著的聚类。大豆油的变化趋势与葵花籽油相似，当温度高于 165℃时，1301 cm^{-1}/1655 cm^{-1} 和 1301 cm^{-1}/1439 cm^{-1} 的比值分别减小和增大。1655 cm^{-1} 峰值强度的增加可能与 FA 在高温下聚合形成二烯有关，这三种油在加热时呈现最小或没有光谱变化，它们具有很高的热稳定性。该方法利用拉曼光谱成功地评估了食用油在烹炸过程中的热稳定性，结果显示食用油的稳定性与其烟点高度相关，在烟点较低的油中观察到更明显的拉曼光谱变化，通常烟点较高的食用油表现出较好的稳定性。

Wang 等[37]也尝试从拉曼光谱中筛选拉曼特征峰强度比值用于表征煎炸油的热降解过程（图 7.11）。煎炸油能否继续使用取决于酸值、共轭二烯、共轭三烯、羰基值、过氧化物和总极性化合物等各种参数[38]。酸值常被用作食用油热氧化测定的指标值，研究多品种油脂热降解的共同特征，建立多品种油脂热降解的酸值模型对煎炸废油的测定具有重要意义。图 7.11 显示热应力会导致 C=C 键解离，从而降低煎炸油的不饱和性，增加酸值和黏度。相比之下，大豆油的酸值随着油炸时间的延长而缓慢增加，其次是菜籽油，棕榈油的酸值增长最快。在油炸过程中，油的热氧化在双键基团起主导作用，如顺式结构转化为反式构象，顺式双键聚合成二烯。此外在热氧化的传播阶段，脂质自由基的转化会消耗双键来促进氧化。由 C=C 键和 C—C 键振动的信号强度计算得到的特征峰强度比为用拉曼光谱解释食用油的热降解过程提供了依据。对于单一品种的煎炸油，单变量拟合模型表现出较好的酸值预测能力，而对于多品种煎炸油，最小二乘 SVM 模型的酸值预测结果更好。油炸大豆油、菜籽油和棕榈油的特征峰相对强度比值即 I_{1267}/I_{1749}、I_{1267}/I_{1659} 和 I_{1267}/I_{1749} 的值与酸值的相关系数分别为 0.972（线性拟合）、0.984（对数函数拟合）和 0.954（线性拟合）。所建立的多品种煎炸油酸值的全局预测模型，预测结果均方根误差为 0.016，预测偏差比为 11.351。总的来说该方法利用拉曼光谱表征了食用油加热氧化过程中酸值的变化，可以准确定量煎炸油的酸值，进一步可以判断食用油中废弃煎炸油的掺假。

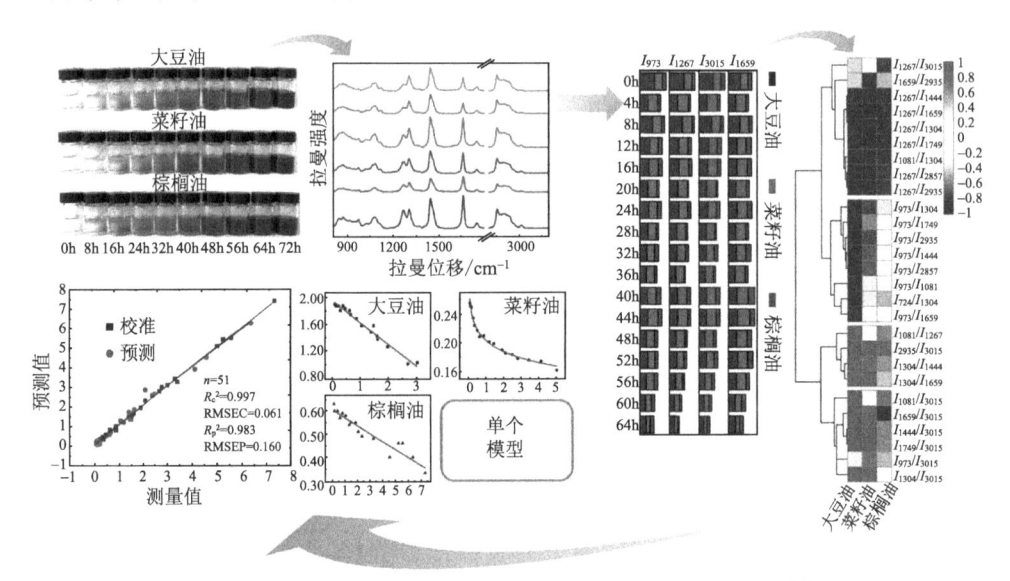

图 7.11 拉曼光谱研究食用油热降解及酸值的定量预测图[33]

7.4.2 食用油的生物活性成分检测

食用油中存在一些重要的生物活性成分，如油酸、亚油酸和 α-亚麻酸，对人体健康具有重要作用，而这些活性成分通常在上述掺假的油品中不存在或含量低于正常值[15]。因此对于食用油中生物活性成分的检测，通常也可作为食用油真伪和掺假鉴别的依据。

橄榄油中含有许多活性成分，如多种生物酚类成分，这些物质具有很高的抗氧化能力，可以预防一些严重的疾病（如心血管疾病和癌症）[39]。生育酚是一种重要的脂溶性维生素，具有显著的抗氧化活性。它有助于维持细胞膜的完整性，保护物理和生理稳定性，并提供明确的防御氧化组织损伤[40]。在许多植物油中，生育酚由四种异构体组成，其中 α-生育酚是某些油中的主要异构体，被认为是唯一具有维生素 E 活性的异构体[41]。Feng 等[42]报道了一种新型的"捕获-检测"分子印迹聚合物-表面增强拉曼光谱（MIPs-SERS）混合生物传感器，用于检测和定

量植物油中的 α-生育酚，以目标分子 α-生育酚当作模板，功能单体和交联剂共聚形成分子印迹层，该方法能够快速、选择性地吸附和分离食用油组分中的 α-生育酚。所采集的 α-生育酚的普通拉曼光谱、SERS 和 MIPs-SERS 如图 7.12(a) 所示，波长为 1335 cm^{-1}、1386 cm^{-1}、1459 cm^{-1} 和 1588 cm^{-1} 的特征峰分别被分配给 CH$_2$、CH$_3$CH$_2$、CH$_3$ 和 C═C 的振动模式，这些波段在普通拉曼、SERS 和 MIPs-SERS 中均出现在相同的波数上，在正常拉曼中 1459 cm^{-1} 处的峰有略微偏移。这种均匀性证明了 MIPs-SERS 策略有效地识别捕获了植物油中 α-生育酚。此外，SERS 和 MIPs-SERS 之间的其他明显的波段（685 cm^{-1}、1180 cm^{-1}、1254 cm^{-1} 和 1280 cm^{-1}）也处于相同的波数，表明 MIPs 可以有效地保留 α-生育酚并去除植物油中的其他干扰。在 586 cm^{-1} 和 481 cm^{-1} 处的普通拉曼光谱峰没有出现在 SERS 和 MIPs-SERS 中的波段，而在 1144 cm^{-1}、1497 cm^{-1} 和 1537 cm^{-1} 处强度较小的拉曼光谱可能来自油渣。

不同的 α-生育酚添加到食用油中的 MIPs-SERS 变化不大，无法区分。因此建立了无监督二维 PCA 模型，对含有不同含量 α-生育酚的植物油样品进行分离。根据 600～1800 cm^{-1} 波数区域的 MIPs-SERS 特征，利用 Matlab 软件进行聚类分析。根据类质心之间的马氏距离测量值，每一类群之间分离良好，聚类紧密，类间距离在 15.93～34.01 之间且类间距离值>3 的类群之间存在显著差异。在每一组中，不同的数字表示不同类型的植物油［即花生油（1）、橄榄油（2）、玉米油（3）和菜籽油（4）］，A、B、C、D 分别表示在 0.05 g 植物油中 α-生育酚含量为 0 mg、0.1 mg、0.5 mg、1 mg。这表明分子印迹层可以在 SERS 采集前有效去除油类成分，为构建可靠的植物油传感系统提供了基础。最后结合建立的 PLS 回归模型，该模型无论在校准还是交叉验证方面都具有高的回归系数和较低的均方根误差，可以

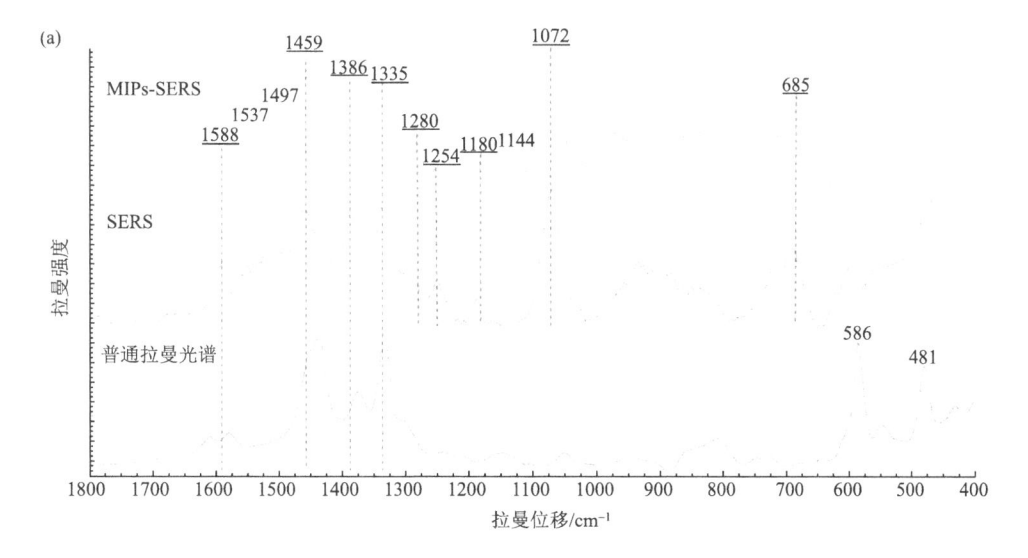

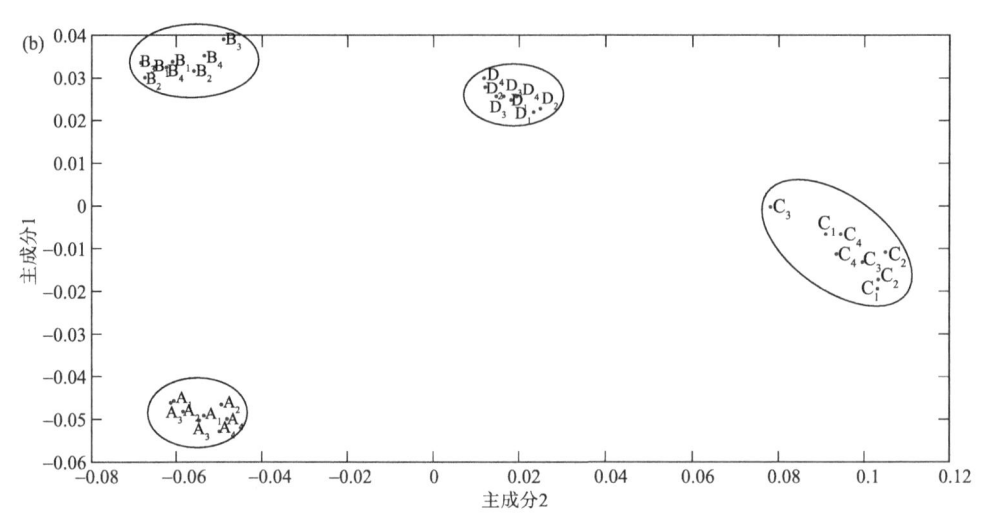

图 7.12 （a）α-生育酚的代表性光谱特征；（b）用代表性的二维 PCA 方法分离了不同种类植物油中不同浓度的 α-生育酚[42]

有效预测植物油样品中 α-生育酚的添加浓度，也可作为食用油中 α-生育酚缺乏的鉴别依据。

7.5 展　　望

拉曼光谱作为一种重要的光谱分析技术，在食用油的真伪和掺假鉴别中展现出了广泛的应用前景和发展潜力。随着公众对食品安全的关注不断加剧，以及对高品质食用油需求的增加，如何准确、快速地检测和辨别食用油的真伪，成为一个亟待解决的问题。

食用油的真伪和掺假鉴别涉及多个层面，本章结合实例分析阐述了拉曼光谱在食用油真伪和掺假鉴别领域的实际应用。拉曼光谱技术凭借其快速、无损、无须复杂样品制备的优势，通过对油脂分子振动状态的分析，可以提供丰富的化学信息，帮助快速识别样品的成分及其来源，能够在短时间内获取样品的特征光谱，通过与标准谱图的对比，准确判断食用油的真伪。在食用油掺假鉴别方面，拉曼光谱能够检测油脂中的特征化合物，如 FA 链的结构，识别出掺假的成分，区分不同品种的食用油、氧化油以及地沟油。上述实例分析表明，不同种类的油脂在拉曼谱中具有独特的特征峰，通过优化样品分析过程，结合化学计量学、机器学习等数据处理方法，能够显著提升掺假油脂的检测准确性与效率。最后结合食用油掺假鉴别的种类和方法，论述了拉曼光谱在食用油使用过程中的问题监测的应用。通过对食用油中特殊成分的检测可以实现对食用油是否还能继续使用的判定。

尽管拉曼光谱技术在食用油真伪鉴别方面的应用前景广阔，但仍面临一些挑战。食用油的成分复杂，且多为脂溶性物质，这可能导致拉曼光谱信号的重叠和干扰，影响分析的准确性。因此，未来的研究需要对拉曼光谱仪器进行进一步的改进，如提高仪器的灵敏度和分辨率。同时，采用多种光谱技术的联用方法，如红外光谱、质谱等，能够提供更为全面的分析信息。随着人工智能技术的发展，将机器学习算法融入拉曼光谱数据的分析过程中，有助于提高食品真伪鉴别的自动化程度。通过对大数据的分析，不仅可以提高对已知掺假手法的敏感性，也能够识别出新的掺假方式，从而提高整体的监控水平。这一策略在实际操作中不仅可节约时间，降低人力成本，更能在保证检测结果准确性的前提下，提高食用油安全保障的效率。

参 考 文 献

[1] GARCIA R, MARTINS N, CABRITA M J. Putative markers of adulteration of extra virgin olive oil with refined olive oil: Prospects and limitations [J]. Food Res Int, 2013, 54(2): 2039-2044.

[2] ETTALIBI F, ANTARI A E, GADHI C, et al. Oxidative stability at different storage conditions and adulteration detection of prickly pear seeds oil [J]. J Food Quality, 2020, 2020(1): 8837090.

[3] APETREI I M, APETREI C. Detection of virgin olive oil adulteration using a voltammetric e-tongue [J]. Comput Electron Agr, 2014, 108: 148-154.

[4] HARZALLI U, RODRIGUES N, VELOSO A C A, et al. A taste sensor device for unmasking admixing of rancid or winey-vinegary olive oil to extra virgin olive oil [J]. Comput Electron Agr, 2018, 144: 222-231.

[5] KAKOURI E, REVELOU P K, KANAKIS C, et al. Authentication of the botanical and geographical origin and detection of adulteration of olive oil using gas chromatography, infrared and Raman spectroscopy techniques: A Review [J]. Foods. 2021, 10(7): 1565.

[6] LUKA M F, AKUN E. Investigation of trace metals in different varieties of olive oils from northern Cyprus and their variation in accumulation using ICP-MS and multivariate techniques [J]. Environ Earth Sci, 2019, 78(19): 578.

[7] ZHOU R Z, JIANG J, MAO T, et al. Multiresidue analysis of environmental pollutants in edible vegetable oils by gas chromatography-tandem mass spectrometry [J]. Food Chem, 2016, 207: 43-50.

[8] SAVIO M, ORTIZ M S, ALMEIDA C A, et al. Multielemental analysis in vegetable edible oils by inductively coupled plasma mass spectrometry after solubilisation with tetramethylammonium hydroxide [J]. Food Chem, 2014, 159: 433-438.

[9] YUAN J J, WANG C Z, CHEN H X, et al. Identification and detection of adulterated camellia oleifera abel. Oils by near infrared transmittance spectroscopy [J]. Int J Food Prop, 2016, 19(2): 300-313.

[10] LUNA A S, DA SILVA A P, PINHO J S A, et al. Rapid characterization of transgenic and non-transgenic soybean oils by chemometric methods using NIR spectroscopy [J]. Spectrochim Acta A, 2013, 100: 115-119.

[11] SALGUERO-CHAPARRO L, BAETEN V, ABBAS O, et al. On-line analysis of intact olive fruits by vis-NIR spectroscopy: Optimisation of the acquisition parameters [J]. J Food Eng, 2012, 112(3): 152-157.

[12] MORALES M T, APARICIO-RUIZ R, APARICIO R. Chromatographic methodologies: compounds for olive oil odor issues [M]//APARICIO R, HARWOOD J.Handbook of Olive Oil: Analysis and Properties. Berlin: Springer, 2013: 261-309.

[13] TUMOLO T, LANFER-MARQUEZ U M. Copper chlorophyllin: A food colorant with bioactive properties? [J]. Food Res Int, 2012, 46(2): 451-459.

[14] LIAN W N, SHIUE J, WANG H H, et al. Rapid detection of copper chlorophyll in vegetable oils based on surface-enhanced Raman spectroscopy [J]. Food Addit Contam A, 2015, 32(5): 627–634.

[15] LV M Y, ZHANG X, REN H R, et al. A rapid method to authenticate vegetable oils through surface-enhanced Raman scattering [J]. Sci Rep-Uk, 2016, 6(1): 23405.

[16] ZHANG X F, ZOU M Q, QI X H, et al. Quantitative detection of adulterated olive oil by Raman spectroscopy and chemometrics [J]. J Raman Spectrosc, 2011, 42(9): 1784-1788.

[17] SÁNCHEZ-LÓPEZ E, SÁNCHEZ-RODRÍGUEZ M I, MARINAS A, et al. Chemometric study of Andalusian extra virgin olive oils Raman spectra: Qualitative and quantitative information [J]. Talanta, 2016, 156-157: 180-190.

[18] DU S, SU M, JIANG Y, et al. Direct discrimination of edible oil type, oxidation, and adulteration by liquid interfacial surface-enhanced Raman spectroscopy [J]. ACS Sens, 2019, 4(7): 1798-1805.

[19] GENIS D O, SEZER B, DURNA S, et al. Determination of milk fat authenticity in ultra-filtered white cheese by using Raman spectroscopy with multivariate data analysis [J]. Food Chem, 2021, 336: 127699.

[20] ÜÇÜNCÜOĞLU D, İLASLAN K, BOYACI İ H, et al. Rapid detection of fat adulteration in bakery products using Raman and near-infrared spectroscopies [J]. Eur Food Res Technol, 2013, 237(5): 703-710.

[21] LI Y, FANG T, ZHU S, et al. Detection of olive oil adulteration with waste cooking oil via Raman spectroscopy combined with iPLS and SiPLS [J]. Spectrochim Acta A, 2018, 189: 37-43.

[22] MAHESAR S A, SHERAZI S T H, KHASKHELI A R, et al. Analytical approaches for the assessment of free fatty acids in oils and fats [J]. Anal Methods-UK, 2014, 6(14): 4956-4963.

[23] JIN H, LI H, YIN Z, et al. Application of Raman spectroscopy in the rapid detection of waste cooking oil [J]. Food Chem, 2021, 362: 130191.

[24] ALI H, NAWAZ H, SALEEM M, et al. Qualitative analysis of desi ghee, edible oils, and spreads using Raman spectroscopy [J]. J Raman Spectrosc, 2016, 47(6): 706-711.

[25] MACERNIS M, SULSKUS J, MALICKAJA S, et al. Resonance Raman spectra and electronic

transitions in carotenoids: A density functional theory study [J]. J Phys Chem A, 2014, 118(10): 1817-1825.

[26] WU Q, YAO L, QIN P, et al. Time-resolved fluorescent lateral flow strip for easy and rapid quality control of edible oil [J]. Food Chem, 2021, 357: 129739.

[27] LIU S H, LIN X M, YANG Z L, et al. Label-free SERS strategy for rapid detection of capsaicin for identification of waste oils [J]. Talanta, 2022, 245: 123488.

[28] BERGHIAN-GROSAN C, MAGDAS D A. Raman spectroscopy and machine-learning for edible oils evaluation [J]. Talanta, 2020, 218: 121176.

[29] LIU Z, YU S, XU S, et al. Ultrasensitive detection of capsaicin in oil for fast identification of illegal cooking oil by SERRS [J]. ACS Omega, 2017, 2(11): 8401-8406.

[30] HAN X X, PIENPINIJTHAM P, ZHAO B, et al. Coupling reaction-based ultrasensitive detection of phenolic estrogens using surface-enhanced resonance Raman scattering [J]. Anal Chem, 2011, 83(22): 8582-8588.

[31] VALDERRAMA P, MARÇO P H, LOCQUET N, et al. A procedure to facilitate the choice of the number of factors in multi-way data analysis applied to the natural samples: Application to monitoring the thermal degradation of oils using front-face fluorescence spectroscopy [J]. Chemometr Intell Lab, 2011, 106(2): 166-172.

[32] KONGBONGA Y M, GHALILA H, MAJDI Y, et al. Investigation of heat-induced degradation of virgin olive oil using front face fluorescence spectroscopy and chemometric analysis [J]. J Am Oil Chem Soc, 2015, 92(10): 1399-1404.

[33] ALVARENGA B R, XAVIER F A N, SOARES F L F, et al. Thermal stability assessment of vegetable oils by Raman spectroscopy and chemometrics [J]. Food Anal Mrthod, 2018, 11(7): 1969-1976.

[34] MO J, ZHENG W, HUANG Z. Fiber-optic Raman probe couples ball lens for depth-selected Raman measurements of epithelial tissue [J]. Biomed Opt Express, 2010, 1(1): 17-30.

[35] MUIK B, LENDL B, MOLINA-DÍAZ A, et al. Direct monitoring of lipid oxidation in edible oils by Fourier transform Raman spectroscopy [J]. Chem Phys Lipids, 2005, 134(2): 173-182.

[36] VELASCO J, DOBARGANES C. Oxidative stability of virgin olive oil [J]. Eur J Lipid Sci Tech, 2002, 104(9-10): 661-676.

[37] WANG J, LV J, MEI T, et al. Spectroscopic studies on thermal degradation and quantitative prediction on acid value of edible oil during frying by Raman spectroscopy [J]. Spectrochim Acta A, 2023, 293: 122477.

[38] TARMIZI A H A, HISHAMUDDIN E, RAZAK R A A. Impartial assessment of oil degradation through partitioning of polar compounds in vegetable oils under simulated frying practice of fast food restaurants [J]. Food Control, 2019, 96: 445-455.

[39] OBIED H K, PRENZLER P D, KONCZAK I, et al. Chemistry and bioactivity of olive biophenols in some antioxidant and antiproliferative in vitro bioassays [J]. Chem Res Toxicol, 2009, 22(1): 227-234.

[40] LEMAIRE-EWING S, DESRUMAUX C, NÉEL D, et al. Vitamin E transport, membrane incorporation and cell metabolism: Is α-tocopherol in lipid rafts an oar in the lifeboat? [J]. Mol

Nutr Food Res, 2010, 54(5): 631-640.

[41] ATKINSON J, HARROUN T, WASSALL S R, et al. The location and behavior of α-tocopherol in membranes [J]. Mol Nutr Food Res, 2010, 54(5): 641-651.

[42] FENG S, GAO F, CHEN Z, et al. Determination of α-tocopherol in vegetable oils using a molecularly imprinted polymers-surface-enhanced Raman spectroscopic biosensor [J]. J Agric Food Chem, 2013, 61(44): 10467-10475.

第8章

人工智能助力拉曼光谱分析的新趋势

拉曼光谱是物质固有的振动指纹图谱,可以实现未知物质的识别和表征[1],被广泛应用于材料科学、生物学、药剂学和食品科学等领域。对于复杂基质或多组分分析,原始拉曼光谱数据通常很复杂,包括谱峰位置和强度的分裂、合并、重叠等,并且包含大量的随机噪声。基于量子力学的传统光谱计算技术需要进行耗时的计算和大量的人力投入,已无法适应拉曼光谱在众多领域的研究需求,在处理时间、效率和准确度等方面面临各种挑战,简单的定性评估也可能导致错误的分析结论。发展先进数据处理技术是当前拉曼光谱研究领域重要方向之一。

近年来,人工智能提供了一种有效的替代方法,可以通过学习已知的历史数据集或有意生成的数据集,在数百万种化合物中训练并应用,从而加速分子和材料的设计过程。人工智能技术能够创建一个独立的系统,该系统利用分子描述符作为一个维度,并将其转化为另一个数据集中的翻译信息,从而实现从一个数据集到另一个数据集的转换。这样的系统通过学习已有的化合物数据,建立模型并预测新化合物的性质和结构,帮助研究人员更快地获取大量的化合物信息,并在设计新的材料时进行快速筛选和优化。

人工智能的飞速进步已使其成为分析科学中的强有力工具,它使计算机能够学习、做出决策或预测,而无须明确编程。人工智能算法通过在给定数据集上不断迭代,找到解决特定任务的函数。也能通过有效地从预先标记的数据中学习,实现对新数据集的合理预测,从而加快实验分析和计算的速度。因此,人工智能在拉曼光谱数据的辅助处理及其在各个领域的实际应用中扮演重要角色。例如,人工智能可用于分析复杂和大量的拉曼光谱数据集,识别数据集中的关系、模式和联系,从而进行分类。

1990年,人工智能研究首次应用于振动光谱的鉴定[2]和预测[3]。最初的研究主要涉及两类学习过程:从核结构到振动光谱、从振动光谱到核结构。随着数据驱动技术的进步和计算机性能的提升,现在已经开发出许多人工智能方法,并广泛应用于有机分子和凝聚态系统的振动光谱分析。特别是在红外光谱和拉曼光谱的研究及应用方面，人工智能已经展现出重要价值。为了构建智能化模型，需要将人工智能与振动光谱相结合，该过程中描述符的选择或构建对学习算法起着关键作用。描述符用于将化学系统转换为数值数据，而学习算法则用于让计算机从这些信息中进行学习。常用的分子模型包括几何/结构描述符和基于密度的描述符。几何/结构描述符可以包括库仑矩阵、原子中心对称函数等[4]，它们能够捕捉分子的几何形状和结构信息。而基于密度的描述符则可以利用原子位置的平滑重叠等方法来描述分子的电子密度分布。在学习算法方面，常用的方法包括高斯过程回归（GPR）和各种类型的人工神经网络（ANN）。GPR是一种非参数的回归方法，广泛应用于振动光谱的预测和分析中。ANN则是一种模拟神经系统工作原理的计算模型，它可以学习和建模复杂的非线性关系，适用于振动光谱的建模和预测。通过将人工智能应用于振动光谱分析，研究人员能够利用大量的实验数据和计算结果来构建模型，并预测未知化合物或材料的振动光谱特征。这样的模型可以帮助研究人员更好地理解和解释实验观测结果，加快新材料的设计和发现过程，并在理论计算和实验研究之间建立桥梁。

  根据所需的训练模型和预测输出变量的数据，化学中的人工智能方法可以分为两类：基于电子结构的模型和基于核结构的模型，两者之间的区别在于所利用的输入数据类型和学习过程的差异。基于电子结构的模型使用从量子化学计算中获得的电子结构和电子密度等电子信息作为输入。通过量子化学计算，可以获得化合物的电子结构、电子密度分布以及与光谱性质相关的其他电子特性。这些信息可以用于建立模型，预测和解释光谱的特征。基于核结构的模型直接从计算或实验中学习化合物的核结构信息。核结构指的是化合物中原子核的排列和几何结构。通过分子力学计算、晶体学数据或实验测量等方法，可以获得化合物的核结构信息。这些核结构数据可以用于建立模型，预测和解释与核结构相关的光谱特性。化学信息涉及的电子结构、核结构和光谱性质之间存在密切的关系，如图8.1所示：电子结构决定了核结构和振动光谱。可以应用多种方法来从给定的核结构中获得光谱。以密度泛函理论（density functional theory, DFT）和哈特里-福克方法（Hartree-Fock, HF）为代表的量子化学方法通过（近似）电子结构计算振动光谱，通常需要相当昂贵的计算资源。而基于核结构的人工智能在核结构和振动光谱之间建立了一条"隧道"，通过"子弹头列车"对两侧进行预测；或者通过"卫星"传递的电子结构信息估计电子结构并用来预测振动光谱，这可以称为基于电子结构的人工智能。

  一方面，电子结构决定了化合物的核结构和动力学行为，即原子核的位置和运动方式；另一方面，光谱性质如红外光谱和拉曼光谱等的计算和解释依赖于电子结构的描述符，如多极矩和极化率等。电子结构提供了对光谱特性更准确的描述，但计算电子结构的描述符通常具有较高的计算成本。在振动光谱预测方面，

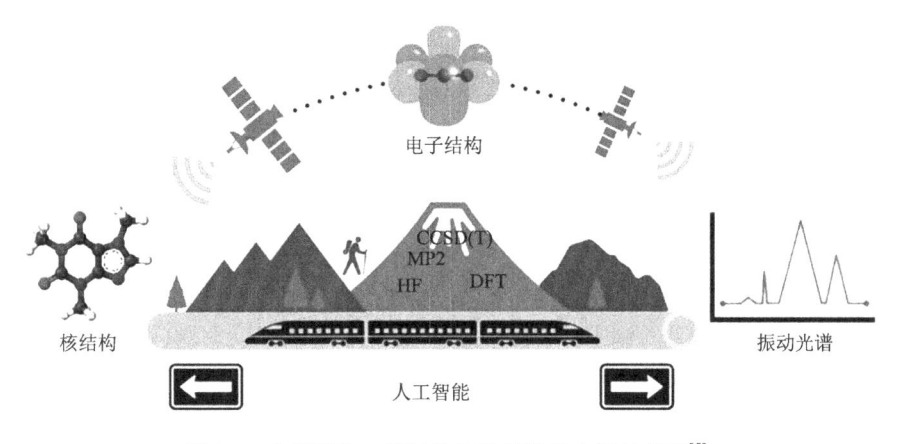

图 8.1 电子结构、核结构和光谱性质之间的关系[5]

许多人工智能方法建立了核结构和光谱之间的"隧道",通过学习核结构与光谱之间的关联关系来预测光谱特性。少数的研究使用原子密度来表示电子结构,从而实现对光谱性质的预测。总的来说,人工智能在化学中的应用涉及电子结构、核结构和光谱性质之间的复杂关系。通过选择适当的输入数据和描述符,并结合合适的学习算法,可以建立模型来预测和解释化合物的振动光谱特性,提供对化学系统更深入的理解。

8.1 光谱识别中常见的人工智能分析方法

用于预测振动光谱的人工智能方法可分为无监督学习和监督学习两类。其中无监督学习包括算术平均加权对组法、主成分分析、自动编码器;监督学习包括偏最小二乘法、高斯过程回归、随机森林和人工神经网络等。

8.1.1 无监督学习

1. 算术平均加权对组法

算术平均加权对组法(weighted pair group method with arithmetic mean, WPGMA)是一种基于成对相似度矩阵的分层聚类方法,它在半经典动力学振动空间的细分中发挥作用,用于近似表示核振动子空间(节点)及其之间的联系(边缘),相似性的定义基于不同模式之间的相互作用。WPGMA 通过构建实验谱与计算谐波谱之间的余弦距离,余弦距离可以度量两个归一化表示向量之间的相似程度,通过计算向量之间的内积来衡量它们的相似性。WPGMA 首先将每个谱图视为一个独立的节点,并计算所有节点之间的相似度。相似度矩阵表示了每对节点之间的相似性。然后，根据相似度矩阵中的相似性值，逐步合并相似度最高的节点，形成聚类。该过程会生成一个层次聚类树，其中节点的合并通过算术平均加权的方式计算出新的聚类中心，从而实现实验谱的识别。

其数学模型为

$$\bar{Y} = \frac{\sum_{i=1}^{n} w_i Y_i}{\sum_{i=1}^{n} W_i} \quad (8.1)$$

式中：$\bar{Y}$ 代表加权算术平均值，即预测值；Y_i 代表不同时期的观测值($i=1, 2, \cdots, n$)；n 代表总体中的数据点数；W_i 代表各个观察值对应的权数，W_i 在 0 到 1 之间，即 $0 \leqslant W_i \leqslant 1$。

Hopkins 课题组[6]使用 WPGMA 展示了成对距离矩阵的结构树状图，基于质量加权距离向量的余弦相似性定义结构相似性，对簇进行分组，基于核坐标划分实现势能面的可视化。每步将最近的两个集群（P 和 Q）合并成更高级别的组 $P \cup Q$，减少距离矩阵的一列和一行。新组与另一个聚类 R 的距离是 R 与 P 成员间距离的算术平均值。

$$d_{(P \cup Q), R} = \frac{d_{P,R} + d_{Q,R}}{2} \quad (8.2)$$

通过该方法进行凝聚分层聚类，可以计算集群结构间的余弦距离。图 8.2 展示的树状图，突出显示结构相似性的前五组。异构体按相对零点校正能量增加顺序编号。Ⅲ组和Ⅴ组与紧凑簇结构关联，展示不同的结构特征，包括桥接方式定向、N—H—O 结合基序和延伸/拉长结构等。

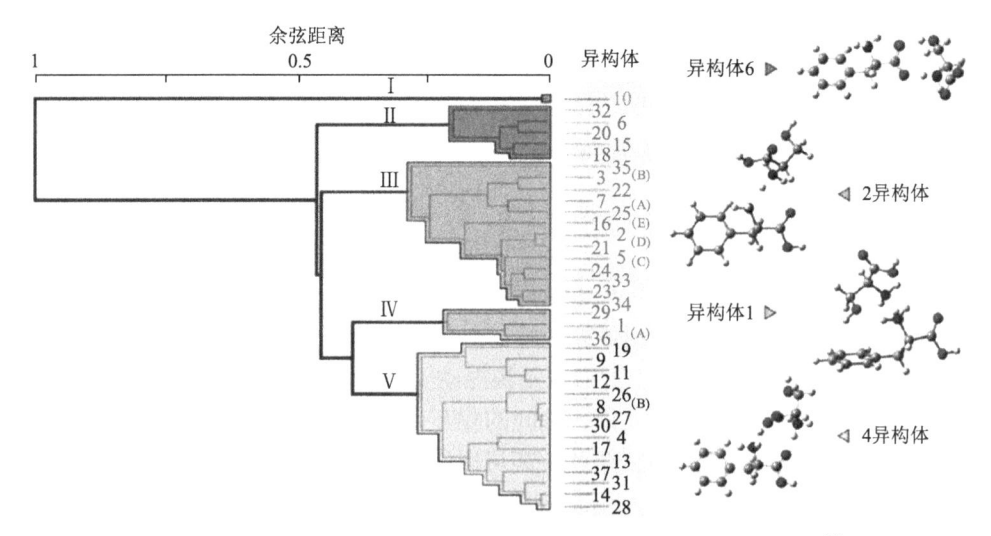

图 8.2 根据各个聚类结构之间的余弦距离构建的 WPGMA 树状图[6]

2. 主成分分析

主成分分析（principal component analysis, PCA）是一种用于处理数据降维的统计方法[7]，主要目的是将高维数据空间从 n 维（n 个特征）投影到 k 维（k 个正交特征），其中 k 通常小于 n，k 个特征被称为主成分。这种降维有助于减少数据的复杂性和冗余性，同时保留数据中最重要的信息。PCA 的第一个主成分是数据中方差最大的方向，第二个主成分是与第一个主成分正交且具有最大方差的方向，依此类推，直到 k 个主成分。这些主成分是通过数据中的协方差矩阵或相关矩阵计算得到的特征向量。先前的研究中，PCA 通常被用作数据的预处理技术。在这种情况下，原始数据首先通过 PCA 进行降维处理，得到 k 个主成分所代表的新的特征空间。这个新的特征空间通常包含了原始数据中的大部分信息，同时消除了冗余性。处理后的数据（即主成分）可以被用于后续的监督学习任务，如分类、回归等。通过 PCA 预处理，可以提高后续监督学习算法的性能，减少维度灾难的影响，加速模型训练，提高模型的泛化能力。这种方法在处理高维数据、降低计算成本、改善模型效果等方面具有广泛的应用。

PCA 算法描述如下：

输入：样本集 $D = \{x_1, x_2, ..., x_m\}$
低维空间维数 k'

过程：

1. 对所有样本进行去中心化：$x_i \leftarrow x_i - \frac{1}{m}\sum_{i=1}^{m} x_i$。
2. 计算样本的协方差矩阵 XX^T。
3. 对协方差矩阵 XX^T 做特征值分解。
4. 取最大的 k' 个特征值所对应的特征向量 $w_1, w_2, ..., w_{k'}$。

输出：投影矩阵 $W^* = (w_1, w_2, ..., w_{k'})$。

He 课题组[8]采用 SERS 与 PCA 联用的方法分析了低芥酸菜籽油的氧化过程。结果表明，相比于拉曼光谱，稀释的低芥酸菜籽油和 α-生育酚的 SERS 具有更高的灵敏度，并且可以同时分析混合物中的这两种成分。通过 PCA 可以发现原始低芥酸菜籽油和在 55℃下孵育 5 天的菜籽油样品之间存在显著差异（图 8.3）。与常规拉曼光谱测量和共轭二烯的紫外线吸收率测量相比，引入 PCA 联用的方法对检测氧化过程中脂质分子的变化更为敏感。

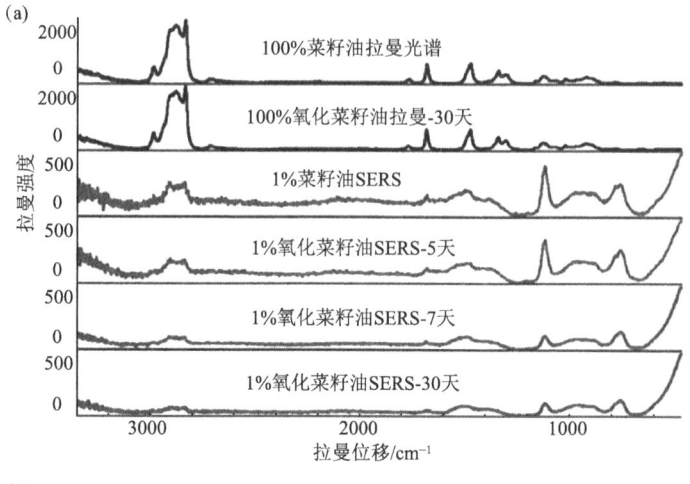

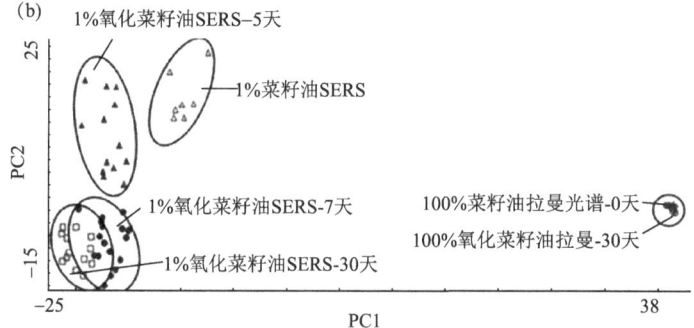

图 8.3 菜籽油拉曼光谱与 1%浓度菜籽油 SERS（a）及其 PCA（b）[8]

3. 自动编码器

自动编码器（autoencoder）是一种无监督学习算法，通常是通过构建具有高维输入和低维表示的人工神经网络来实现。不同于 PCA，自动编码器能够通过非线性激活函数实现非线性压缩，使其在学习和捕捉数据中的复杂结构和模式方面更加灵活。在红外光谱和质谱识别等领域，通过使用自动编码器，可以有效去除红外光谱和质谱中的冗余信息和噪声，从而提取出数据的关键特征。基于自动编码器生成的人工神经网络能够学习如何压缩和重构输入数据，同时还能够保留输入数据的重要信息。这更有助于发现数据中的特征和规律，从而提高后续任务的性能。这样的能力使得基于自动编码器的模型更适合处理具有复杂结构和大量噪声的光谱数据，提高了模型的稳健性和泛化能力。通过使用自动编码器技术，研究人员能够更好地理解和利用光谱数据，从而推动相关领域的研究和应用。

自编码器的基本结构可以用以下公式表示：

（1）编码：$z = f(x) = \sigma(W_e x + b_e)$ （8.3）

（2）解码：$\hat{x} = g(z) = \sigma(W_d z + b_d)$ （8.4）

式中：W_e 和 b_e 代表编码器的权重和偏置；W_d 和 b_d 代表解码器的权重和偏置；σ 代表激活函数（通常使用 ReLU 或 Sigmoid）。

ReLU，全称为 rectified linear unit，是一种人工神经网络中常用的激活函数，通常意义下，其指代数学中的斜坡函数，即

$$f(x) = \max(0, x)$$ （8.5）

Sigmoid 函数是一个在生物学中常见的 S 型函数，也称为 S 型生长曲线。在信息科学中，由于其单增以及反函数单增等性质，Sigmoid 函数常被用作神经网络的激活函数，将变量映射到[0,1]之间。

$$S(x) = \frac{1}{1 + e^{-x}}$$ （8.6）

Chopra 课题组[9]综合运用傅里叶变换红外光谱和质谱，可以从头预测分子中的功能基团。进一步引入分子 F1 分数和分子完美率等指标，有助于评估预测结果的准确性。如图 8.4 所示，通过傅里叶变换红外光谱得到透射率并对所得波数数据进行离散化处理（创建波数箱），从而标准化所有傅里叶变换红外光谱的波数，并使用数学工具 B 样条（分段多项式函数）对每个光谱中缺失的波数箱进行插值。质谱数据进行相同的操作，但不执行插值。所有波数箱中的标准化透射率由自动编码器神经网络编码到潜在空间中，然后使用此潜在空间来预测分子的功能组。自动编码器的性能不受所预测功能基团数量的影响，能够一致预测所有功能基团。

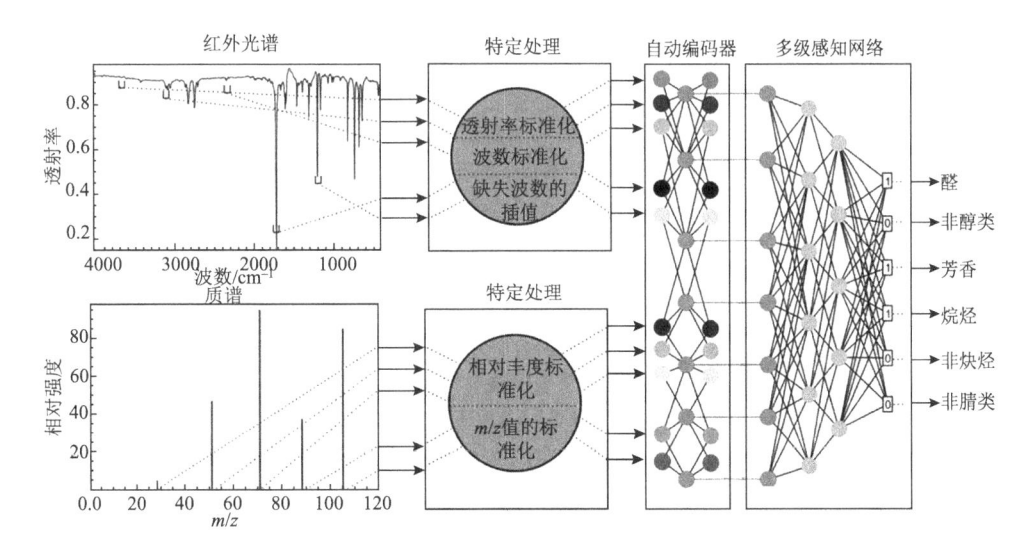

图 8.4　自动编码器神经网络结构示意图[9]

光谱数据中的化学基团可作为特征值，无须专业知识参与训练。结合不同类型光谱数据进行多类别、多标签的分类视角值得进一步研究。这种预测方法灵活，可引入新的功能基团而不影响模型性能，使得化学光谱数据可减少对功能基团预测的干扰，有望应用于分子逆向设计、复杂混合物模型验证，以及无须数据库的功能基团识别。

8.1.2 监督学习

1. 偏最小二乘法

偏最小二乘（partial least square, PLS）法[10]最初是为了解决多重共线性问题而引入的一种统计方法。与 PCA 类似，PLS 旨在降低数据的维度，但其特点在于考虑了无监督学习方法中省略的响应变量（或因变量）的相关性。PLS 通常用于线性建模，它在实际应用中表现出色，尤其是在光谱数据分析领域被广泛应用。在早期的光谱识别工作中，PLS 用于分配振动带，通常与 ANN 和 PCA-ANN 的结果进行比较。尽管 PLS 本质上不支持非线性建模，但它能够提供类似于 ANN 的建模和预测效果。与 ANN 相比，PLS 在可解释性方面表现更为出色。PLS 方法通过在特征空间中找到与输入特征和输出响应变量之间的最大协方差方向来建立模型，在处理存在潜在相关性结构的数据时非常有效，尤其是存在多个响应变量或标签时，可以将输入数据和输出数据之间的关系进行捕捉，并生成潜在变量（也称主成分），这些变量可以最大程度地解释输入和输出之间的变化。PLS 为研究人员提供了一种有效的工具，可以更好地理解数据中的关联性，并用于预测和分类等任务中。

PLS 的建模步骤如下。

（1）**标准化数据**：首先对 X 和 Y 数据进行标准化处理，使得每个变量的均值为 0，标准差为 1；

（2）**提取潜在变量**：通过最大化 X 和 Y 的协方差来提取潜在变量；

（3）**建立回归模型**：在提取出的潜在变量上建立线性回归模型，预测 Y 变量；

（4）**模型评估**：使用交叉验证等方法评估模型的预测能力，并选择合适数量的潜在变量。

PLS-DA 是最经典的监督分类方法之一[11]。基于 PLS 回归算法，PLS-DA 寻找与响应变量 Y 具有最大协方差的潜在变量（LV）。LV 的分数图使人们能够在低维空间中可视化高维数据，从而可以对数据进行更直观的分类。Fu 课题组[12]通过 PLS-DA 和 3D 荧光传感相结合的方式快速判别藏红花的掺假问题。3D 荧光传感基本原理是通过 HN-壳聚糖聚合物探针与藏红花中的藏红花素 I 等活性成分相互作用，放大了藏红花与掺假物之间的信号差异（图 8.5）。在得到 3D 荧光光谱后借助先进的化学计量学方法（PLS-DA、PCA-LDA、KNN 和 RF），实现了令人满意的正确分类率。其中，与 KNN（89.1%）和 RF（86.5%）相比，PLS-DA 和 PCA-LDA 对预测样本达到了 100%的正确率。结果证明，使用 PLS-DA 和 3D 荧光传感相结合的方式可以对藏红花的真实性进行鉴别以及预测掺假样品的掺假水平，这种方法可以进一步扩展到其他食品的认证和可追溯性中。

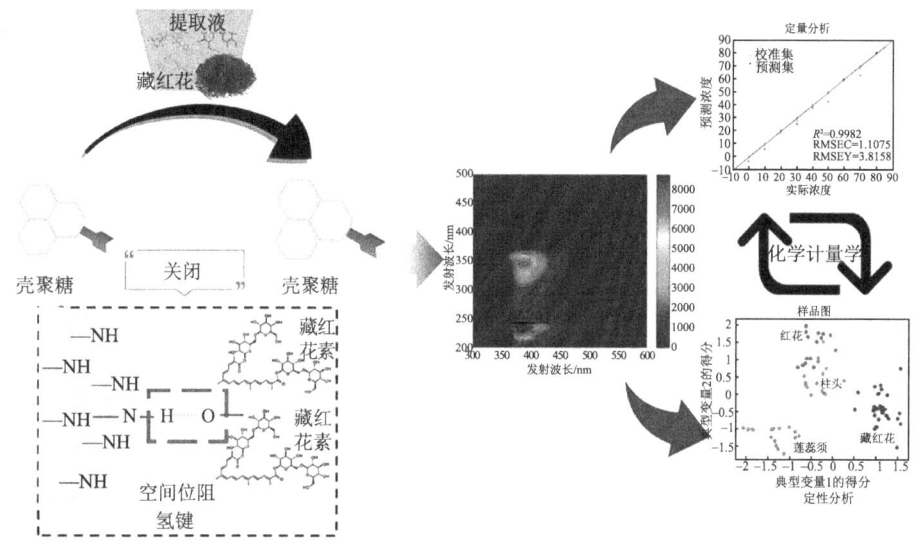

图 8.5　荧光传感与化学计量学相结合快速判别藏红花是否掺假流程示意图[12]

2. 高斯过程回归

高斯过程回归（Gaussian process regression, GPR）是一种基于核函数的贝叶斯回归方法，用于建立输入输出之间的映射关系。GPR 的核函数用于表示高斯过程中不同输入之间的协方差，从而捕捉输入数据之间的相关性。GPR 构建了一个非参数模型，它不对模型的复杂度做出具体的假设，而是根据数据的复杂性自适应地学习。这种灵活性使得 GPR 在处理各种类型的数据和模式时表现优秀。GPR 可以为给定的输入数据提供预测的置信区间和平均值，不仅可以获得输出的预测值，还可以了解这些预测值的不确定性范围，即置信区间，这对实际应用中判断预测值的精度和可靠性有重要意义。GPR 预测的不确定性是由数据本身的特性和模型的不确定性共同决定的。通过利用协方差矩阵计算出的置信区间，GPR 可以有效地量化预测的置信度，使决策者能够更好地理解模型的预测结果。总的来说，GPR 不仅能够提供对输出的预测，还能够提供预测值的置信度，贝叶斯框架和非参数性质使其成为一种灵活而强大的工具，适用于各种回归问题的建模和预测，在金融、医学、工程等许多领域被广泛应用。

在给定相互独立的 N 组学习样本：$X = \{X_1, X_2,...,X_N\} \in \mathrm{R}^N$, $y = \{y_1, y_2,...,y_N\}$，贝叶斯线性回归是如下形式的多元线性回归模型：

$$f(X) = X^\mathrm{T} w \tag{8.7}$$

$$y = f(X) + \varepsilon \tag{8.8}$$

式中：w 代表权重系数；ε 代表残差或噪声。

Hensel 课题组[13]通过 Visual-NIR 高光谱成像（VNIR-HSI，425～1700 nm）和 GPR 共用的方法预测根芹块各项指标。高斯过程是随机变量的集合，其中任意有限数量的变量都具有联合高斯分布[14]，因此可以写成：$f \sim N(0, K_y)$。$K(x,x)$ 通过自动相关性确定平方指数核，公式如下：

$$K(x_i, x_j) = \left[\sigma_f^2 \exp\left[-\frac{1}{2}\sum_{m=1}^{d} \frac{(x_{im} - x_{jm})^2}{\sigma_m^2}\right]\right] \tag{8.9}$$

式中：超参数 σ_f 和 σ_m 在训练阶段通过 10 倍交叉验证进行了优化。数据集被随机分为 75% 和 25% 用于训练和测试阶段。

训练完成的 HSI-GPR 方法准确地预测了水分含量和水分活度。最后，通过预测苹果、可可和胡萝卜切片的 MC 来评估基于块根芹的训练模型。根据四种植物数据训练的 GPR 模型更加稳健。

3. 随机森林

随机森林（random forest，RF）[15]是一种集成学习方法，由许多决策树组成，可用于解决分类和回归问题。每棵决策树在 RF 中都是独立且随机生成的，通过对输入数据进行自助抽样（bootstrap sampling）和特征随机选择（feature randomization）来提高模型的鲁棒性和泛化能力。RF 可以从已知的数据中学习并预测金属表面分子的拉曼频移和强度，从而为材料科学和表面物理研究提供有用的工具。此外，RF 还可用于从编码的潜在载体中对分子官能团进行分类。通过将分子的特征表示为编码的潜在载体（latent vectors）或特征向量，RF 可以学习并建立一个分类模型，用于识别和分类不同的分子官能团。这种方法在化学领域中的分子结构识别和分类中具有广泛的应用，有助于加速化学物质的研究和发现过程。总的来说，RF 作为一种强大的集成学习方法，具有较高的准确性和鲁棒性，适用于各种领域的分类和回归任务。其集成多个决策树的特性使其能够有效地处理复杂的数据集，并提供准确的预测和分类结果。

检测阿片类药物样本中的痕量掺杂物是药物检查的一个重要方面，由于非法药物供应的可变性和不可预测性，虽然已有许多分析方法适用于此类分析，但社区需要更为简便的痕量分析技术。Hore课题组[16]将SERS与RF分类器相结合，能够在社区药物检查采集的样本中检测到溴马唑仑（0.32%~36%，质量分数）和赛拉嗪（0.15%~15%，质量分数）两种常见的镇静剂（图8.6）。并且以质谱结果为对照的SERS-RF分类器预测结果对目标化合物表现出高特异性（溴马唑仑为88%，赛拉嗪为96%）和灵敏度（溴马唑仑为88%，赛拉嗪为92%）。这证明了SERS与RF分类器相结合可以对含有痕量掺杂物的多组分样品进行即时分析。

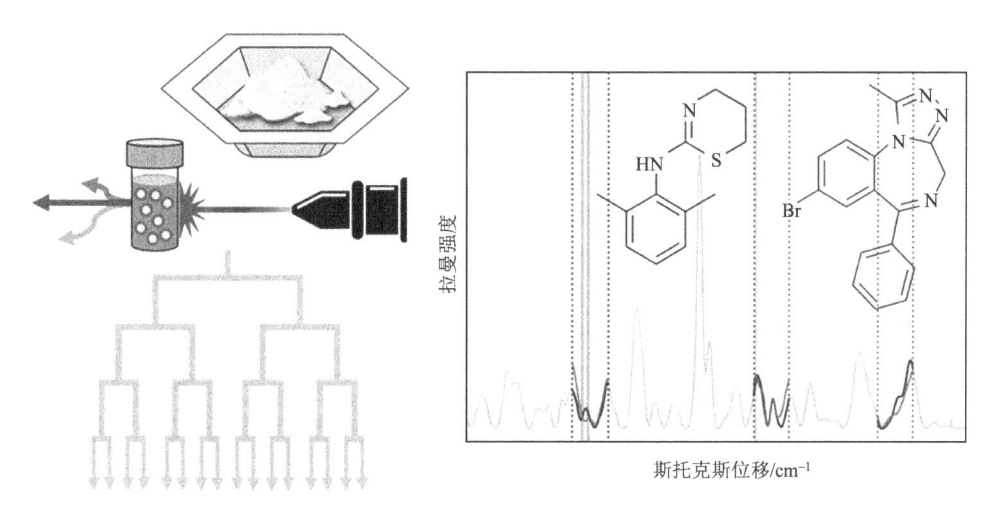

图8.6 SERS与随机森林分类器结合检测溴马唑仑和赛拉嗪[16]

4. 人工神经网络

人工神经网络（artificial neural network，ANN）[17]是一种模仿生物神经系统结构和功能的学习算法模型，由多个称为人工神经元的连接节点组成。最常见的ANN结构之一是前馈网络，包括多层感知器（multilayer perceptron）和卷积神经网络（convolutional neural network）等。长短期记忆网络（long short-term memory network）是一种循环神经网络结构，特别适用于处理具有时间依赖性的序列问题。在分析计算红外光谱和拉曼光谱数据集时，长短期记忆网络可以用于识别包含OH和C=O官能团的分子结构，从而为化学领域的结构识别和分类提供支持。一些研究将神经网络引入或修改为适用于学习部分电荷、电偶极矩或极化率等势场/场景设计的任务。例如，分层相互作用粒子神经网络、高维神经网络电位、深度势分子动力学和嵌入式原子神经网络/张量嵌入式原子神经网络等方法，展示了神经网络在处理复杂物理和化学数据方面的潜力。这些技术的发展为化学、材料科学领域以及其他需要处理复杂结构和数据的领域带来了新的可能性。结合人工神经网络的强大非线性建模能力和对大规模数据集的学习能力，研究人员可以更好地理解复杂系统的行为，并进行准确的预测和分类。神经网络的灵活性和适应性使其成为处理各种复杂问题的有力工具，为科学研究和工程应用带来了革新性的进展。

Núñez 课题组[18]结合前馈神经网络对拉曼光谱数据进行了分析，以预测水溶液中葡萄糖、蔗糖和果糖的浓度。前馈神经网络的设计数据采集后的第一步是读取原始光谱或者滤波后（平滑且无荧光）的数据，第二步是特征提取（ANN 的输入），ANN 将数据分为用于训练、验证和测试的数据（图 8.7）。之后使用前馈神经网络分别预测了三种固体工业食品（甜甜圈、谷物和饼干）中的蔗糖浓度。结果表明，分类器和拟合系统的性能均优于 SVM、LDA、线性回归和 PLS。前馈神经网络对水溶液的最佳分类情况是 93.33%，预测的均方根误差是 3.51%，而线性判别分析则为 82.22%，前馈神经网络极大提升了预测精度。

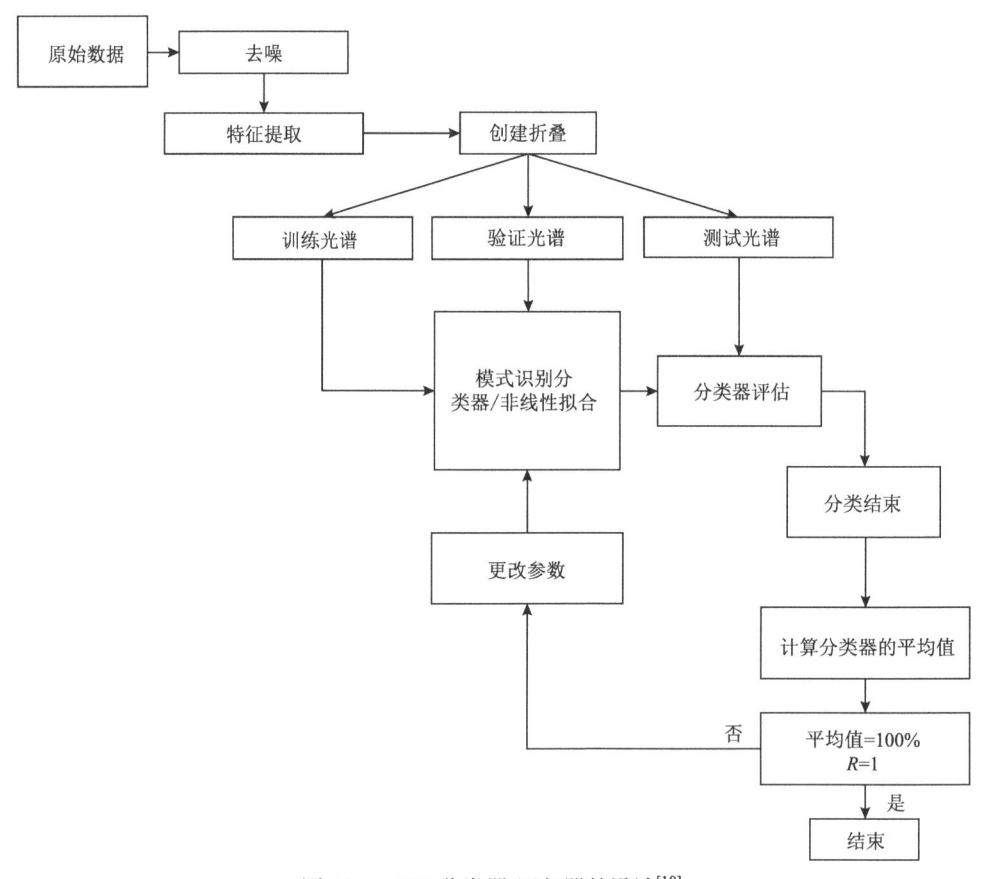

图 8.7　ANN 分类器/回归器的设计[18]

8.2 人工智能助力拉曼光谱的创新应用

在科学领域中，人工智能通过学习已知数据，生成合理的预测，从而加速实验分析和计算的过程，节省人力资源，因此在各个科学领域得到广泛应用。对于拉曼光谱数据的建模和分析，人工智能算法通常用于拉曼光谱的分类和识别。在这个过程中，光谱预处理和特征提取是人工智能在拉曼光谱分析中的常见步骤。近年来，深度学习作为人工智能领域的一个重要分支，利用神经网络和大规模数据训练来提高自身的准确性。深度神经网络的优势在于其能够避免烦琐的预处理阶段，能够直接从原始数据中学习特征，从而简化了数据处理过程。深度学习相较于传统的人工智能方法具有以下优势：学习能力强；深度学习模型具有出色的学习能力，能够从数据中学到更加复杂的模式和关联；泛化能力；深度学习模型在训练后通常表现出较低的泛化误差，即在未见过的数据上也能表现良好。端到端学习：深度学习模型能够直接从原始数据中学习，避免了对数据进行手动特征提取的烦琐过程。适应性强：深度学习模型可以适应各种类型的数据，包括图片、文本、音频等，具有很强的通用性。在拉曼光谱数据的分析中，深度学习的引入为研究人员提供了更强大的工具，使他们能够更有效地处理复杂的光谱数据，提高分类和识别的准确性，推动科学研究在这一领域的深入发展。这种新兴技术的应用有望为科学家带来更多关于材料、生物和化学领域的发现和洞察。

8.2.1 癌细胞鉴别

Bamrungsap课题组[19]发展了一种简单且低成本的等离子体纸SERS基底，并结合PCA进行癌症筛查。首先使用4-巯基苯甲酸和罗丹明6G评估了纸的SERS性能，证明其增强因子（EF）在 $10^{-8} \sim 10^{-6}$ 的范围内。HT-29是一种高表达大肠上皮细胞黏附分子（epithelial cell adhesion molecule, EpCAM）的结直肠癌细胞系，被用作靶细胞；而非EpCAM表达细胞被用作阴性对照，如成纤维细胞和红细胞。靶细胞和对照细胞的固有SERS由于其结构和成分的差异而在等离子体纸上显示出独特的指纹图谱（图8.8）。结合PCA和KNN来分析和区分获得的HT-29和成纤维细胞SERS，诊断敏感性和特异性分别为84.8%和82.6%，而HT-29和红细胞的SERS之间的区分分别显示敏感性和特异性为96.4%和100%。因此，基于等离子体纸的简单SERS底物在PCA的辅助下，为癌细胞的检测和筛选提供了强大的新平台。

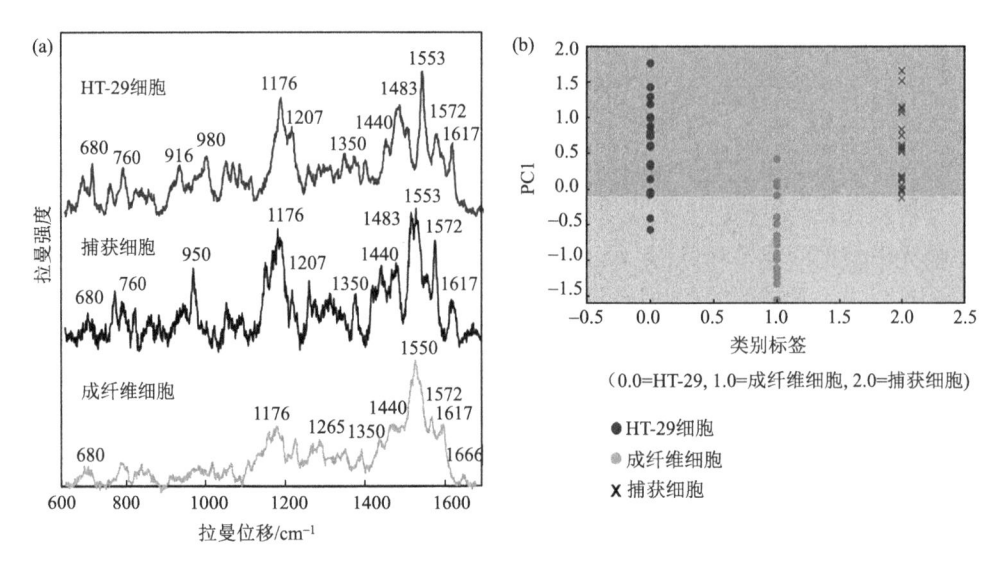

图 8.8 SERS 和 PCA[19]

8.2.2 药物成分鉴定

Li 课题组[20]开发了一种基于 SERS 并辅以机器学习算法的有效检测方法,可智能识别中药中的有效物质,有助于中药的质量控制和鉴定(图 8.9)。该 SERS 平台相对标准偏差较低并具有良好的重现性。研究使用无标记 SERS 分析了酸枣

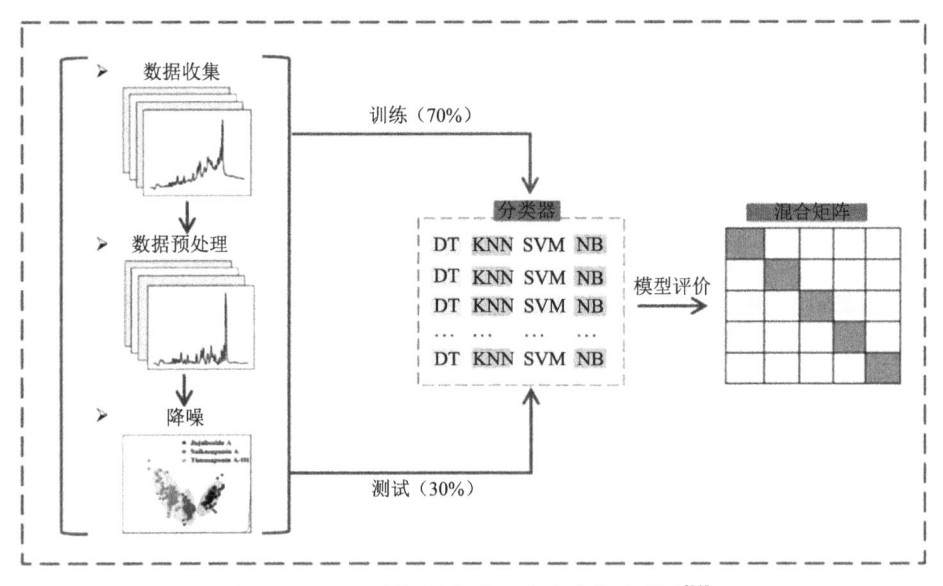

图 8.9 SERS 辅以机器学习算法分析示意图[20]

仁皂苷 A、柴胡皂苷 A 和知母皂苷 A-Ⅲ的独特光谱特征。在构建模型之前，需要对光谱数据进行预处理。具体过程如图 8.9 所示。首先，收集药物物质的光谱数据，构建混合数据集。其次，对收集到的数据集进行预处理。采用 Savitzky-Golay 方法进行平滑处理以消除背景噪声的干扰，并进行基线校正以消除基线漂移的影响。然后对整个光谱数据集进行 PCA，并将结果输入机器学习模型，采用 DT、SVM、KNN 等机器学习算法，进一步区分三种物质的 SERS。这些结果表明，SERS 技术结合机器学习算法不仅可以实现不同类型药效物质的快速、准确检测，而且可以促进中药的现代化和国际化应用。

Ye 课题组[21]基于 SERS 结合 ANN 和 PLS 化学计量学方法，建立了更昔洛韦（GCV）、喷昔洛韦（PCV）和盐酸伐昔洛韦（VACV-HCl）的定量预测模型（图 8.10）。研究对于算法模型的评估有以下指标作为参考：相关系数（R^2）主要用来评价参考值与预测值之间的线性相关程度；均方误差（MSE）和交叉验证均方根误差（root mean square error of cross-validation, RMSECV）分别表示 ANN 和 PLS 算法中校准集中参考值与预测值的接近程度；预测均方根误差（root mean square error of prediction, RMSEP）表示验证集中参考值与预测值的接近程度；RMSECV 和 MSE 可以评估算法的可行性和拟合效果，模型中，RMSEP 用于评价模型对实测样本的预测能力。比率性能偏差（RPD）是标准差（SD）与 RMSEP 的比值，反映了模型的预测精度。这些参数的计算公式如下：

$$R^2 = 1 - \frac{\sum(y_b - y)^2}{\sum(y_b - \bar{y}_b)^2} \quad (8.10)$$

$$\text{RMSECV} = \sqrt{\frac{\left\{\sum(y_b - y)^2\right\}}{m}} \quad (8.11)$$

$$\text{MSE} = \sqrt{\frac{\left\{\sum(y_b - \bar{y}_b)^2\right\}}{m}} \quad (8.12)$$

$$\text{RMSEP} = \sqrt{\frac{\left\{\sum(y_c - y)^2\right\}}{n}} \quad (8.13)$$

$$\text{RPD} = \frac{\text{SD}}{\text{RMSEP}} \quad (8.14)$$

式中，y_b 代表 RMSECV 和 MSE 的校准集参考值；y_c 代表 RMSEP 的验证集参考值；y 代表预测值；$\bar{y}_b$ 代表所有参考值的平均值；m 代表校准集中的光谱数量；

n 代表验证集中的光谱数量。

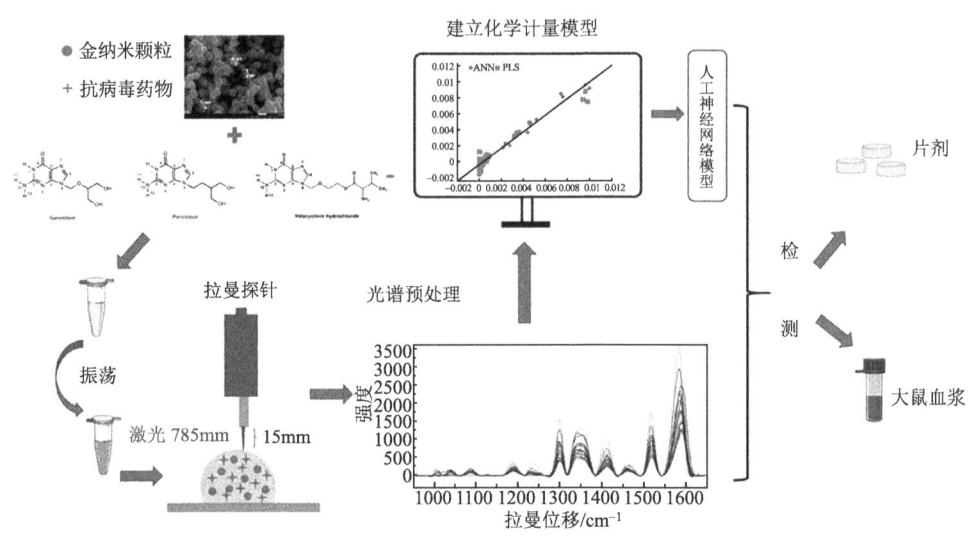

图 8.10　基于 SERS 来构建人工神经网络模型示意图[21]

SERS 基底使用浓缩银纳米粒子，对三种药物的检出限达到 1.0×10^{-6} mol/L，单个样品的检测时间小于 4 min，表明 SERS 检测快速灵敏。与 PLS 模型相比，本研究建立的 ANN 模型表现出更好的性能，经 ANN 模型预测 GCV、PCV 和 VACV-HCl 的 RMSEP 和 R^2 分别为 0.0009245、0.0002237、0.0003307 和 0.8991、0.9867、0.9880。这些结果表明 ANN 模型稳定和准确。随后，将 ANN 模型结合 SERS 应用于检测大鼠血浆中的 VACV-HCl、GCV 和 PCV，得到了准确的测试结果。综上所述，本研究将化学计量学与 SERS 相结合为分析物开发快速、灵敏的定量分析方法提供了新的参考。

8.2.3　微塑料识别

由于光谱分析方法依赖于提取物质的光谱峰值特征，因此传统的鉴定过程通常需要将数据库中物质的光谱特性与被测物质的光谱特征的相似性进行逐一比较。因此，尽管光谱技术已被证明能够分析微塑料（MP），但由于塑料材料种类繁多且化学成分复杂，收集的光谱数据量很大，并且逐一比较方法将非常耗时并产生较大的识别误差。因此，迫切需要开发新的算法来识别 MP 混合物光谱信息中的特定 MP 成分。Wu 课题组[22]用 SERS 与 CNN 模型相结合的方式进行微塑料分析（图 8.11）。在这项研究中，创新性地提出了使用 CNN 模型来同时识别和分析 6 种常见 MP 混合物的 SERS，从而实现对各组分的检测和分析。其中，卷积神经网络的目标方程可以表示为

$$\text{Loss} = \frac{1}{n}\sum_{i}^{n}(y_i - \hat{y}_i)^2 + \lambda\|\omega\|^2 \qquad (8.15)$$

式中：n 代表样本训练的总数；y_i 代表样本的实际标签；$\hat{y}_i$ 代表样本的预测标签；λ 代表正则化系数；ω 代表要正则化的权重。

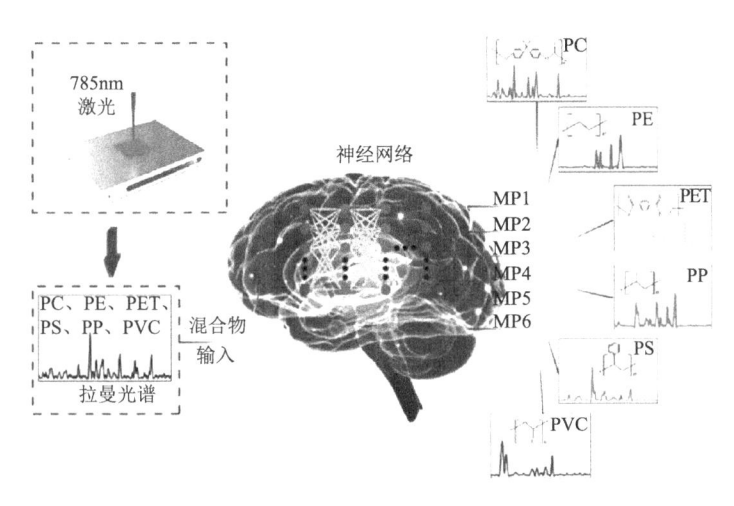

图 8.11 SERS 结合 CNN 从混合物中识别 MP 类型的示意图[22]

与传统方法需要进行基线校正、平滑和滤波等一系列光谱预处理不同，未经预处理的光谱数据经过 CNN 处理后，MP 含量的平均识别准确率高达 99.54%，优于 SVM、PCA、PLS 等其他经典算法。高精度的识别表明 CNN 可以利用未经预处理的 SERS 数据快速识别 MPs 混合物。

8.2.4 植物环境胁迫判别

不同的算法模型有着不同的特点，PCA 可以在尽可能保留数据原始特征的同时，将高维数据简化到较低维度，这有助于降低数据存储和处理的复杂性，从而更好地理解和分析数据的基本结构。LS-SVM 将 SVM 中的方程约束替换为不等式约束，从而提高了计算效率和准确性。MLP-ANN 是一种基于监督学习的人工神经网络，用于区分非线性可分数据。RBF-ANN 由一个输入神经元、一个隐藏神经元和一个输出神经元组成。隐藏层是一个高斯函数，以与预测变量具有相同维度的点为中心。PNN 本质上与贝叶斯分类器相关，对于解决分类问题特别有用。PNN 主要优点是训练速度快，而且这种分布式架构可以很容易地并行化。

Yu 课题组[23]建立了一种检测植物受重金属胁迫程度的方法（图 8.12），为了全面评价判别模型的性能，分别从准确度、精密度、灵敏度和几何平均数方面评价了小麦 Pb 污染程度的判别模型。对于评估指标，值越接近 1，模型的表示效果越好。详细公式如下：

$$准确度 = \frac{TP+TN}{TP+TN+FP+FN} \quad (8.16)$$

$$精密度 = \frac{TP}{TP+FP} \quad (8.17)$$

$$灵敏度 = \frac{TP}{TP+FN} \quad (8.18)$$

$$几何平均数 = \sqrt{精密度 + 灵敏度} \quad (8.19)$$

式中：TP 代表真阳性；FP 代表误报；FN 代表假阴性；TN 代表真阴性。

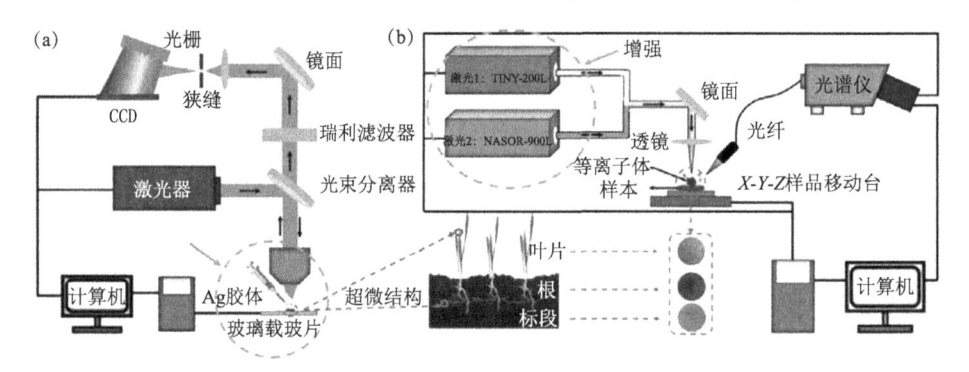

图 8.12　本研究的实验系统示意图[23]

该方法是 SERS 和双脉冲激光诱导击穿光谱（DP-LIBS）技术与机器学习方法相结合，在模型中快速区分小麦幼苗的铅胁迫程度。采集受铅胁迫小麦幼苗的 SERS 和 DP-LIBS 光谱后，构建了 LS-SVM、MLP-ANN、RBF-ANN 和 PNN 鉴别模型。4 种判别模型均表现出 95%左右的准确度、精密度和灵敏度，表明该方法可以实现小麦幼苗中 Pb 胁迫的判别分析。

8.3　人工智能助力食用油拉曼光谱分析的探索

本书前述章节已经总结了拉曼光谱分析食用油品质的最新进展。本节重点从人工智能方法助力拉曼光谱分类与识别的角度，总结食用油品质分析的一些典型探索。

8.3.1 食用油组分或添加物分析

Feng 课题组[24]将化学计量模型与 SERS 联用用于植物油中 α-生育酚的检测。他们合成了一种树枝状银纳米结构，以制备用于拉曼信号增强的 SERS 衬底。并引入化学计量模型进行分析和验证。首先，将收集的 SERS 谱进行平滑处理以减少频谱噪声，然后参考特征波段对所有光谱进行归一化。再对预处理的 SERS 谱进行了二阶导数变换。二阶导数变换的 SERS 谱可以比原始光谱产生更大幅度的摆动，以放大微小的光谱变化并分离重叠的波段。这种变换是一个很好的噪声滤波器，因为拉曼光谱基线的变化对二阶导数的影响不大。然后基于 PCA 模型提供的马氏距离作为不同类质心之间距离的度量用于在没有先验知识的情况下揭示样品/处理之间的差异。然后构建 PLSR 模型，根据标准添加法预测加标 α-Toc 的植物油样品组的样品浓度。使用留一法交叉验证对 PLSR 模型进行测试。结果表明基于 SERS 和化学计量模型可快速、精确地检测和定量四种不同来源植物油中不同加标浓度的 α-生育酚。

Pan 课题组[25]利用 SERS 技术结合 PLS 和 SVM 用于植物油中叔丁基对苯二酚的定量检测。为了提高光谱质量，在用于 PLS 或 SVM 回归之前，对每个样品的光谱数据进行了分箱、平滑和二阶导数变换的预处理。对于 SVM 回归，光谱数据在用于模型开发之前分别压缩为 2~10 个主成分。对于 PLS 回归，直接使用全光谱数据来构建基于不同数量的潜在变量的模型。比较基于 SVM 的不同主成分数量或 PLS 潜在变量开发的模型的性能，以选择最佳模型。留一法交叉验证用于验证 PLS 和 SVM 模型的性能。将预测的叔丁基对苯二酚值与溶液或油中的参考值进行比较，包括相关系数（R^2）、性能与偏差的比值（RPD）和交叉验证的均方根误差（RMSE），其中 RPD 定义为样本标准差与预测标准误差的比率。该方法对植物油中叔丁基对苯二酚的最低检测浓度为 5 mg/kg。通过 PLS 和 SVM 模型拟合得到标准曲线，进而实现不同来源植物油中叔丁基对苯二酚的定量检测。

8.3.2 食用油氧化分析

借助人工智能算法，拉曼光谱已实现检测不同来源的脂肪和食用油的氧化分解。作者所在课题组[26]开发了一种等离子体金属液体（PML）状阵列辅助的液态无底物 SERS 系统，该阵列将水相中柠檬酸盐稳定的 AuNPs 溶胶和食用油-氯仿混合溶液振荡混合，使 AuNPs 在两相界面自组装以达到 SERS 衬底的效果（图 8.13）。该 PML-SERS 系统可用于食用油氧化过程的现场检测。将采集到的 SERS 信息结合三维主成分分析（3D-PCA）和曲线拟合模型来自动确定食用油的过氧化值。与滴定法相比，该方法大大缩短了整个检测过程的时间，并减少了有机溶剂的使用。此外，结合 SERS 与 PCA 算法，PML-SERS 平台可用于不同氧化程度食用油的快速识别和分类。通过分别对国标方法检测到的过氧化值和 SERS 的 I_{1265}/I_{1436} 值进行分析和拟合来获得拟合模型,验证试验证明模型预测值的相对偏差在 10%以内,表明 I_{1265}/I_{1436} 值可作为食用油新鲜度定性和定量分析的指标。

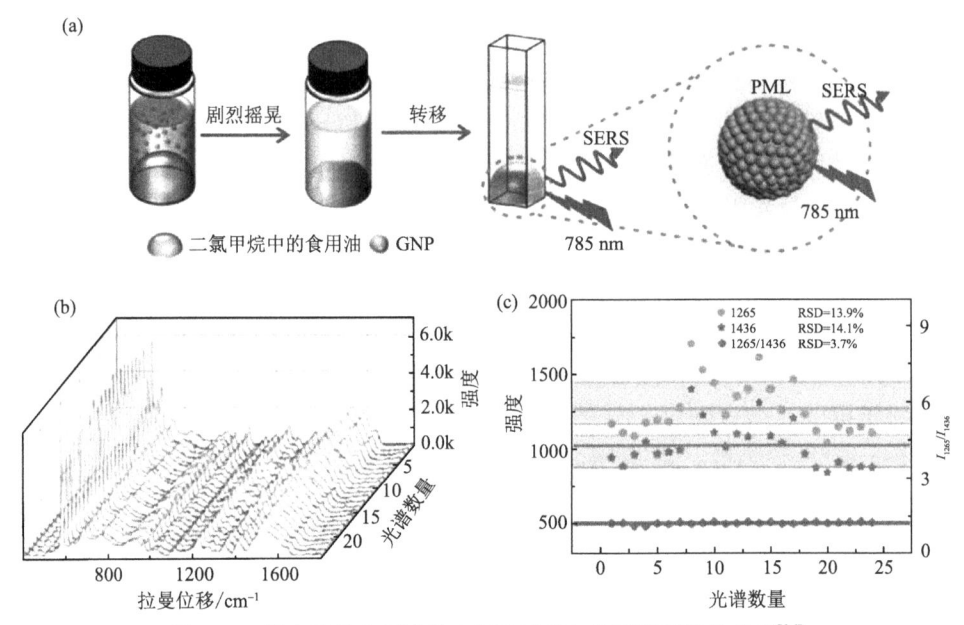

图 8.13 等离子体金属液体自组装过程与机器学习辅助分析[26]

8.3.3 食用油掺假分析

在拉曼光谱的统计建模中,为避免多重共线性的存在,拉曼光谱中包含的信息通常用几个因子来概括。一般来说,这些因素可以通过使用两个不同的优化标准来确定:在 PCA 中最大化解释变量之间的相关性,或者在 PLS 回归中最大化解释变量与定量因变量之间的相关性。Sánchez-López 等[27]将 FT-Raman 与化学计量学相结合,实现橄榄油的定性和定量检测(图 8.14)。在本研究中,光谱信息是通过使用 PLS 而不是 PCA 因子确定的。目标不仅是将信息总结为几个组成部分,而且是从根本上使用这些组成部分来预测一些定量(如脂肪酸含量)或定性信息(如收获年份、橄榄品种或产地)。该研究将 412 个橄榄油样品的脂肪酸含量和收获年份分别进行定量和定性研究,同时对 307 个橄榄油品种、145 个橄榄油产地和 67 个橄榄油原产地名称进行定性分析。结果表明 PLS 模型对收获年份、橄榄品种、产地和原产地定性分类的正确率分别为 94.3%、84.0%、89.0%和 86.6%。

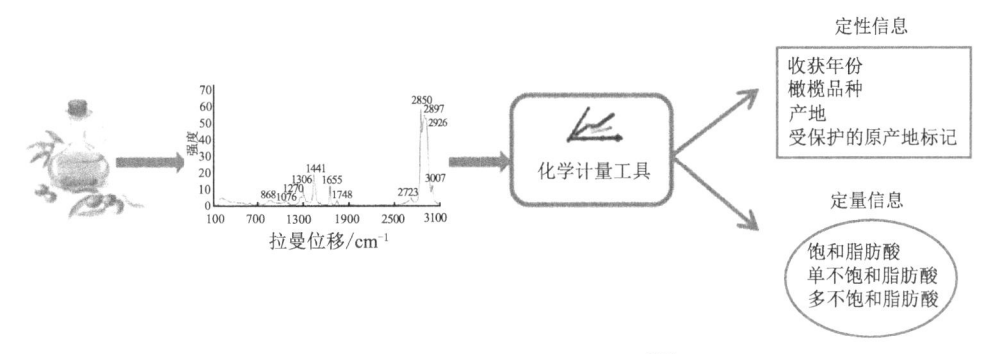

图 8.14　橄榄油属性分析流程图[27]

Georgouli 等[28]提出了一种新型的连续局部保留投影（CLPP）技术。CLPP 是一种半监督线性方法，可以对以连续数据为特征的学习流形进行降维。它扩展了线性降维技术 LPP，保持了像以前的非线性技术如时间拉普拉斯特征图中的连续性。CLPP 应用的原则与其他旨在保持连续性的连续技术相同。当给定一组 $Y = y_1, y_2, \ldots y_n$ 高维空间中的数据点（$y_k \in R^D$），CLPP 能够通过将高维数据映射到一组低维点集 $Z = m_1, m_2, \ldots, m_1$（$m_k \in R^d$）替换为 $d \ll D$ 实现降维，同时保持数据的连续性（图 8.15）。与以前的技术相比，CLPP 显示出两个主要优势：它的简单性和方向映射（从低到高和从高到低维空间）都是自动提供的，同时减少了空间。第二个优势至关重要，因为已经证明用非线性技术从新数据计算这些映射是复杂且不准确的。在 PCA 空间中投影光谱数据的线性证明 CLPP 对我们的应用问题的适用性。由于其线性，CLPP 提供了一个简单的映射函数，用于在高维和低维空间之间投影新的测试样本（$Y_{\text{test}} \notin Y$）。其分类新测试样本的映射机制：

$$Z_{\text{test}} = V^{\text{T}} \left(Y_{\text{test}} - \overline{Y} \right) \quad (8.20)$$

式中：$\overline{Y}$ 代表在创建潜在空间期间学习到的 Y 的平均值。

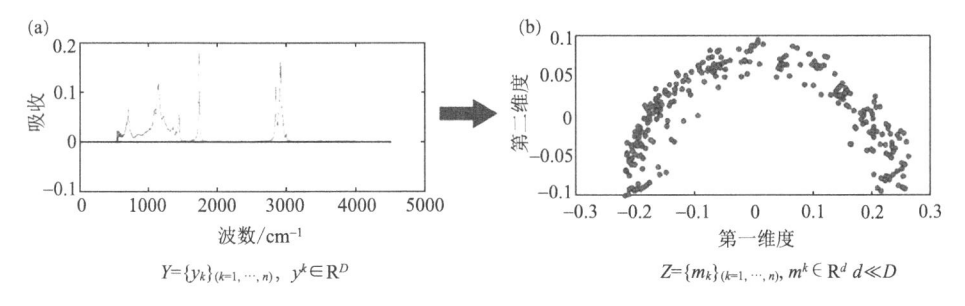

图 8.15　CLPP 的定义和应用：（a）高维空间中的数据点；（b）低维空间中的数据点[28]

该技术能够通过光谱化学指纹识别橄榄油中低含量的掺杂物（如榛子油）。通过拉曼光谱和傅里叶红外光谱验证该技术的性能。与当前的模式识别技术相比（如 SIMCA 和 PLS），CLPP 与 KNN 相结合提供了最佳的分类性能。预测拉曼光谱和傅里叶红外光谱数据的总体分类正确率分别超过 80%和 75%。因此，CLPP 与光谱指纹图谱相结合能够保持数据的连续性，可用于筛选低掺假橄榄油混合物。

作者所在课题组[29]建立了一种 PCA 辅助的液相界面增强拉曼光谱（liquid/liquid interface-enhanced Raman spectroscopy, LLI-SERS）的定量策略，可通过便携式拉曼设备直接对食用油品质直接定量分析。LLI-SERS 阵列具有自愈合性和形状自适应性，可以作为无衬底 SERS 分析器转移到任何玻璃容器中用于 SERS 的检测。采集到 SERS 后构建无监督二维 PCA 模型用以分离加标不同含量豆油的橄榄油样品 [图 7.2（a）]。分数图反映了橄榄油混合物和纯橄榄油之间的相似性和差异性 [图 7.2（b）]。两个主成分分别解释了 99.0%和 1%的方差 [图 7.2（c）]。例如，与 20%豆油混合的橄榄油与纯橄榄油的相似性高于较高程度的橄榄油混合物，如高油酸含量；因此，在 PCA 分数图中形成的集群可能会相互累积。当豆油含量增加时，混合物逐渐接近纯豆油的区域。每个样本在评分图中的位置由测量变量的值确定。这些变量与 PC 之间的关系定义为载荷。变量之间的协方差模式可以在载荷图中看到 [图 7.2（d）]。例如，当前载荷图表明 PC1 载荷与拉曼位移变量呈正相关。值得注意的是，虽然 PC2 仅占主成分的 1%，但它直接反映了高水平不饱和化合物在 PCA 中的重要性 [图 7.2（d）]。橄榄油中高水平的单不饱和脂肪酸（主要是 70%~80%的油酸）和豆油中高水平的多不饱和脂肪酸 SERS 信号谱的贡献不同，从而成功地产生了分数图中的聚类。简而言之，液态界面 SERS 在 PCA 的辅助下可以有效实现对橄榄油掺假问题的判别。

8.3.4　食用油中脂质异构体分析

反向传播神经网络（back propagation neural network, BPNN）被认为是最常用的预测方法，它使得神经网络能够逐渐优化模型的预测性能并提高对新数据的泛化能力。BPNN 模型一般由输入层、隐层和输出层三层组成，其中隐层在输入层和输出层之间传递着重要的信息。BPNN 总是由一个或多个隐藏层组成，从而允许网络对复杂功能进行建模。它主要由两个过程组成：正向信息传播和误差反向传播。这三层之间的数学关系可以表示如下：

输入层到隐层：

$$Y_j = f_I\left(\mu_j + \sum_{m=t-n}^{t-1} \mu_{jm} y_m\right)\left(0 \leqslant \mu_j, \mu_{jm} \leqslant 1\right) \qquad (8.21)$$

隐层到输出层：

$$Y_t = f_o\left(\lambda_o + \sum_{j=1}^{I} \lambda_{oj} y_j\right)\left(0 \leqslant \lambda_o, \lambda_{oj} \leqslant 1\right) \tag{8.22}$$

式中：y_m 和 y_j 分别代表输入层和隐藏层的输入；Y_t 代表点 t 的预测值；μ_{jm} 和 λ_{oj} 代表输出层和隐藏层的网络权重；μ_j 和 λ_o 代表隐藏层和输出层的阈值；n 和 I 代表输入层和隐藏层的节点数；f_I 和 f_o 分别代表隐藏层和输出层的激活函数。在大多数情况下使用逻辑函数和双曲线函数作为隐含层激活函数 f_I，而经常使用线性函数作为输出层激活函数 f_o。

作者所在课题组[30]建立了一种常温常压下不涉及任何电离源的 LLI-SERS 与 BPNN 联用的策略用于甘油酯和脂肪酸的结构解析。在该策略中，甘油酯分子在液-液界面的高亲和力促进 LLI-SERS 阵列的自组装，从而放大了痕量目标分子的 SERS 信号。通过该方法可收集甘油酯和脂肪酸的分子链长度、C═C 键位置、饱和度和立体异构体的 SERS 指纹图谱，之后利用 BPNN 对四种目标物特有的 SERS 指纹图谱进行深度分析。通过训练集样本构建 BPNN 模型，构建的 BPNN 模型对验证集样本的识别准确率大于 99.41%。这将为食品科学和生物医学研究提供强有力的技术支持，推动科学发现和应用进步。

8.4 展　　望

人工智能的日新月异为拉曼光谱在众多领域的实际应用注入了新活力。在材料科学、生物医学、食品科学等领域，人工智能与拉曼光谱的结合，展现出了强大的优势。与传统的化学计量学和统计分析方法相比，这种融合手段能够更有效地解决各个研究领域面临的各类问题。

尽管目前已有几种标准的人工智能算法与拉曼光谱技术相结合，并成功应用于多个领域，但我们仍需不断开发新的智能分析方法。这是因为拉曼光谱数据随着仪器性能的提升和样品类型的多样化而不断更新，需要设计出更加灵活适配的人工智能模型。

将人工智能与拉曼光谱分析相结合的新兴领域，正在展现出巨大的应用潜力。例如在食用油分析中，这种协同方法不仅能够提高检测的准确性，还可以显著降低人力、设备和时间成本。未来，我们有望将这种联合技术广泛应用于更多实际问题的解决，助力各领域的科研创新。

参 考 文 献

[1] BOONSIT S, KALASUWAN P, VAN DOMMELEN P, et al. Rapid material identification via low-resolution Raman spectroscopy and deep convolutional neural network [J]. J Phys Conf Ser, 2021, 1719(1): 012081.

[2] CARRIERI A H, LIM P I. Neural network pattern recognition of thermal-signature spectra for chemical defense [J]. Appl Opt, 1995, 34(15): 2623-2635.

[3] SCHUUR J, GASTEIGER J. Infrared spectra simulation of substituted benzene derivatives on the basis of a 3D structure representation [J]. Anal Chem, 1997, 69(13): 2398-2405.

[4] DE S, BARTÓK A P, CSÁNYI G, et al. Comparing molecules and solids across structural and alchemical space [J]. Phys Chem Chem Phys, 2016, 18(20): 13754-13769.

[5] HAN R, KETKAEW R, LUBER S. A concise review on recent developments of machine learning for the prediction of vibrational spectra [J]. J Phys Chem, 2022, 126(6): 801-812.

[6] FU W, HOPKINS W S. Applying machine learning to vibrational spectroscopy [J]. J Phys Chem, 2018, 122(1): 167-171.

[7] PEARSON K. LIII. On lines and planes of closest fit to systems of points in space [J]. Lond Edinb Phil Mag, 1901, 2(11): 559-572.

[8] LI Y, DRIVER M, DECKER E, et al. Lipid and lipid oxidation analysis using surface enhanced Raman spectroscopy (SERS) coupled with silver dendrites [J]. Food Res Int, 2014, 58: 1-6.

[9] FINE J A, RAJASEKAR A A, JETHAVA K P, et al. Spectral deep learning for prediction and prospective validation of functional groups [J]. Chem Sci, 2020, 11(18): 4618-4630.

[10] WOLD S, RUHE A, WOLD H, et al. The collinearity problem in linear regression. The Partial least squares (PLS) approach to generalized inverses [J]. SIAM J Sci Stat Comput, 1984, 5(3): 735-743.

[11] LONG W J, WU H L, WANG T, et al. Fast identification of the geographical origin of Gastrodia elata using excitation-emission matrix fluorescence and chemometric methods [J]. Spectrochim Acta A, 2021, 258: 119798.

[12] LONG W, DENG G, ZHU Y, et al. A novel 3D-fluorescence sensing strategy based on HN-chitosan polymer probe for rapid identification and quantification of potential adulteration in saffron [J]. Food Chem, 2023, 429: 136902.

[13] NURKHOERIYATI T, AREFI A, KULIG B, et al. Non-destructive monitoring of quality attributes kinetics during the drying process: A case study of celeriac slices and the model generalisation in selected commodities [J]. Food Chem, 2023, 424: 136379.

[14] PULLANAGARI R R, LI M. Uncertainty assessment for firmness and total soluble solids of sweet cherries using hyperspectral imaging and multivariate statistics [J]. J Food Eng, 2021, 289: 110177.

[15] WILKINS D M, GRISAFI A, YANG Y, et al. Accurate molecular polarizabilities with coupled cluster theory and machine learning [J]. P Natl Acad Sci USA, 2019, 116(9): 3401-3406.

[16] MARTENS R R, GOZDZIALSKI L, NEWMAN E, et al. Trace detection of adulterants in illicit opioid samples using surface-enhanced Raman scattering and random forest classification [J]. Anal Chem, 2024, 96(30): 12277-12285.

[17] ZHANG Y, HU C, JIANG B. Embedded atom neural network potentials: Efficient and accurate machine learning with a physically inspired representation [J]. J Phys Chem Lett, 2019, 10(17): 4962-4967.

[18] GONZÁLEZ-VIVEROS N, GÓMEZ-GIL P, CASTRO-RAMOS J, et al. On the estimation of sugars concentrations using Raman spectroscopy and artificial neural networks [J]. Food Chem, 2021, 352: 129375.

[19] REOKRUNGRUANG P, CHATNUNTAWECH I, DHARAKUL T, et al. A simple paper-based surface enhanced Raman scattering (SERS) platform and magnetic separation for cancer screening [J]. Sensor Actuat B-Chem, 2019, 285: 462-469.

[20] ZHOU W, HAN X, WU Y, et al. SiO_2 nanolayer regulated Ag@Cu core-shell SERS Platform integrated machine learning for intelligent identification of jujuboside A, saikosaponin A and TIMOSAPONIN A-III [J]. IEEE Photonics J, 2024, 16(4): 1-9.

[21] LI D, ZHANG Q, DENG B, et al. Rapid, sensitive detection of ganciclovir, penciclovir and valacyclovir-hydrochloride by artificial neural network and partial least squares combined with surface enhanced Raman spectroscopy [J]. Appl Surf Sci, 2021, 539: 148224.

[22] LUO Y, SU W, XU D, et al. Component identification for the SERS spectra of microplastics mixture with convolutional neural network [J]. Sci Total Environ, 2023, 895: 165138.

[23] YANG Z, LI J, ZUO L, et al. Collaborative estimation of heavy metal stress in wheat seedlings based on LIBS-Raman spectroscopy coupled with machine learning [J]. J Anal Atom Spectrom, 2023, 38(10): 2059-2072.

[24] FENG S, GAO F, CHEN Z, et al. Determination of α-tocopherol in vegetable oils using a molecularly imprinted polymers−surface-enhanced Raman spectroscopic biosensor [J]. J Agric Food Chem, 2013, 61(44): 10467-10475.

[25] PAN Y, LAI K, FAN Y, et al. Determination of tert-butylhydroquinone in vegetable oils using surface-enhanced Raman spectroscopy [J]. J Food Sci, 2014, 79(6): T1225-T1230.

[26] JIANG Y, SU M, YU T, et al. Quantitative determination of peroxide value of edible oil by algorithm-assisted liquid interfacial surface enhanced Raman spectroscopy [J]. Food Chem, 2021, 344: 128709.

[27] SÁNCHEZ-LÓPEZ E, SÁNCHEZ-RODRÍGUEZ M I, MARINAS A, et al. Chemometric study of Andalusian extra virgin olive oils Raman spectra: Qualitative and quantitative information [J]. Talanta, 2016, 156-157: 180-190.

[28] GEORGOULI K, MARTINEZ J, KOIDIS A. Continuous statistical modelling for rapid detection of adulteration of extra virgin olive oil using mid infrared and Raman spectroscopic data [J]. Food Chem, 2017, 217: 735-742.

[29] DU S, SU M, JIANG Y, et al. Direct discrimination of edible oil type, oxidation, and adulteration by liquid interfacial surface-enhanced Raman spectroscopy [J]. ACS Sens, 2019, 4(7): 1798-1805.

[30] DU S, SU M, WANG C, et al. Pinpointing alkane chain length, saturation, and double bond regio- and stereoisomers by liquid interfacial plasmonic enhanced Raman spectroscopy [J]. Anal Chem, 2022, 94(6): 2891-2900.

附 录

英文缩写名词对照表

英文缩写	英文名称	中文名称
4-MBA	4-mercaptobenzoic acid	4-巯基苯甲酸
4-MPBA	4-mercaptophenyl boronic acid	4-巯基苯硼酸
4-NP	4-nitrophenyl	4-硝基苯基
6-OA	6Z-octadecenoic acid	顺-6-十八碳烯酸
11-OA	11Z-octadecenoic acid	顺-11-十八碳烯酸
AAO	anodic aluminum oxide	阳极氧化铝
AAS	atomic absorption spectrometry	原子吸收光谱学
AF	aspergillus flavus	黄曲霉
AFB1	aflatoxin B1	黄曲霉毒素 B1
Ag-HPLC	Ag-high performance liquid chromatography	银离子高效液相色谱法
AgNP	silver nanoparticle	银纳米颗粒
AI	artificial intelligence	人工智能
ALA	6, 9, 12, 15Z-stearidonic acid	顺-6, 9, 12, 15-十八碳四烯酸
ANN	artificial neural network	人工神经网络
ARA	5, 8, 11, 14Z-eicosatetraenoic acid	顺-5, 8, 11, 14-二十碳四烯酸
ASTM	American Society for Testing and Materials	美国材料与试验协会
AuNRs	gold nanorods	金纳米棒
AV	acid value	酸价
BaP	benzo[a]pyrene	苯并芘
CARS	coherent anti-Stokes Raman scattering	相干反斯托克斯拉曼散射
CB	conduction band	导带
CE	chemical enhancement	化学增强

续表

英文缩写	英文名称	中文名称
CG-IR	cryogenic gas-phase infrared spectroscopy	低温气相红外光谱
CHL	chlorothalonil	百菌清
CID	collision induced dissociation	碰撞诱导解离
CLA	conjugated linoleic acid	共轭亚油酸
COFs	covalent organic frameworks	共价有机框架
CRS	coherent Raman scattering	相干拉曼散射
CT	charge transfer	电荷转移
CYH	cyclohexane	环己烷
DA	13Z-docosenoic acid	顺-13-二十二碳烯酸
DCA	11Z-dodecenoic acid	顺-11-十二碳烯酸
DHA	docosahexaenoic acid	二十二碳六烯酸
DON	deoxynivalenol	脱氧雪腐镰刀菌烯醇
E. coli	Escherichia coli	大肠杆菌
EA	elaidic acid	反式油酸
EF	enhancement factor	增强因子
ELA	9E-octadecenoic acid	反-9-十八碳烯酸
EM	electromagnetic enhancement	电磁场增强
EPA	eicosapentaenoic acid	二十碳五烯酸
EVOO	extra virgin olive oil	特级初榨橄榄油
FA	fatty acid	脂肪酸
FAME	fatty acid methyl ester	脂肪酸甲酯
FDTD	finite difference time domain	有限差分时域
FTIR	Fourier transform infrared spectroscopy	傅里叶变换红外光谱
GalCer$_{X:Y}$	galactocerebroside	半乳糖脑苷脂
GC-MS	gas chromatography-mass spectroscopy	气相色谱-质谱联用法
GF AAS	graphite furnace atomic absorption spectroscopy	石墨炉原子吸收光谱法
GlcCer$_{X:Y}$	glucocerebroside	葡萄糖脑苷脂
GNPs	gold nanoparticles	金纳米颗粒
H1N1	influenza A	流感病毒
HAdV	human adenovirus	人腺病毒

续表

英文缩写	英文名称	中文名称
HDL	high-density lipoprotein	高密度脂蛋白
HOMO	highest occupied molecular orbital	最高占据分子轨道
ICP-MS	inductively coupled plasma-mass spectrometry	电感耦合等离子体质谱法
IMI	imidacloprid	吡虫啉
IRMS	isotope ratio mass spectrometry	同位素比质谱法
IS	internal standard	内标
ISO	International Organization for Standardization	国际标准化组织
IV	iodine value	碘值
LA	9, 12Z-octadecenoic acid	顺-9, 12-十八碳二烯酸
LC-MS	liquid chromatography-mass spectrometry	液相色谱-质谱联用法
LDA	linear discriminant analysis	线性判别分析
LDL	low-density lipoprotein	低密度脂蛋白
LF-NMR	low-field nuclear magnetic resonance	低场核磁共振
LOD	limit of detection	检测下限
LSPR	localized surface plasmon resonance	局域表面等离子体共振
LUMO	lowest unoccupied molecular orbital	最低未占据分子轨道
MD	molecular dynamic	分子动力学
MIL	magnetic ionic liquid	磁性离子液体
MIP	molecularly imprinted polymer	分子印迹聚合物
MIPs-SERS	molecularly imprinted polymers-surface-enhanced Raman spectroscopy	分子印迹聚合物-表面增强拉曼光谱
ML	machine learning	机器学习
MOF	metal-organic framework	金属有机骨架
MUFA	monounsaturated fatty acid	单不饱和脂肪酸
NA	15Z-tetracosenoic acid	顺-15-二十四碳烯酸
NMR	nuclear magnetic resonance	核磁共振
OA	oil acid	油酸
OOO	triolein	三油酸甘油酯
OOP	1, 2-dioleic acid-3-palmitic acid triglyceride	1, 2-二油酸-3-棕榈酸甘油酯
OPO	1, 3-dioleic acid-2-palmitic acid triglyceride	1, 3-二油酸-2-棕榈酸甘油酯

续表

英文缩写	英文名称	中文名称
OTA	ochratoxin A	赭曲霉毒素A
OXY	oxyfluorfen	氟苯氧胺
PAEs	phthalate esters	邻苯二甲酸酯
PAHs	polycyclic aromatic hydrocarbons	多环芳烃
PAN	polyacrylonitrile	聚丙烯腈
PCA	principal component analysis	主成分分析
PCBs	polychlorinated biphenyls	多氯联苯
PDO	Protected Designation of Origin	受保护的原产地名称
PE	polyethylene	聚乙烯
PET	polyethylene terephthalate	聚对苯二甲酸乙二醇酯
PFASs	per- and polyfluoroalkyl substances	全氟和多氟烷基物质
PFT	$1H,1H,2H,2H$-perfluorodecanethiol	$1H, 1H, 2H, 2H$-全氟癸硫醇
PGI	Protected Geographic Indication	受保护的地理标志
PLS-DA	partial least squares-discriminant analysis	偏最小二乘判别分析
PMMA	polymethyl methacrylate	聚甲基丙烯酸甲酯
POO	1, 2-dipalmitoyl-3-oleoyl-glycerol	1-棕榈酸-2, 3-二油酸甘油酯
PP	polypropylene	聚丙烯
PPL	1, 2-dipalmitoyl-3-linoleoyl-glycerol	1, 2-二棕榈酸-3-亚油酸甘油酯
PPO	1, 2-dipalmitoyl-3-oleoyl-glycerol	1, 2-二棕榈酸-3-油酸甘油酯
PPP	tripalmitin	三棕榈酸甘油酯
PS	polystyrene	聚苯乙烯
PUFA	polyunsaturated fatty acid	多不饱和脂肪酸
PVC	polyvinyl chloride	聚氯乙烯
RF	random forest	随机森林
RMSEC	root mean square error of calibration	校准均方根误差
RMSPE	root mean squared error of prediction	预测均方根误差
RRS	resonance Raman spectroscopy	共振拉曼光谱
SEM	scanning electron microscope	扫描电子显微镜
SERS	surface enhanced Raman spectroscopy	表面增强拉曼光谱
SFA	saturated fatty acid	饱和脂肪酸

续表

英文缩写	英文名称	中文名称
SFC	supercritical fluid chromatography	超临界流体色谱
SORS	spatially offset Raman spectroscopy	空间偏移拉曼光谱
SP	surface plasmon	表面等离激元
SPR	surface plasmon resonance	表面等离子体共振
SRG	stimulated Raman gain	受激拉曼增益
SRL	stimulated Raman loss	受激拉曼损耗
SRS	stimulated Raman scattering	受激拉曼散射
STX	saxitoxin	蛤蚌毒素
SVM	support vector machine	支持向量机
SVM-DA	support vector machine-discriminant analysis	支持向量机判别分析
TAG	triglyceride	甘油三酯
TDR	time domain reflectometry	时域反射法
TEM	transmission electron microscope	透射电子显微镜
TRS	transmission Raman spectroscopy	透射拉曼光谱
UCO	used cooking oil	废弃食用油
UFA	unsaturated fatty acids	不饱和脂肪酸
VB	valence band	价带
VOCs	volatile organic compounds	挥发性有机化合物
YAG	yttrium aluminum garnet	钇铝石榴石
ZIF-8	zeolitic imidazolate framework-8	沸石咪唑框架-8
ZON	zearalenone	玉米赤霉烯酮